高等教育土木类专业系列教材

结构检测与鉴定

简 斌 主编　　黄 音 副主编　　黄 浩 李鹏程 参编　　卢铁鹰 主审

重庆大学出版社

内容提要

结构检测与鉴定课程涉及土木建筑工程中多个学科的交叉，并与国家标准、方法紧密关联，具有很强的综合性、应用性和规范性特点。本书以建筑工程中常见的混凝土结构、砌体结构和钢结构为主要对象，系统介绍结构现场检测和可靠性鉴定、危险房屋鉴定的基本理论和现行方法标准。全书共8章：绪论，建筑结构检测与鉴定综述，混凝土结构现场检测，砌体结构现场检测，钢结构现场检测，民用建筑可靠性鉴定，工业建筑可靠性鉴定以及危险房屋鉴定。

本书可作为土木工程或相关专业结构检测与鉴定课程教材，也可作为从事结构现场检测和鉴定等工作的工程技术人员的培训或自学参考用书。

图书在版编目(CIP)数据

结构检测与鉴定/简斌主编. --重庆：重庆大学出版社，2020.8

高等教育土木类专业系列教材

ISBN 978-7-5689-2147-3

Ⅰ.①结… Ⅱ.①简… Ⅲ.①建筑结构—检测—高等学校—教材 ②建筑结构—鉴定—高等学校—教材 Ⅳ.①TU317

中国版本图书馆 CIP 数据核字(2020)第 109734 号

高等教育土木类专业系列教材

结构检测与鉴定

JIEGOU JIANCE YU JIANDING

主 编 简 斌

责任编辑：王 婷 版式设计：王 婷

责任校对：万清菊 责任印制：赵 晟

*

重庆大学出版社出版发行

出版人：饶帮华

社址：重庆市沙坪坝区大学城西路21号

邮编：401331

电话：(023)88617190 88617185(中小学)

传真：(023)88617186 88617166

网址：http://www.cqup.com.cn

邮箱：fxk@cqup.com.cn(营销中心)

全国新华书店经销

中雅(重庆)彩色印刷有限公司印刷

*

开本：787mm×1092mm 1/16 印张：15.25 字数：374千

2020年8月第1版 2020年8月第1次印刷

ISBN 978-7-5689-2147-3 定价：39.00元

前　言

社会发展对在建工程质量的控制要求不断提高，对既有建筑可靠性、老旧房屋危险性以及其他结构性能的评定需求日益增长。目前，我国受过高等教育专业培养的结构现场检测与既有结构性能鉴定的技术人员明显不足，这已引起我国高等院校的重视，开始在土木工程专业培养计划中增设建筑结构检测与鉴定课程。另一方面，随着结构检测与鉴定技术理论不断发展，一批规范和标准相继更新、修订并实施，如《工业建筑可靠性鉴定标准》（GB 50144—2019）、《建筑结构检测技术标准》（GB/T 50344—2019）、《钢结构工程施工质量验收标准》（GB 50205—2020）等。因此，需要结合现行规范和标准编写新的教材，以满足该课程教学的需要。

建筑结构检测与鉴定课程属于土木工程专业的专业课程，具有很强的综合性、应用性和规范性特点。其具体表现在：

1. 综合性。在实际工作中，建筑结构检测与鉴定会面临建筑结构领域可能出现的各种问题，小到单个构件材料的一个力学性能参数，大到摩天大楼的整个复杂结构。要成为一名合格的检测鉴定工程师，必须全面掌握建筑结构相关知识。在学习本书之前，需要系统学习的相关课程包括：建筑制图、建筑材料、结构力学、工程地质、基础工程、混凝土结构、钢结构、砌体结构、结构抗震设计以及施工技术等。

2. 应用性。建筑结构检测与鉴定是理论性与应用性紧密结合的一门学科，其相关技术标准不但需要通过课堂学习，还应通过课程实作才能掌握，而深刻理解和融会贯通则有待于更多的实际工程应用。

3. 规范性。建筑结构检测与鉴定无论是从检测机构的设立，还是从其质量控制所涉及的人、机、料、法、环、测六大要素，无不体现出严格、系统的规范性。本书除简单介绍了检测鉴定工作质量控制的基本要求外，还以现行国家、行业相关标准方法为本书编制主要依据，体现本课程的规范性。

本书主要以混凝土结构、砌体结构和钢结构为对象，结合我国现行标准方法，较系统地介绍了结构现场检测和可靠性、危险性鉴定的基础理论知识和常用标准方法。本书共分8章，第1、2、6、7章由简斌执笔，第3、4章及附录由黄音执笔，第5章由黄浩执笔，第8章由李鹏程、简斌执笔。全书由简斌负责统稿，由重庆大学卢铁鹰教授主审。

本书所引用规范性文件，凡是只标注编号而未标注年代号的，其最新版本仍适用于本书。

感谢重庆大学土木工程学院、重庆重大建设工程质量检测有限公司对本书编写、出版的支持。

限于水平，书中不足以至错误在所难免，敬请批评指正。

编　者

2020年3月

目　录

1 绪 论

【本章基本内容】

本章重点讲述结构检测与鉴定的基本概念、必要性及我国建筑工程质量检测发展的历史与未来趋势。

【学习目标】

(1)**了解**:建筑工程质量检测发展的历史,建筑工程质量检测发展的未来趋势。

(2)**熟悉**:结构检测与鉴定的必要性。

(3)**掌握**:建设工程、土木工程、建筑工程以及民用建筑和工业建筑的基本概念;结构检测与鉴定的基本概念。

1.1 建筑结构检测与鉴定的基本概念

1.1.1 建设工程分类

本书介绍的结构检测与鉴定主要涉及建设工程中的建筑工程,具体包括民用建筑和工业建筑。在此,首先对建设工程的分类进行简单说明。

1)建设工程

建设工程是指为人类生活、生产提供物质技术基础的各类建(构)筑物和工程设施。其在国际上没有统一的分类标准,我国的相关标准和法规条例等对建设工程的分类也存在一定的差异,在此根据国家标准《建设工程分类标准》(GB/T 50841—2013)对建设工程进行分类。

根据《建设工程分类标准》(GB/T 50841—2013),建设工程按自然属性分为建筑工程、土木工程和机电工程三大类。建筑工程是指供人们进行生产、生活或其他活动的房屋或场所;土木工程是指建造在地上或地下、陆上或水中,直接或间接为人类生活、生产、科研等服务的各类工程,包括:道路工程、轨道工程、桥涵工程、隧道工程、水工工程、矿山工程、架线与管道工程等。建筑工程本质上属于土木工程范畴,但考虑到建筑工程量大面广,根据国际惯例和满足建设工程监督管理需要,将建筑工程与土木工程并列。机电工程是指按照一定的工艺和方法,将不同规格、型号、性能、材质的设备、管路、线路等有机组合起来,满足使用功能要求的工程。在此,设备是指各类机械设备、静设备、电气设备、自动化控制仪表和智能化设备等;管路是指按等级使用要求,将各类不同压力、温度、材质、介质、型号、规格的管道与管件、附件组合形成的系统;线路是指按等级使用要求,将各类不同型号、规格、材质的电线电缆与组件、附件组合形成的系统。

同时,为适应现行管理体制需要,建设工程按使用功能(行业特点)又可分为房屋建筑工程、铁路工程、公路工程、水利工程、市政工程、煤炭矿山工程、水运工程、海洋工程、民航工程、商业与物资工程、农业工程、林业工程、粮食工程、石油天然气工程、海洋石油工程、火电工程、水电工程、核工业工程、建材工程、冶金工程、有色金属工程、石化工程、化工工程、医药工程、机械工程、航天与航空工程、兵器与船舶工程、轻工工程、纺织工程、电子与通信工程和广播电影电视工程等31类,各行业建设工程又可按自然属性进行分类和组合。

2)建筑工程

建筑工程按照使用性质可分为民用建筑工程、工业建筑工程、构筑物工程及其他建筑工程等;按照组成结构可分为地基与基础工程、主体结构工程、建筑屋面工程、建筑装饰装修工程和室外建筑工程;按照空间位置可分为地下工程、地上工程、水下工程、水上工程等,而建筑给排水及采暖工程、建筑电气工程、智能建筑工程、通风与空调工程、电梯工程以及室外安装工程则属于建设工程中的机电工程。民用建筑工程是指供人们居住和进行公共活动的建筑的总称,包括住宅以及办公楼、宾馆、医院、影剧院、博物馆、体育馆等各种公共建筑。工业建筑工程是指直接用于生产或为生产配套的各种房屋和各种工业构筑物,包括各种行业所需要的车间、仓库、辅助附属设施和构筑物等,分为厂房、仓库、辅助附属设施;工业构筑物可单独划出,归入构筑物工程。构筑物工程包括各类电视塔(信号发射塔)、纪念塔(碑)、广告牌(塔)、水工构筑物、工业构筑物等。

本书结构检测与鉴定的主要对象为建筑工程的结构部分,涉及地基基础、上部承重结构以及围护系统的承重部分。

► 1.1.2 建筑结构检测与鉴定

1)检测的通用概念

根据《合格评定　词汇和通用原则》(GB/T 27000—2006),在通用概念上,检测是指按照程序确定合格评定对象的一个或多个特性的活动。在此,程序为进行某项活动或过程所规定的途径;检测活动的合格评定对象主要为接受合格评定的特定材料、产品或过程。其中,产品为过程的结果,四种通用的产品类别包括服务(如运输)、软件(如计算机程序)、硬件(如发动机)和流程性材料(如润滑油)。

在通用的检验检测机构的资质认定能力评价中,并没有区分检测与鉴定,即只有检测概念,而没有鉴定概念,人们传统习惯上的鉴定同样被归类为检测。如将建筑工程质量作为某一检测类别,房屋可靠性作为其中一个检测或评定项目,构件承载力作为其中一个检测参数等。

2)建筑结构中的检测与鉴定

根据《建筑结构检测技术标准》(GB/T 50344—2019),建筑结构检测是指为了评定建筑结构工程的质量或鉴定既有建筑结构的性能等所实施的检测工作,它同样是一个广义的定义,建筑结构鉴定也被看作建筑结构检测的一部分。

另一方面,按照建筑工程领域的传统习惯,建筑结构检测与鉴定又是存在较明显区别的。建筑结构鉴定指的是对建筑结构的危险性、安全性、使用性、可靠性、抗震性能、灾损状况及其原因等所进行的调查、检测、分析、验算和评定等一系列活动。其对应的标准均以鉴定的形式给出,如《民用建筑可靠性鉴定标准》(GB 50292)、《工业建筑可靠性鉴定标准》(GB 50144)、《危险房屋鉴定标准》(JGJ 125)、《建筑抗震鉴定标准》(GB 50023)以及《火灾后建筑结构鉴定标准》(CECS 252)等。与传统、狭义上的结构检测相比,结构鉴定具有明显的综合性和复杂性的特点,多针对某种结构综合性能指标。

目前,还存在一种观点,认为部分建筑结构鉴定不属于结构检测,只属于结构性能的评定。如结构可靠性鉴定,其所依据的标准《民用建筑可靠性鉴定标准》(GB 50292)和《工业建筑可靠性鉴定标准》(GB 50144)均为评定方法,不是真正意义上的检测方法。

本书仍然尊重建筑工程领域的传统,将建筑结构检测与鉴定区别开来,简称为结构检测和结构鉴定,此后不再说明。

▶ 1.1.3 结构检测与鉴定的必要性

结构检测与鉴定的目的在于评定建筑结构的质量、性能或损伤原因等,以确保建筑结构的使用性、安全性。

1)在建工程的检测与鉴定

一方面,在建工程受地质勘察、设计、材料、施工等多种因素的影响,均有可能存在工程质量问题;在某些省市甚至仍然存在未按工程建设程序进行项目建设的问题,导致缺乏有效的政府监督等,工程质量有待第三方检测机构检测鉴定确定。另一方面,随着生活和技术发展水平的提高,新材料、新工艺、新设计理论以及新的结构形式等不断出现,将这些新技术应用在实际工程中时,为确保工程可靠性和促进新技术的发展应用,均有必要进行相关检测和鉴定。

对在建工程进行施工质量检测和鉴定,可以有效评定在建工程质量,其中也包括评定新技术的可靠性是否达到预期的目标。对于结构损伤,通过分析其因果关系,可为明确相关的责任方提供技术支持。

2)既有建筑的检测与鉴定

既有建筑指的是已经建成可以验收的和已经投入使用的建筑物和构筑物,包括民用建筑和工业建筑。其一,随着使用时间的推移,在各种内外因素的影响下,既有建筑不可避免地会出现不同程度的材料劣化和结构性能的退化,当量变导致质变时,将对其建筑结构性能产生明显影响;其二,既有建筑还面临改扩建、用途改变、使用环境变化以及延长设计使用年限等问题;其三,既有建筑还有可能遭受意外灾害和事故,如地震、火灾、地质灾害以及外物撞击等。当出现上述情形时,均有必要进行相关检测和鉴定。

对既有建筑进行检测和鉴定(包含使用状况、环境变化、材料强度、外观质量、位移及变形、裂缝及损伤以及结构性能等),可以明确其经过一定使用时间或遭遇某种灾害后的材料劣化程度、损伤程度以及结构性态等,从而判明结构可靠性等性能现状,为后续处理提供依据。对于将进行改扩建等的既有建筑,检测与鉴定应在改扩建之前完成,并为其后续可行性分析以及改造设计施工提供依据。对于遭受意外灾害和事故的既有建筑,还可以鉴定现有损伤与意外灾害或事故的因果关系以及影响程度,以便为明确责任方和后续赔偿提供技术支持。

1.2 建筑工程质量检测发展的历史与未来趋势

▶ 1.2.1 建筑工程质量检测机构的发展历史

检测机构是执行建筑工程质量检测的主体,经过多年的发展和探索,我国建筑工程质量检测机构从早期计划经济下的企业内部实验室,到具有政府行政职能的工程质量检测机构,再到目前具备承担法律责任能力的第三方检测机构,逐步找到一条适合中国社会经济发展的模式,并与世界接轨。

1)计划经济下的企业内部实验室

20 世纪 80 年代初以前,我国实行的是公有制占绝对主导地位的计划经济。在这种社会背景下,建筑工程主要由国家统一计划并投资建设。对于国家和各级政府而言,建筑工程中的建设方、设计方、施工方以及建筑材料供应方等,只是国家在建筑工程中不同任务的执行者,就如现在总承包公司下的不同子公司或部门。国家通过设立施工企业内部实验室,实现控制建筑工程质量的目的。企业内部实验室可分为第一方实验室和第二方实验室。第一方实验室检测、校准自己生产的产品,数据为企业自用,目的是提高和控制自己生产的产品质量,属于第一方合格评定活动;第二方实验室检测、校准供方提供的产品,数据为企业自用并反馈供方,目的是提高和控制供方产品质量,属于第二方合格评定活动。由此可见,企业内部实验室检测活动均不属于第三方合格评定活动,仅受内部约束,缺乏社会监督,不具备独立性。同时,受技术条件限制,该年代的企业内部实验室检测项目有限,检测方法相对简单。

2)具有政府行政职能的工程质量检测机构

20 世纪 80 年代初至 90 年代末,伴随改革开放国策的推行,我国开始由计划经济逐步向市场经济过渡,建筑工程的各相关方开始向自主经营、自负盈亏的相对独立的商品生产者转变,建筑工程参与者之间的经济独立性得到强化,存在各自不同的经济利益。如前所述,由于材料供应企业、施工企业内部实验室不具备独立性,在市场经济条件下,其检测结果存在丧失应有公正性、科学性和诚信的风险,通过企业内部实验室进行建筑工程质量控制的原有模式也就不再适合社会发展需要了。因此,在原有企业内部实验室模式下,当建筑工程出现粗制滥造,甚至偷工减料等严重质量问题时,却不能得到及时暴露。

1983 年至 1985 年,城乡建设环境保护部和国家标准局联合颁布了《建筑工程质量监督条例(试行)》《关于建立"建筑工程质量检测中心"的通知》以及《建筑工程质量检测工作规定》(城建字〔85〕580 号)等规范性文件,要求按照行政区域设置检测机构(包括国家级、省级、市级和县级检测机构),行使政府行政职能。这一规定使检测机构开始迈向独立于建设单位、材料生产单位、施工单位之外的第三方单位,从一定程度上保证了检测机构出具的检测数据具有独立性和公正性,这在我国建筑工程质量检测发展中具有重要历史意义。上述文件颁布后,初期仅在国家、省及计划单列市依托建筑科研机构建立了建筑工程质量监督检验机构,由计量行政管理部门归口管理,如 1990 年原重庆建筑大学由四川省建委推荐,经计量认证合格,建立了四川省建筑工程质量监督检验二站,成为当时全国高校中唯一的一个省级质监机构,也是全国高校中首家通过计量认证及产品监督检验审查合格的建工类省级质检机构。

1996 年,建设部颁布《关于加强工程质量检测工作的若干意见》(建监〔1996〕208 号)的通知,明确要求新设置的市(地)、县(市)工程质量检测机构宜设在当地工程质量监督机构之中,同时企业内部实验室要达到一级试验资质条件并经省建设行政主管部门批准,方可承担承接社会委托的检测任务。伴随这一规定的出台,以及建筑工程的快速发展和检测技术的进步,国内检测机构综合实力得到大幅度的提升。

在此发展阶段,检测机构带有明显的行政职能色彩,通常设置在各级政府下属的建筑工程质量监督机构中,不具有独立的法人地位,也无法为出具错误甚至虚假报告独立承担民事责任(包括赔偿责任)。同时,由于建筑工程质量监督机构既进行工程质量监督,又进行营利性检测收费活动,容易滋生腐败行为,仍难以从体制上真正做到检测工作的独立性和公正性。

3)具备承担法律责任能力的多元化第三方检测机构

2000 年 1 月 30 日,国务院颁布了《建设工程质量管理条例》(国务院令第 279 号),规定"施工人员对涉及结构安全的试块、试件以及有关材料,应当在建设单位或者工程监理单位监督下现场取样,并送具有相应资质等级的质量检测单位进行检测",并对违反该条例做出了处罚规定,从法律法规的高度确立了建设工程质量检测工作的地位和作用。

在此阶段,检测机构的经济主体逐渐多元化,其独立性和公正性方面也发生了根本改变。一方面,我国建筑市场迅猛发展,不同的社会经济主体表现出进入检测行业的强烈愿望。首先是更多高等院校、建筑科研单位以及其他具备技术优势的企事业单位等率先投资建立检测机构,其后是包括民营资本在内的各类投资主体建立的检测机构应运而生,建筑工程检测机构呈现出多元化的形式。另一方面,随着改革开放的深入和市场经济的发展,社会对检测机构的独立性、公正性提出了更高的要求。

2005 年 9 月 28 日,建设部颁布《建设工程质量检测管理办法》(建设部令第 141 号),明确"检测机构是具有独立法人资格的中介机构"以及"应当依据本办法取得相应的资质证书"。该管理办法推动了各级建筑工程质量监督部门下设的检测机构去行政化,以及设立于高校、研究机构中的检测机构与原单位行政脱钩,转变为具有独立法人资格,同时也促进了民营检测机构的迅速发展。至此,真正能独立承担民事责任的第三方检测机构得以建立,其检测活动属于第三方合格评定活动,即由既独立于提供合格评定对象的人员或组织,又独立于在对象中具有使用方利益的人员或组织的人员或机构进行的合格评定活动。检测机构也与建设、施工、监理、勘察、设计等单位一样,成为工程质量的责任主体。

▶ 1.2.2 建筑工程质量检测的发展趋势

检测行业发展的未来将走向高技术服务、生产性服务的现代服务业,具有公共保障性和市场开放性的特征。检验检测与计量、标准、认证认可共同构成国家质量基础设施,是现代服务业的重要组成部分,建筑工程质量检测作为我国检验检测行业的重要组成部分,其未来的发展趋势主要表现在以下几个方面。

1)检测机构法律地位的明确化和主体的多元化

经过数十年的实践和发展,检测机构在我国的法律地位得到进一步的明确。2018 年 5 月 1 日,由中国国家认证认可监督管理委员会颁布实施的《检验检测机构资质认定能力评价 检验检测机构通用要求》(RB/T 214—2017)对检验检测机构的法律地位和法律责任提出了明确的要求:“检验检测机构应是依法成立并能够承担相应法律责任的法人或者其他组织。”依法设立的法人包括机关法人、事业单位法人、企业法人和社会团体法人;其他组织包括取得工商行政管理机关颁发的《营业执照》的企业法人分支机构、特殊普通合伙检验检测企业、民政部门登记的民办非企业单位(法人)、经核准登记的司法鉴定机构等。法律地位的明确,其核心作用是确定了检测机构的独立性,从而保证了检测工作的公正性。

2)检测机构管理的规范化

《检验检测机构资质认定能力评价 检验检测机构通用要求》(RB/T 214—2017)规定:“在中华人民共和国境内从事向社会出具具有证明作用数据、结果的检验检测活动应取得资质认定。”生产企业内部的检验检测机构(即前文所述的企业内部实验室),不在检验检测机构资质认定范围之内,但生产企业出资设立的具有独立法人资格的检验检测机构可以申请检验检测机构的资质认定。

检验检测资质认定是一项确保检验检测数据、结果的真实、客观、准确的行政许可制度,对检测机构管理的标准化、规范化起到重要作用。对检验检测机构进行资质认定能力评价时,应包括对机构、人员、场所环境、设备设施、管理体系方面的全方位要求。

3)检测市场和检测机构的国际化

中国是世界贸易大国,2018 年对外贸易总额达到 4.62 万亿美元,位居世界第一。特别是“一带一路”倡议的提出与实施,建筑工程市场的国际化也得到不断发展和深化,由改革开放初期引进外资在国内投资建设,到目前国内资本到海外投资。具体表现在,中国企业不仅在海外进行投资建设,同时参与承包大量工程项目的勘察、设计、监理、施工及检测等,如中国铁路总公司计划投资 51.35 亿美元、全长约 150 km 的印度尼西亚雅万高铁项目。建筑市场国际化的深入发展,必将导致建筑工程检测市场和检测机构的国际化,这既预示着国外具备强大实力的检测机构将进入中国检测市场参与竞争,也意味着国内的检测机构除了对进口的建筑材料、构配件等产品进行检测外,也将走出国门,越来越多地参与海外项目的检测工作。这对国内检测机构而言,既是机遇又是挑战,检测机构间的竞争将越来越激烈,同时国际交流也必将促进国内检测机构管理水平与技术水平的迅速提升。

4)检测技术的现代化

建筑工程检测技术现代化是社会经济发展的需求。一方面,某些传统检测技术原本在方法的有效性、适用性等方面已表现出明显的不足,甚至存在一些无法检测的空白,早就需要提出更先进的检测技术和方法予以取代。另一方面,随着我国经济水平的提高和建筑业的快速发展,新理论、新方法、新材料、新产品和新结构形式等不断涌现,无论是从检测参数还是从检测方法,均对检测工作提出了新的要求,即对建筑工程检测技术的现代化提出了更高的要求。

检测技术现代化是社会科技进步的必然。社会整体科学技术的现代化势必促进检测技术的现代化,基于概率理论的评定方法、基于新型传感原理和传感技术的无损检测、基于计算机网络环境及卫星高精定位下的实时监测和远程监测集成系统、基于智能机器人的复杂恶劣环境下的检测技术等会不断涌现,现代检测技术具有理论系统化、高精智能化以及网络信息化等多个特点。

习 题

1.1 根据现行《建设工程分类标准》(GB/T 50841),建设工程、土木工程、建筑工程以及民用建筑和工业建筑分别指的是什么?

1.2 什么是建筑结构检测和鉴定?

1.3 为什么有必要进行结构检测与鉴定?

思考题

1.1 建筑结构试验、检测和鉴定有什么区别与联系?

1.2 我国建筑工程检测机构的发展经过了哪几个阶段?

1.3 建筑工程质量检测的发展趋势有何特点?

建筑结构检测与鉴定综述

【本章基本内容】

本章重点讲述建筑结构检测与鉴定的基本要求，建筑结构损伤的主要影响因素以及房屋鉴定的主要类型等。

【学习目标】

(1)**了解**：检测设备、检测方法和检测抽样的基本知识，检测报告传送、修改和保存的基本要求。

(2)**熟悉**：建筑结构检测的适用范围和分类，检测鉴定工作程序，结构损伤的主要影响因素及房屋鉴定的主要类型。

(3)**掌握**：建筑工程质量鉴定的基本原则，建筑结构检测方案和检测报告的基本内容。

2.1 建筑结构检测

如第1章所述，广义上的建筑结构检测是指为评定建筑结构工程质量或鉴定既有建筑结构性能等所实施的检测工作，它包含了建筑行业传统意义上的建筑工程质量相关鉴定。本章遵从行业传统习惯，将建筑工程质量鉴定作为建筑结构检测中一种特有类型，在2.2节中进一步深入介绍，但本节相关内容同样适用于2.2节的建筑工程质量鉴定。此外，本书介绍的是第三方检测机构从事的第三方合格评定活动，其检测以建筑工程实体结构现场检测（包括实体结构上取样后送至检测机构进行的检验）为主，原材料、建筑构配件产品的进场复检不是本书的重点。

▶ 2.1.1 适用范围和分类

建筑结构的检测可分为结构工程质量检测和既有结构性能检测。

1)结构工程质量检测

当遇到下列情况之一时,应进行结构工程质量的检测:①国家现行有关标准规定的检测;②结构工程送样检验的数量不足或有关检验资料缺失;③施工质量送样检验或有关方自检的结果未达到设计要求;④对施工质量有怀疑或争议;⑤发生质量或安全事故;⑥工程质量保险要求实施的检测;⑦对既有建筑结构的工程质量有怀疑或争议;⑧未按规定进行施工质量验收的结构。

结构工程质量检测是针对实体结构进行的,其现场检测对象可以是单位工程、分部工程、分项工程、检测批、单个构件甚至构件的某个参数。本书将在第3章至第5章分别介绍混凝土结构、砌体结构和钢结构的常用现场检测方法。

2)既有建筑结构性能检测

当遇到下列情况之一时,应对既有建筑结构的承载力、变形、现状缺陷和损伤等结构性能项目进行检测:①建筑结构可靠性评定;②建筑的安全性和抗震鉴定;③建筑大修前的评定;④建筑改变用途、改造、加层或扩建前的评定;⑤建筑结构达到设计使用年限要继续使用的评定;⑥受到自然灾害、环境侵蚀等影响建筑的评定;⑦发现紧急情况或有特殊问题的评定。

从上述分类可见,对于既有建筑结构性能的检测,其复杂性和综合性均明显高于结构工程质量检测,该类检测在建筑工程行业传统中通常称为鉴定,这将在本书2.2节中进一步介绍。

▶ 2.1.2 检测工作程序与检测方案

1)检测工作程序

建筑结构检测工作程序,可按图2.1的框图执行。后续各章介绍的相关检测鉴定程序及框图是以这一框图为基础制订的,并进行了相关内容的补充和完善。后续章节对检测程序中有关接受委托、签订检测合同、现场资料调查等内容有进一步说明,可以作为本节学习的参考。

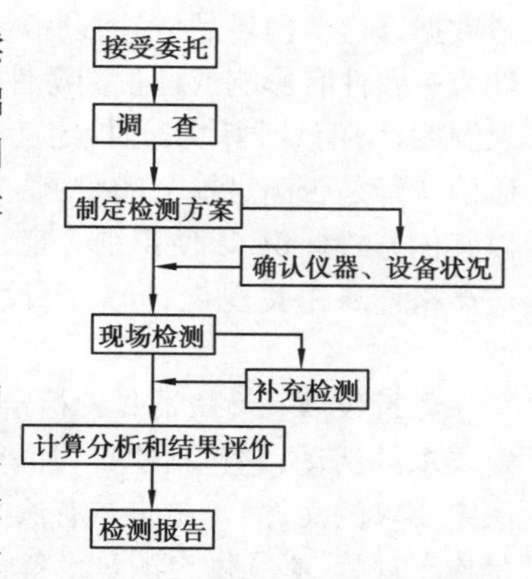

图2.1　建筑结构检测程序框图

2)检测方案

在进行建筑结构检测前,应根据检测目的、现场调查和资料调查情况制定检测方案。对于较大规模或较复杂以及委托方有专门要求的检测项目,尚应形成书面的较完备的检测方案。方案应征求委托方的意见,并通过审定。在实际检测工作中,检测方案有时作为标书文件的一部分参与投标,有时也可作为附件纳入检测合同。

建筑结构检测方案宜包括下列主要内容(不仅限于):①工程概况或结构概况,工程概况

(对应工程质量的检测)应包括结构类型、建筑面积、总层数,设计、施工及监理单位,检测时工程的施工进度等;结构概况(对应既有结构性能检测)除应包括上述相关内容外,还应包括结构的建造年代和使用过程中的状况等;②检测目的或委托方的检测要求;③检测依据,主要包括检测所依据的标准及有关的技术资料等;④检测项目、选用的检测方法以及检测的数量;⑤检测人员和仪器设备情况;⑥检测工作进度计划;⑦所需要的配合工作;⑧检测中的安全措施和环保措施。

制订检测方案时,应结合项目的具体情况,在注重方案完备性的同时,更要突出每一个检测项目的不同特点,包括项目重点和难点,避免方案的模板化和形式化。

▶ 2.1.3 检测质量控制的基本要求

检测工作质量控制的六大要素为人、机、料、法、环、测,分别是指人员(Man)、设备(Machine)、材料(Material)、方法(Method)、环境(Environment)和测量(Measurement),简称"5M1E"法。对于建筑结构检测,上述六要素中的"材料"是指检测对象,"测量"是指检测过程控制。检测工作质量控制的具体要求,可以参见《检验检测机构资质认定能力评价 检验检测机构通用要求》(RB/T 214—2017)相关内容,本节仅对检测设备设施、检测方法和检测抽样进行简单介绍。

1)检测设备设施

检测机构应配备满足检测(包括抽样、物品制备、数据处理与分析)要求的设备和设施,其功能、量值范围和准确度均应满足资质认定通过的检测能力要求。

设施是指正确实施检测所需的基础设施,包括固定设施、临时设施和移动设施。其中,固定设施主要指供水供电设施、通风排气设施、信息和通信设施等;移动设施主要指车、船等仪器设备的承载设施,也包括样品的搬运、吊装等设施。检测设施应有利于检测工作的正常开展。

检测设备包括检测活动中所必需并影响检测结果的仪器、软件、测量标准、标准物质、参考数据、试剂、消耗品、辅助设备或相应组合装置。检测机构应对检测结果、抽样结果的准确性或有效性有影响或计量溯源性有要求的设备,包括用于测量环境条件等辅助测量设备(如温湿度计)有计划地实施检定和校准。设备在投入使用前,应采用核查、检定或校准等方式,以确认其是否满足检测的要求。所有需要检定、校准或有有效期的设备,应使用标签、编码或以其他方式标识,以便识别检定、校准的状态和有效期。需注意的是,设备虽然可以租赁,但应严格遵从相关规定,同一台设备不允许在同一时期被不同检测机构共同使用和做资质认定。

测量仪器和计量器具的检定简称为计量检定或检定,是指为查明和确认测量仪器符合法定要求的活动,它包括检查、加标记和/或出具检定证书(证明计量器具已经检定并符合相关法定要求的文件)。检定具有法制性,即属于计量管理范畴的政府行为或执法行为,其依据的是检定规程,必须做出测量设备合格与否的结论。

校准是指在规定条件下的一组操作,其第一步是确定由测量标准提供的量值与相应示值(指被计量设备)之间的关系,第二步则是用此信息确定由示值获得测量结果的关系。这里测量标准提供的量值与相应的示值都具有测量不确定度,通常只把该定义中的第一步认为是校准。通常做法是,采用精度较高的设备作为计量设备与被计量设备对相同被测量物进行测试,得到被计量设备相对计量设备的误差,从而得到被计量设备的示值数据的修正值。校准不具有法制性,是检测单位自愿的溯源行为,其依据的是校准规范/方法,通常也不判断测量设备合格与否,而只确定其示值误差或修正值/修正因子。

2)检测方法

检测机构应根据检测项目、检测目的、建筑结构状况和现场条件,选择适用的检验、测试、观测和监测等方法。检测方法应满足委托方(客户)需求,也应是检测机构通过资质认定的方法。检测方法包括标准方法和非标准方法,建筑结构检测的标准方法是指有相应标准的检测方法和有关规范、标准规定或建议的检测方法;非标准方法是指参照相应检测标准,扩大其适用范围的检测方法和检测单位自行开发或引进的检测方法。企业方法(标准)不能直接作为资质认定许可的方法,只有经过检测机构转换为其自身的方法并经确认后,方可申请检测机构资质认定。

检测机构应优先使用标准方法,并确保使用标准的有效版本。在使用标准方法前,应进行验证(提供客观的证据,证明给定项目是否满足规定的要求);在使用非标准方法(含自制方法)前,应进行确认(对规定要求是否满足预期用途进行验证)。检测机构应跟踪方法的变化,并重新进行验证或确认。当标准、规范、方法不能被操作人员直接使用,如其内容不便于理解、规定不够简明或缺少足够的信息或方法中有可选择的步骤,以致方法运用时造成因人而异,可能影响检测数据和结果正确性时,则应制订作业指导书。

检测标准有国家标准、行业标准和地方标准之分,对于通用的检测项目,应选用国家标准或行业标准;对于有地区特点的检测项目,可选用地方标准;对同一种方法,地方标准与国家标准或行业标准不一致时,有地区特点的部分宜按地方标准执行,检测的基本原则和基本操作要求应按国家标准或行业标准执行。

在一定条件下允许方法偏离,这是指在一定的允许范围、一定的数量和一定的时间段等条件下实施过程(实际操作)对方法的偏离,方法本身并未修改。如确需方法偏离,应有文件规定,经技术判断和批准,并征得委托方同意。由此可见,方法偏离有着严格的条件,不能将其作为不遵守标准方法的借口,也不应将非标准方法作为方法偏离处理。

当委托方建议的方法不适合或已过期时,应告知委托方。如果委托方仍坚持使用不适合或已过期的方法时,检测机构应在委托合同和结果报告中予以说明,并应在结果报告中明确该方法获得资质认定的情况。例如,某房屋设计时采用的是2000系列的设计规范,现委托方要求采用原设计规范对该房屋进行承载力验算,并以此进行安全性鉴定。在这种情况下,检测机构应明确告知委托方2000系列设计规范现在已经过期;若委托方出于自身检测目的需求,仍坚持使用原设计规范进行安全性鉴定,则检测机构可以同意,但应在委托合同和结果报告中说明采用的是过期规范,并明确本机构是否获得过2000系列设计规范的资质认定或应证明具备使用该过期方法的能力。

此外,当有多种检测方法可以采用时,应与委托方协商确定采用的检测方法,并写入委托合同;当选用局部破损的取样检测方法或原位检测方法时,宜选择结构构件受力较小的部位,并不应损害结构的安全性。对文物建筑和受到保护的建筑进行检测时,应避免造成损伤。

3)**检测抽样**

样本指的是按一定程序从总体(检测批)中抽取的一组(一个或多个)个体;检验批指的是按相同的生产条件或按规定的方式汇总起来供抽样检验用的,由一定数量样本组成的检验体。检验批可根据施工、质量控制和专业验收的需要,按工程量、楼层、施工段、变形缝进行划分。抽样检测即为从检测批中抽取样本,通过对样本的测试确定检测批质量的检测方法。

建筑结构检测的抽样方案宜根据委托方的要求、检测项目的特点综合下列5种方式确定检测对象和检测数量。

(1)全数检测方案

下列项目的核查检查宜采取全数检测方案:①结构体系的构件布置和重要构造核查;②支座节点和连接形式的核查;③结构构件、支座节点和连接等可见缺陷和可见损伤现场检查;④结构构件明显位移、变形和偏差的检查。以上第1款和第2款为核查,是依据设计要求或有关标准的规定对实际情况进行核对的检测工作,并不包括具体参数的测定;第3款和第4款为检查,属于直接观察和记录的检测工作,目的是发现现场调查可能遗漏潜在问题的迹象。核查和检查等发现的问题应成为检测对象和检测数量调整的依据。

(2)对检测批随机抽样的方案

检测批随机抽样检测包括计数检测、计量检测和材料性能检测等。计数抽样检测指的是通过确定抽样样本中不合格的个体数量,对样本总体质量做出判定的检验方法;计数抽样检测分为正常一次抽样和正常二次抽样,其检测对象又可分为主控项目和一般项目;计数检测项目宜按表2.1规定的数量进行一次或二次随机抽样。计量抽样检验指的是以抽样样本的检测数据计算总体均值、特征值或推定值,并以此判断或评估总体质量的检验方法。

表2.1　建筑结构抽样检测的最小样本容量

检测批的容量	检测类别和样本最小容量			检测批的容量	检测类别和样本最小容量		
	A	B	C		A	B	C
3~8	2	2	3	281~500	20	50	80
9~15	2	3	5	501~1 200	32	80	125
16~25	3	5	8	1 201~3 200	50	125	200
26~50	5	8	13	3 201~10 000	80	200	315
51~90	5	13	20	10 001~35 000	125	315	500
91~150	8	20	32	35 001~150 000	200	500	800
151~280	13	32	50	150 001~500 000	315	800	1 250

注:①检测类别A适用于一般项目施工质量的检测;可用于既有结构的一般项目检测;

②检测类别B适用于主控项目施工质量的检测;可用于既有结构的重要项目检测;

③检测类别C适用于结构工程施工的质量检测或复检;可用于存在问题较多既有结构的检测。

(3)确定重要检测批的方案

结构工程质量检测应将存在下列问题的检测批确定为重要的检测批:①有质量争议的检测批;②存在严重施工质量缺陷的检测批;③在全数检查或核查中发现存在严重质量问题的

检测批。既有结构性能的检测应将存在下列问题的构件确定为重要的检测批或重点检测对象:①存在变形、损伤、裂缝、渗漏的构件;②受到较大反复荷载或动力荷载作用的构件和连接;③受到侵蚀性环境影响的构件、连接和节点等;④容易受到磨损、冲撞损伤的构件;⑤委托方怀疑有隐患的构件。重要检测批的检测数量宜适当增加,计数检测项目可采用提高一个或数个检测批容量分级的方法增加检测数量。

(4)确定检测批重要检测项目和对象的方案

根据具体项目的不同和委托要求,当检测批中检测对象或检测项目的重要性不同时,应加大对重要项目和对象的抽样检测。

(5)针对委托方的要求采取结构专项检测技术的方案

当委托方委托针对建筑物某特定问题或某特定要求进行检测鉴定时,如结构的改造有专门要求、结构存在明显振动影响时,应有针对性地制定专项检测技术方案。

此外,当委托方已指定检测对象或范围,或因环境侵蚀或火灾、爆炸、高温以及人为因素等造成部分构件损伤时,检测对象也可以是单个构件或部分构件,但检测结论不得扩大到未检测的构件或范围。

► 2.1.4 检测结论和检测报告

1)检测结论

建筑结构检测结论分为符合性判定结论和检测结果结论两类,涉及计数检测、材料强度的计量检测和材料性能检测。

(1)结构工程质量检测

结构工程质量检测应给出符合性判定结论。所谓符合性判定是要判定其是否符合设计要求,如设计使用的是混凝土强度等级时,需进行相应的转换后再进行符合性判定

计数检测结果和材料性能检测结果应按结构设计要求和结构工程施工依据的国家有关施工和验收标准进行符合性判定,并区分主控项目和一般项目、正常一次抽样或正常二次抽样,具体参见《建筑结构检测技术标准》(GB/T 50344)相关内容。

材料强度计量检测结果的符合性应以建筑结构施工图的要求作为评定的基准,宜提供推定区间,推定区间的置信度宜为0.90,并使错判概率和漏判概率均为0.05。在特殊情况下,推定区间的置信度可为0.85,使漏判概率为0.10,错判概率仍为0.05。其中,错判概率指的是合格批被判为不合格批的概率,即合格批被拒收的概率,这一风险将由生产方(如施工单位)承担;漏判概率指的是不合格批被判为合格批的概率,即不合格批被误收的概率,这一风险将由使用方(如建筑开发商)承担。此外,结构材料强度计量抽样的检测结果,推定区间的上限值与下限值之差值应予以限制,不宜大于材料相邻强度等级的差值和推定区间上限值与下限值算术平均值的10%两者中的较大值。

对于材料强度计量抽样检测,当设计要求相应数值小于或等于推定上限值时,可判定为符合设计要求;当设计要求相应数值大于推定上限值时,可判定为低于设计要求。当检测批的检测结果不能满足推定要求时,则只能提供单个构件的检测结果。例如,混凝土立方体抗压强度推定区间为17.8~22.5 MPa,当设计要求的$f_{cu,k}$为20 MPa混凝土时,可判为立方体抗压强度满足设计要求,当设计要求的$f_{cu,k}$为25 MPa时,可判为低于设计要求。

(2)既有结构性能检测

既有结构性能的检测无须对检测结论进行符合性判定,但应提供计数检测、材料强度的计量检测和材料性能检测结果的结论。所谓检测结果的结论,以混凝土强度检测为例,结论可是“检测得到的混凝土(立方体抗压强度)强度等级为C30”,该检测结论应为结构的评定提供真实、可靠、有效的数据。

既有结构的检测虽无须进行符合性判定,但可以使用符合性判定的结论。如对于截面尺寸的计数抽样检测结果和混凝土强度计量抽样检测,其符合性判定结论可以直接用于结构性能分析。

(3)异常数据处理

当检测批中出现异常数据时,不可随意舍弃,而应按照《数据的统计处理和解释　正态样本离群值的判断和处理》(GB/T 4883)或其他标准的规定进行判断分析后处理。

2)检测报告

检测机构应按规定的时限向委托方提交结果报告,结果报告通常应以检测报告或证书(后文统称检测报告)的形式发出,书面或电子方式均可。检测报告的表述应准确、清晰、明确、客观,且易于理解;检测结果应符合检测方法的规定,并确保其有效性。

(1)检测报告内容

检测报告应至少包括下列信息:①标题;②标注资质认定标志,加盖检测专用章(适用时);③检测机构的名称和地址,检测的地点(如果与检测机构的地址不同);④检测报告的唯一性标识,如系列号(报告编号)和每一页上的标识,以确保能够识别该页是属于检测报告的一部分,以及表明检测报告结束的清晰标识;⑤委托方(客户)的名称和地址(适用时);⑥所用检测方法的识别;⑦检测样品的描述、状态和标识;⑧检测的日期,如对检测结果的有效性和应用有重大影响,注明样品的接收日期或抽样日期;⑨对检测结果的有效性和应用有影响时,提供检测机构或其他机构所用的抽样计划和程序的说明;⑩检测报告签发人的姓名、签字或等效的标识和签发日期;⑪检测结果的测量单位(适用时);⑫检测机构不负责抽样(如样品是由委托方提供)时,应在检测报告中声明结果仅适用于委托方提供的样品;⑬检测结果来自外部提供者时的清晰标注;⑭检测机构应做出未经本机构批准,不得复制(全文复制除外)报告的声明。对于检测报告涉及的结果说明、抽样结果、意见和解释、分包结果的具体要求,可详见《检验检测机构资质认定能力评价　检验检测机构通用要求》(RB/T 214—2017)相关内容。

(2)检测报告的传送、修改和保存

除纸质文档外,检测机构还可以应委托方要求,使用电话、传真或其他电子(电磁)手段来传送检测结果。此时,检测机构应首先记录委托方的传送方式要求,注意做好为客户保密的工作。在确认接收方的真实身份后方可传送结果,并确保数据和结果的安全性、有效性和完整性。

当检测机构要对已发出的检测报告进行修改时,应以追加文件或资料更换的形式进行。当以追加文件的形式进行时,应声明是“对检测报告的补充,系列号……(或其他标识)”,或以其他等效的文字形式表述;当检测报告有实质性修改,有必要发布全新的检测报告时,应注以唯一性标识(通常采用与原报告不同的检测报告系列号),并注明所替代的原报告。新检测报告发布前,应收回原检测报告;若原报告不能收回,则应声明原报告作废。

检测机构应建立检测报告的档案，将每一次检测的合同（委托书）、检测原始记录、检测报告等一并归档，以便追溯。检测报告档案的保管期限应不少于6年。

2.2　建筑工程质量鉴定

► 2.2.1　鉴定的基本原则

在建筑工程领域，按传统习惯将复杂、综合性强的结构检测称为建筑工程质量鉴定，如民用建筑可靠性鉴定、工业建筑可靠性鉴定、危险房屋鉴定、建筑抗震鉴定以及火灾鉴定等。

与普通建筑结构检测一样，建筑工程鉴定工作首先应遵守《检验检测机构资质认定能力评价　检验检测机构通用要求》，即检验检测机构及其人员从事检验检测活动，应遵循国家相关法律法规的规定，遵循客观独立、公平公正、诚实信用原则，恪守职业道德，承担社会责任，这也是任何检测活动在法律和道德层面均需遵循的根本原则。

建筑工程鉴定还有其自身特点，还需遵循以下基本原则：

1）鉴定时点原则

鉴定报告中的鉴定结果和结论，除特别说明外，是指该鉴定项目在实施鉴定的这一具体时间点或时间段所处的实际性态，当鉴定报告无特殊说明时，鉴定报告的报告日期通常可以作为鉴定结论的时点。如对一栋房屋进行安全性鉴定，报告所给出的房屋安全评定的结论，就是指鉴定对应的这一时点的实际性态，而这一性态在鉴定前、后均有可能不同。

2）有限条件原则

为出具准确、清晰、明确和客观的鉴定结论，鉴定工作是需要具备一些必要条件的。这些条件包括技术水平、现场环境条件以及相关资料档案等，其中技术水平又包括人员、设备以及检测标准方法等多个方面。当上述条件缺失或部分缺失时，将导致无法得出鉴定结论，或只能得出部分鉴定结论。如某钢筋混凝土结构房屋安全性出现争议需进行鉴定，而该房屋缺失竣工和设计、施工资料，现场又不存在大范围破损检测的条件，检测机构无损检测设备精度也难以满足要求，此时要准确进行构件的钢筋配置检测是很困难的，这将导致构件承载力难以准确评定，最终无法按照相关安全性鉴定标准要求给出完整结论，而可能是部分结论或附加相关限制条件的结论。因此，在建筑工程鉴定前，应根据具体情况，认真评审委托鉴定内容。

3）综合评定原则

建筑工程鉴定的综合性体现在：①鉴定结论是多个相关的、相对单一的检测项目检测结果的综合，如混凝土结构房屋安全性鉴定仅其构件层次评定就包括承载力、构造、变形以及裂缝及其他损伤多个项目，而其中承载力项目中的抗力部分又涉及截面尺寸、材料强度等多个相关检测参数。②鉴定是在调查、检测、分析或验算的结果基础上，运用鉴定人员丰富的实践经验，经综合评定得出结论的一系列活动。如简单到一块现浇混凝土楼板的裂缝原因鉴定，就包括楼板施工到使用过程的调查，现场楼板厚度、混凝土强度、钢筋配置和裂缝等的检测，抗裂验算以及各种可能导致裂缝产生原因的分析，然后鉴定人员在此基础上，依靠自身的专业知识和工程经验，经综合判定给出鉴定结论。

此外,对于鉴定报告的时效性问题需要进行澄清说明。时效性问题最初源于危险房屋鉴定,1989 年 11 月 21 日建设部令第 4 号发布、2004 年 7 月 20 日建设部令第 129 号修正的《城市危险房屋管理规定》,要求危险房屋按照《危险房屋鉴定标准》(JGJ 125)进行鉴定,经鉴定属于非危险房屋的,在鉴定文书上注明在正常使用条件下的有效时限一般不超过一年。这是因为进行危险性鉴定的多为老旧房屋或已经出现明显安全隐患的房屋,考虑历史及改造成本等原因,其判定房屋安全的标准要求相对较低。因此,对于经鉴定属于非危险房屋的,即使正常使用也并不能保证在一段较长时间后仍可保持为非危险房屋。由此可见,上述所谓的"一年时效"是指非危险房屋经一年正常使用后,其房屋是否为危险房屋需重新鉴定,并不意味着检测机构对其出具的危险房屋鉴定报告在 1 年后就失效,甚至不用承担责任。相反,检测机构对其出具的鉴定报告的责任是没有时效限制的,需对鉴定时点的结论永久负责。

► 2.2.2 建筑结构损伤的主要影响因素

所谓的建筑结构损伤,是一种广义的概念,泛指建筑结构的承载功能和使用功能等性态不满足相关鉴定标准的要求。建筑物从建造开始直至使用寿命终结为止的全过程,均面临结构损伤的风险,现将其影响因素分为以下几种类型。

1)勘察设计因素

①未进行任何形式的勘察设计。这主要涉及改革开放初期或更早的部分房屋建筑,以及延续至今的部分乡镇自建房屋,这类房屋通常凭经验自行修建,规模较小、层数较少。

②无效的勘察设计。这主要包括勘察设计文件未经签章或无效签章、设计施工图未经审图机构审查,甚至仅为无效的电子文件等情况。由于设计单位和个人无法对这类勘察设计文件承担法律责任,按此类设计建造的房屋将存在严重隐患。

③原设计标准低于现行标准。在评定建筑结构相关性能时,大多数鉴定标准要求按现行设计规范进行结构计算复核,如《民用建筑可靠性鉴定标准》(GB 50292—2015,以下简称《民标》)和《工业建筑可靠性鉴定标准》(GB 50144—2019,以下简称《工标》)等。但是,1974 年以来,我国主要设计规范大约每十年全面修订一次,每一次修订其结构可靠度都有不同程度的提高。因此,当对采用早期设计标准建造的房屋进行鉴定时,按现行设计规范计算复核的结果出现不满足,有时是在所难免的。

④勘察设计存在明显缺陷和失误。由于各种原因,勘察设计文件无论有效还是无效、采用早期标准还是现行标准,均有可能存在缺陷和失误,如结构分析方法不准确,结构计算模型不符合其实际受力状况,构造措施不当,荷载取值错误以及未考虑施工或使用阶段的重要受力工况等。

2)施工因素

《中华人民共和国产品质量法》(2018 修正版)所称产品是指经过加工、制作,用于销售的产品。建筑工程使用的建筑材料、建筑构配件和设备属于该法规定的产品范围,但是建筑工程本身不适用该法规定。由此可见,建筑工程本身并非产品,但却具有产品的某些属性,仍可以看作某类特殊"产品"。建筑工程的建造过程就是建筑这类特殊产品的生产过程,施工中涉及的建筑材料、管理及技术水平和市场监管等因素均直接影响到建筑工程质量。

①建筑材料。主要表现在不合格或不成熟材料的使用,特别是在早期的建筑工程建设

中，还较多存在以次充好、偷工减料现象，这属于人为主观因素的范畴。

②管理和技术水平。改革开放四十年来，我国建筑业面对的已是世界最庞大的建筑市场，大型建筑企业的管理和技术水平已达世界领先，大型、复杂地标性超高层建筑、高速铁路网和世界级水平跨海大桥的建成就是最好的证明。但是，我国建筑业发展仍存在明显不足之处，如2018年建筑领域就业人员高达4 000多万，其中绝大部分仍是没有经过专门培训的农民工；建筑工程招投标中也还存在违法违规招投标、低价中标、非法挂靠以及层层转包的现象；部分地区还存在政府献礼工程等。这一切无不表明我国建筑业整体的管理和技术水平仍然较低，不可避免地对房屋的工程质量造成影响，这将是一个长期需要面对的问题。

③市场监管。在部分地区仍存在行政部门对建筑市场监管不力的严重问题，放任部分建筑工程不按建设工程程序进行，如在未取得施工许可的情况下就开工建设，而这些缺乏有效政府监督的工程项目通过某种形式上的备案就进入了房屋市场。

3）使用条件和环境影响

房屋建筑在正常设计、正常施工、正常使用和维护下，不需进行大修即可按其预定目的使用的期限称为设计使用年限，满足正常的使用条件（包含环境条件）要求是建筑物达到其设计使用年限的基本条件。使用条件和环境发生改变，将改变建筑物原设计条件，从而产生损伤隐患。使用条件包括永久作用、可变作用和灾害作用；使用环境包括气象环境、地质环境、建筑结构工作环境和灾害环境。其中灾害作用和灾害环境具有一定特殊性，本书将其单独分类讨论。

当建筑物在使用和维护方面存在较严重管理问题，处于超载、高温、高湿、高腐蚀甚至结构已严重受损等恶劣条件下工作时，建筑物的早衰和性能劣化将加速。使用条件和环境导致结构损伤的典型情况包括：对原房屋进行违规改建和扩建，如在原有建筑上随意加层或扩建地下室等；破损承重结构构件，如在承重墙上开槽、开洞，甚至拆除部分承重构件等；增大建筑物使用荷载，如擅自增设种植屋面、将办公室改为密集柜书库或档案室、用实心砖墙随意进行房屋分隔等；周边进行深基坑开挖，对原有房屋地基基础和场地稳定性产生影响或导致地下水位明显变化；周边道路、房屋建设爆破施工产生振动，若控制不当，将对房屋造成不同程度的损伤；工业建筑改变生产工艺或缺乏有效维护，遭遇化学介质侵蚀，如高腐蚀环境下的电镀车间、近海环境下的房屋建筑等，其钢结构构件或钢筋混凝土结构构件若不进行正常维护，将导致钢材或钢筋严重锈蚀。

4）灾害事故和偶然荷载

①灾害事故包括地震、风灾、水灾、火灾、冰雪和地质灾害等。以地震灾害为例，我国近四十年就发生过河北唐山地震（1967）、云南省澜沧、耿马地震（1988）、台湾集集地震（1999）、四川汶川地震（2008）、青海玉树地震（2010）、四川九寨沟地震（2017）等多次重大灾害性地震，造成重大人员和财产损失，其中包括大量建筑破坏和损伤。

②偶然荷载和作用是指在结构设计使用年限内不一定出现，而一旦出现其量值很大，且持续时间很短的荷载，包括爆炸力和撞击力等。如2015年8月12日天津市滨海新区天津港危险品仓库发生火灾爆炸事故，爆炸总能量约为450吨TNT当量，造成数百栋建筑物受损；美国“9·11事件”中，飞机的撞击引发的火灾最终导致纽约世界贸易中心1号楼和2号楼的倒塌。

综上所述，建筑结构遭遇损伤时，可能是由多个影响因素共同起作用的。如1999年重庆市綦江县城区彩虹桥突然整体垮塌,造成40人死亡和重大经济损失,其影响因素就包括建设全过程管理混乱、部分吊索的锚具失效、钢拱焊接质量低劣等。

在众多影响因素中,由施工因素和勘察设计因素造成的结构损伤占相当比例。其中,结构损伤中勘察设计因素的影响有被低估的现象,这与勘察设计单位在工程各参建方中的技术优势有一定关系。

此外,结构损伤的影响因素又可划分为人为因素和非人为因素,而对主观人为因素应更加重视。

▶ 2.2.3 房屋鉴定的主要类型

房屋鉴定按其鉴定目的可以分为可靠性鉴定、危险性鉴定、抗震鉴定、灾损鉴定、施工质量鉴定以及司法鉴定等。在以下分类介绍中,只给出了对应的鉴定评定方法标准,并未列出鉴定工作所涉及具体项目和参数的检测方法标准。

1)房屋可靠性鉴定

可靠性鉴定是指为评定建筑结构的安全性和使用性所进行的调查、检测、分析、验算和评定等一系列活动。其中,安全性包括承载能力和整体稳定性,使用性包括适用性和耐久性。当建筑结构的实际使用条件与原设计给定条件即将发生或已发生改变时,如大修或改扩建前、使用环境或用途改变前、延长设计使用年限前以及建筑结构已遭遇灾害或其他较严重的结构损伤,导致结构性态存在不满足设计要求的隐患时,均应进行可靠性鉴定。现行可靠性鉴定国家标准包括《民用建筑可靠性鉴定标准》(GB 50292)和《工业建筑可靠性鉴定标准》(GB 50144),其中《工业建筑可靠性鉴定标准》(GB 50144)包含了烟囱、筒仓、水池等典型构筑物的可靠性鉴定。

《民标》和《工标》在安全性和使用性评定时均将房屋分为构件、子单元和鉴定单元三个层次,每一层次分为由高到低四个安全性等级和三个使用性等级,最后根据安全性和使用性的评定结果确定房屋的可靠性等级。需注意的是,可靠性鉴定标准明确规定,在抗震设防区进行房屋可靠性鉴定时,应同时满足《建筑抗震鉴定标准》(GB 50023)的要求。

图2.2为北京工人体育场结构可靠性鉴定,其主要鉴定依据为《民用建筑可靠性鉴定标准》(GB 50292);图2.3为某化肥厂造粒塔结构鉴定,其主要依据为《工业建筑可靠性鉴定标准》(GB 50144)。

图2.2 北京工人体育场结构可靠性鉴定

图2.3 某化肥厂造粒塔结构鉴定

2)房屋危险性鉴定

房屋危险性鉴定是对既有房屋实施一组工作活动,其目的在于准确判断房屋结构的危险程度,达到有效利用既有房屋,及时处理危险房屋,确保房屋结构安全的目的。其主要对象为存在明显安全隐患的老旧房屋,危险房屋鉴定结果将为政府房屋管理部门对其进行处理提供技术支持。现行国家、行业标准包括《危险房屋鉴定标准》(JGJ 125)和《农村住房危险性鉴定标准》(JGJ/T 363)。其中,后者适用于农村地区自建的既有一层和二层住房结构的危险性鉴定,除常规结构类型外,还适用于石结构、生土结构。

《危险房屋鉴定标准》(JGJ 125—2016,以下简称《危标》),根据地基危险性状态、基础及上部结构的危险性等级,按两阶段进行综合评定。第一阶段为地基危险性鉴定,评定房屋地基的危险性状态;第二阶段为基础及上部结构危险性鉴定,可分为构件、楼层和房屋三个层次,综合评定房屋的危险性等级。其中,构件危险性鉴定等级将构件划分为危险构件和非危险构件两个等级,楼层、房屋危险性鉴定则可按危险性程度划分为四个等级。房屋危险性鉴定与房屋可靠性鉴定中的安全性鉴定在检查项目和鉴定方法上非常类似,均涉及对房屋的安全评价,但两者采用的评级方法和评价标准完全不同。总体而言,危险性鉴定对房屋安全的评定标准相对较低,且在抗震设防地区的房屋危险性鉴定不要求进行抗震鉴定。

图 2.4　东莞某民宅危房鉴定

图 2.4 为东莞某民宅危险性鉴定,其主要鉴定依据为《危险房屋鉴定标准》(JGJ 125)。

3)房屋抗震鉴定

房屋抗震鉴定是指通过检查现有建筑的设计、施工质量和现状,按规定的抗震设防要求,对其在地震作用下的安全性进行评估。对于原设计未考虑抗震设防、抗震设防要求提高的建筑,以及需要进行可靠性鉴定的建筑等,均需进行房屋抗震鉴定。现行房屋抗震鉴定国家标准有《建筑抗震鉴定标准》(GB 50023)和《构筑物抗震鉴定标准》(GB 50117),房屋抗震鉴定通常是在地震发生前进行的。

《建筑抗震鉴定标准》(GB 50023—2009)将被鉴定房屋分为 A、B、C 三类。其中,A 类建筑的后续使用年限为 30 年,主要适用于 20 世纪 70 年代及以前建造、经耐久性鉴定可继续使用的现有建筑,以及在 80 年代建造的现有建筑;B 类建筑的后续使用年限为 40 年,主要适用于 90 年代按当时施行的抗震设计规范系列设计建造的现有建筑;C 类建筑的后续使用年限为 50 年,主要适用于 2001 年以后按当时施行的抗震设计规范系列设计建造的现有建筑。

对于 C 类建筑,《建筑抗震鉴定标准》(GB 50023—2009)要求按现行国家标准《建筑抗震设计规范》(GB 50023)进行抗震鉴定。对于 A 类和 B 类建筑,《建筑抗震鉴定标准》(GB 50023—2009)则给出了抗震鉴定的具体规定。其抗震鉴定分为两级:第一级鉴定应以宏观控制和构造鉴定为主,进行综合评价;第二级鉴定应以抗震验算为主,结合构造影响进行综合评价。

①A 类建筑的抗震鉴定,当符合第一级鉴定的各项要求时,建筑可评为满足抗震鉴定要求,不再进行第二级鉴定;当不符合第一级鉴定要求时,除该标准各章有明确规定的情况外,

应由第二级鉴定做出判断。

②B类建筑的抗震鉴定,应检查其抗震措施和现有抗震承载力再做出判断。当抗震措施不满足鉴定要求而现有抗震承载力较高时,可通过构造影响系数进行综合抗震能力评定;当抗震措施鉴定满足要求时,主要抗侧力构件的抗震承载力不低于规定的95%、次要抗侧力构件的抗震承载力不低于规定的90%,也可不要求进行加固处理。

符合《建筑抗震鉴定标准》(GB 50023—2009)要求的现有建筑,在预期的后续使用年限内可达到如下的抗震设防目标:后续使用年限50年的现有建筑,具有与现行《建筑抗震设计规范》(GB 50011)相同的设防目标。后续使用年限少于50年的现有建筑,在遭遇同样的地震影响时,其损坏程度略大于按后续使用年限50年鉴定的建筑。如按后续使用年限30年鉴定时,《建筑抗震鉴定标准》(GB 50023—2009)的1.0.1条规定的设防目标是"在遭遇设防烈度地震影响时,经修理后仍可继续使用",即意味着也在一定程度上达到大震不倒塌。

需要说明的是,《建筑抗震鉴定标准》(GB 50023—2009)对现有建筑抗震验算时地震作用的取值缺乏明确概率意义。同时,该标准根据现有建筑后续使用年限将其分为A、B、C三类,后续使用年限则与建造年代相关,而不同分类的现有建筑的具体抗震鉴定方法又与其建造年代采用的抗震设计方法密切相关。至今,该标准颁布实施已超过十年,早期现有建筑的后续使用年限也发生较大变化,该标准的部分规定显然不再适用。

4)房屋灾损鉴定

房屋在其使用寿命内,可能遭受灾害事故或偶然荷载,从而对建筑结构造成损伤。在灾害事故发生后,为明确其对房屋结构性态的影响,应进行房屋灾损鉴定。典型的灾害包括地震作用、火灾、风灾和撞击等造成的结构损伤。现行地震灾损鉴定国家标准为《建(构)筑物地震破坏等级划分》(GB/T 24335),现行火灾损伤鉴定标准为《火灾后建筑结构鉴定标准》(CECS 252)。与《建筑抗震鉴定标准》(GB 50023)不同,《建(构)筑物地震破坏等级划分》(GB/T 24335)适用于地震发生之后的灾损评估。

(1)地震灾损鉴定

《建(构)筑物地震破坏等级划分》(GB/T 24335)适用于地震现场震害调查、灾害损失评估、烈度评定、建(构)筑物安全鉴定,以及震害预测和工程修复等工作。为便于实际应用,《建(构)筑物地震破坏等级规划》(GB/T 24335—2009)在建筑物分类时更为细化,包括砌体结构房屋、底部框架结构房屋、内框架结构房屋、钢筋混凝土框架结构、钢筋混凝土剪力墙(筒体)结构、钢筋混凝土框架-剪力墙(筒体)结构、钢框架结构、钢框架-支撑结构、砖柱排架结构厂房、钢或钢筋混凝土柱排架结构厂房、排架结构空旷房屋、木结构房屋及土石结构房屋;构筑物类型则仅包括烟囱和水塔。在鉴定过程中,该标准以承重构件的破坏程度为主,兼顾非承重构件的破坏程度,并考虑修复的难易程度和功能丧失程度的高低作为建(构)筑物破坏等级划分原则,将其划分为基本完好(Ⅰ)、轻微破坏(Ⅱ)、中等破坏(Ⅲ)、严重破坏(Ⅳ)和毁坏(Ⅴ)五个等级。鉴定工作的步骤依次为:①将建(构)筑物按结构类型分类;②区分建(构)筑物的承重构件和非承重构件,分别评定他们的破坏程度;③综合各个构件的破坏程度、修复的难易程度和结构使用功能的丧失程度,评定建(构)筑物的破坏等级。该标准给出了每类细分建筑的评级标准,针对性强,使用方便。

(2)火灾损伤鉴定

火灾损伤鉴定是为评估火灾后结构可靠性而进行的检测鉴定工作,《火灾后建筑结构鉴定标准》(CECS 252)则为规范建筑结构火灾后的检测鉴定工作以及灾后处理决策提供了依据。该标准适用于工业与民用建筑中的混凝土结构、钢结构、砌体结构火灾后的结构检测鉴定,且以火灾后建筑结构构件的安全性鉴定为主。涉及结构可靠性鉴定的可以根据建筑分类,按现行《民用建筑可靠性鉴定标准》(GB 50292)和《工业建筑可靠性鉴定标准》(GB 50144)进行鉴定。

《火灾后建筑结构鉴定标准》(CECS 252:2009)建筑结构火灾后鉴定可以根据结构鉴定的需要,分为初步鉴定和详细鉴定两个阶段进行。初步鉴定内容包括现场初步调查、火灾作用调查、查阅分析文件资料、结构观察检测和构件初步鉴定评级,以及编制鉴定报告或准备详细检测鉴定。初步鉴定根据构件烧灼损伤、变形、开裂(或断裂)程度进行评级,当重要构件损伤状态初步评定等级为II_b级或Ⅲ级时,应进行详细鉴定评级。其中,II_b级定义为轻微或未直接遭受烧灼作用,结构材料及结构性能未受或受轻微影响,可不采取措施或仅采取提高耐久性的措施;Ⅲ级定义为中度烧灼尚未破坏,显著影响结构材料或结构性能,明显变形或开裂,对结构安全或正常使用产生不利影响,应采取加固或局部更换措施。而初步鉴定为过火烧损非常轻微、仅仅是表皮损伤的一般建筑结构,或全面烧损严重应当拆除以及建筑结构烧损比较严重以致修复费用超过拆除重建费用时,均不必进行详细鉴定。详细鉴定内容包括火作用详细调查与检测分析、结构构件专项检测分析、结构分析与构件校核、构件详细鉴定评级以及编制详细检测鉴定报告。

图2.5为某火灾后灾损鉴定现场,其主要鉴定依据为《火灾后建筑结构鉴定标准》(CECS 252)。

(3)其他灾损鉴定

当发生的灾害事故和偶然荷载尚无对应的专项鉴定标准时,可参照现行相关标准执行。如按《民用建筑可靠性鉴定标准》(GB 50292)、《工业建筑可靠性鉴定标准》(GB 50144)、《危险房屋鉴定标准》(JGJ 125)和《房屋完损等级评定标准》(试行)等进行灾损鉴定。

图2.6为某文化艺术中心网架风灾后灾损检测现场,由于风灾尚无对应的专项鉴定标准,此时主要鉴定依据可以采用《民用建筑可靠性鉴定标准》(GB 50292)等。

图2.5 火灾事故鉴定

图2.6 某文化艺术中心网架风灾后检测

5）房屋施工质量鉴定

本书施工质量鉴定是指对涉及房屋结构安全的施工质量是否达到设计和相关验收标准要求进行评定。施工质量鉴定可划分为两个方面：其一为建筑工程施工阶段使用的原材料、建筑构配件等产品的质量鉴定；其二为建筑物建造过程中形成的施工质量鉴定。以下就这两方面的施工质量鉴定、《建筑工程施工质量验收统一标准》（GB 50300）相关规定及注意问题分别介绍。

（1）原材料、建筑构配件产品的质量鉴定

根据《中华人民共和国产品质量法》，虽然建筑工程不属于该法规定的产品范畴，但建筑工程施工阶段使用的原材料和建筑构配件却是适用的。原材料和建筑构配件在进场时即可作为单一产品对其质量进行鉴定（传统习惯称为检测），即材料进场时的复检。这类鉴定包含的产品种类繁多，如作为原材料的钢材、钢筋、高强螺栓、水泥、砂、石、商品混凝土、砖和砌块等；构配件则包括建筑工程中的各类定型的构配件产品，如装配式建筑中的预制构件、预应力结构中的锚具和连接器、抗震建筑中使用的阻尼器和隔震橡胶支座等。该类鉴定除依据《中华人民共和国产品质量法》外，上述产品的施工质量鉴定依据是原材料、建筑构配件相关国家、行业产品标准（包括标准图集），如《钢结构用扭剪型高强度螺栓连接副》（GB/T 3632）、《预应力筋用锚具、夹具和连接器》（GB/T 14370）、《公路桥梁盆式支座》（JT/T 391）等。需要注意的是，实体结构上对原材料、建筑构配件的取样检测往往不能等同于其进场时的复检，因为检测的时间点和条件已经发生变化，对实体结构上取样检测的结果与进场时复检结果之间的关系应具体分析。

（2）建筑物建造过程施工质量鉴定

与原材料、建筑构配件产品质量是在产品进场前就已形成不同，建筑物建造过程施工质量是在施工过程中形成的。在《建筑工程施工质量验收统一标准》（GB 50300）的分部工程和分项工程划分中，该部分施工质量鉴定涉及结构安全的主要是地基基础和主体结构分部工程及其所含分项工程，如轴网尺寸、结构布置、位置和尺寸偏差、截面尺寸偏差、现场施工的材料强度、结构及构件变形以及外观质量缺陷等。目前我国尚无专门的建筑工程施工质量鉴定标准，施工质量鉴定主要依据勘察、设计文件（含设计变更）和相关施工质量验收规范，如《建筑工程施工质量验收统一标准》（GB 50300）、《砌体结构工程施工质量验收规范》（GB 50203）、《混凝土结构工程施工质量验收规范》（GB 50204）、《钢结构工程施工质量验收标准》（GB 50205）以及《建筑地基基础工程施工质量验收标准》（GB 50202）等。

图 2.7　重庆万州某厂房施工质量鉴定

图 2.7 为重庆万州某厂房建成后，建设单位和施工单位因施工质量产生纠纷，委托检测机构进行施工质量鉴定。

（3）《建筑工程施工质量验收统一标准》（GB 50300）相关规定

《建筑工程施工质量验收统一标准》（GB 50300）适用于建筑工程施工质量的验收，并作为各专业验收规范编制的统一准则。《建筑工程施工质量验收统一标准》(GB 50300—2013)将建筑工程施工质量验收划分为单位工程、分部工程、分项工程和检验批。在对检验批进行检验时,将检验项目划分为主控项目和一般项目。主控项目为建筑工程中对安全、节能、环境保护和主要使用功能起决定性作用的检验项目;除主控项目之外的则为一般项目。检验批抽样样本应随机抽取,满足分布均匀、具有代表性的要求,抽样数量应符合有关专业验收规范的规定。

《建筑工程施工质量验收统一标准》(GB 50300—2013)规定建筑工程施工质量验收合格应符合工程勘察、设计文件的要求以及该标准和相关专业验收规范的规定,检验方法则分为计数检验和计量检验。

检验批质量验收合格应符合下列规定:①主控项目的质量经抽样检验均应合格。②一般项目的质量经抽样检验合格。当采用计数抽样时,合格点率应符合有关专业验收规范的规定,且不得存在严重缺陷。对于计数抽样的一般项目,正常检验一次、二次抽样可按该标准附录D判定。③具有完整的施工操作依据、质量验收记录。主控项目是对检验批的基本质量起决定性影响的检验项目,这种项目的检验结果具有否决权,从严要求是必须的。而一般项目要求相对较低,如《混凝土结构工程施工质量验收规范》(GB 50204—2015)要求:一般项目当采用计数抽样检验时,除各章有专门要求外,其在检验批范围内及某一构件的计数点中的合格点率均应达到80%及以上,且均不得有严重缺陷和偏差。

分项工程质量验收合格应符合下列规定:①所含检验批的质量均应验收合格;②所含检验批的质量验收记录应完整。

分部工程质量验收合格应符合下列规定:①所含分项工程的质量均应验收合格;②质量控制资料应完整;③有关安全、节能、环境保护和主要使用功能的抽样检验结果应符合相应规定;④观感质量应符合要求。

单位工程质量验收合格应符合下列规定:①所含分部工程的质量均应验收合格;②质量控制资料应完整;③所含分部工程中有关安全、节能、环境保护和主要使用功能的检验资料应完整;④主要使用功能的抽查结果应符合相关专业验收规范的规定;⑤观感质量应符合要求。

(4)相关注意问题

①施工质量鉴定与施工质量检测。

考虑到建筑物建造过程施工质量鉴定尚无专门的鉴定标准,因此我国部分地区建筑行政管理部门将其归入检测类项目,而不是鉴定类项目,即称为施工质量检测。前文已讨论过检测与鉴定的关系,即鉴定与检测没有本质区别和明确的划分,在计量认证中均称为检测,而没有鉴定这一类别和项目,将部分检测类项目称为鉴定只是行业内的一种传统习惯而已。因此,无论是施工质量检测还是施工质量鉴定,其本质是一样的,决不能因为将名称由施工质量鉴定改变为施工质量检测而降低对检测资质和检测质量要求。本书在此遵从传统习惯,仍称为施工质量鉴定。

②鉴定依据与鉴定结论。

虽然建筑物建造过程施工质量鉴定无专门的鉴定标准,但均可以归结为对施工质量的评定,因此可以勘察、设计文件和相关施工质量验收规范为依据进行。

在此,需注意施工质量鉴定与施工质量验收的区别,最主要的是实施的主体不同。依据

《建筑工程施工质量验收统一标准》(GB 50300—2013),建筑工程质量验收是指“建筑工程质量在施工单位自行检查合格的基础上,由工程质量验收责任方组织,工程建设相关单位参加,对检验批、分项、分部、单位工程及其隐蔽工程的质量进行抽样检验,对技术文件进行审核,并根据设计文件和相关标准以书面形式对工程质量是否达到合格做出确认”。而施工质量检测单位既不属于工程建设相关单位,更不是工程质量验收责任方,因此不应由其直接对建设工程施工质量是否合格做出结论。正确的做法是,检测单位对所委托的检测参数、分项工程、分部工程或单位工程,仅做出其施工质量是否满足勘察、设计文件和相关施工质量验收规范要求的鉴定结论。此后,工程质量验收责任方可以鉴定结果为依据之一,组织工程建设相关单位进行验收,并对工程质量是否合格做出最后结论。

根据《建筑工程施工质量验收统一标准》(GB 50300—2013),单位工程包含地基与基础、主体结构、建筑装饰装修、屋面、建筑给水排水及供暖、通风与空调、建筑电气、智能建筑、建筑节能和电梯共10个分部工程。每个分部工程又包含多个子分部工程和更多分项工程。而实际工程中,委托方在委托施工质量鉴定时,其涉及的范围变化很大,小到某一分项工程的一个检测批的一个检测参数(如砌体结构中主体结构某一层砖砌体的砌筑砂浆强度),大到整个单位工程(如在某些地区对质量监督机构未实施施工过程监督的单位工程进行施工质量鉴定)。因此,检测单位在做出施工质量鉴定结论时,应结合委托范围,特别是鉴定工作所完成的实际内容做出适当结论,不能对未完成的内容下结论。目前,部分检测单位为满足委托单位不合理的要求,超出鉴定工作实际内容给出结论的现象还是存在的,特别是在某些备案性质的施工质量鉴定中。例如,只完成了少部分地基基础和主体结构分项工程的现场检测,而给出单位工程施工质量满足验收规范要求的结论,甚至给出单位工程施工质量合格的结论。

③施工质量鉴定存在问题的处理。

施工质量鉴定完成后,当发现存在不满足勘察、设计文件或相关验收规范要求的问题时,委托单位可以进一步委托施工质量存在问题的因果关系鉴定或现有损伤对结构可靠性影响鉴定等。在某些时候(如施工质量存在明显问题),委托单位也可以将该施工质量因果关系鉴定或对结构可靠性影响鉴定直接与施工质量鉴定一同委托。由于从逻辑关系看,施工质量因果关系鉴定或对结构可靠性影响鉴定是在评定施工质量不满足后进行的后续鉴定,本书将其归入其他鉴定类别,并根据或参照相关标准执行。

例如某钢筋混凝土框架结构教学楼,在施工过程中建设单位发现其框架梁、柱混凝土开裂,且裂缝宽度较大。建设相关单位委托检测单位依据勘察、设计文件及《混凝土结构工程施工质量验收规范》(GB 50204)对框架梁、柱的施工质量进行鉴定,同时分析框架梁、柱裂缝产生的原因及其对结构可靠性的影响。在此,施工质量鉴定的依据是勘察、设计文件及《混凝土结构工程施工质量验收规范》(GB 50204)。而后续的框架梁、柱裂缝产生原因及其对结构可靠性影响的鉴定可以参考房屋可靠性鉴定执行,其主要鉴定依据则参考《民用建筑可靠性鉴定标准》(GB 50292)。而之所以作为参考执行,主要是因为该教学楼仍在建造过程中,不满足《民用建筑可靠性鉴定标准》(GB 50292)鉴定对象为“已建成可以验收的和已投入使用的非生产性的居住建筑和公共建筑”的要求。此类情况下,委托单位也可以在委托施工质量鉴定的同时直接要求进行可靠性鉴定,此时仍是参照《民用建筑可靠性鉴定标准》(GB 50292)执行。

6)建筑工程质量司法鉴定

(1)建筑工程质量司法鉴定基本概念

目前对司法鉴定的解释有狭义和广义两种。狭义的司法鉴定,指经司法机关(在我国包括审判机关、公安机关、检察机关)委托或者同意,由鉴定机构对侦查、诉讼活动中涉及的特定事项进行鉴定,出具鉴定意见的专业活动。如果不是司法机关因核实、审理案件需要而作出的任何鉴定,都不是司法鉴定。广义的司法鉴定,指在诉讼活动中鉴定人运用科学技术或者专门知识对诉讼涉及的专门性问题进行鉴别和判断,并提供鉴定意见的活动,委托人可以是司法机关或者当事人(仲裁机构、政府部门、社会组织、公民等)。目前所指司法鉴定通常为狭义的司法鉴定,本书也采用这一定义。

根据《全国人民代表大会常务委员会关于司法鉴定管理问题的决定》,国家对从事下列司法鉴定业务的鉴定人和鉴定机构实行登记管理制度:①法医类鉴定;②物证类鉴定;③声像资料鉴定;④根据诉讼需要由国务院司法行政部门商最高人民法院、最高人民检察院确定的其他应当对鉴定人和鉴定机构实行登记管理的鉴定事项(环境损害司法鉴定)。建设工程司法鉴定曾作为第④类司法鉴定实行登记管理,后为贯彻中共中央办公厅、国务院办公厅《关于健全统一司法鉴定管理体制的实施意见》和《司法部关于严格准入严格监管提高司法鉴定质量和公信力的意见》(司发〔2017〕11 号),进一步严格依法做好司法鉴定人和司法鉴定机构登记工作,现已取消建设工程司法鉴定登记。虽然建设工程已取消司法鉴定登记制度,但对于司法机关委托或者同意的建设工程鉴定明显有别于普通鉴定,仍具有"司法鉴定"的内涵,可参照以往建设工程司法鉴定相关规定执行,只不过不再以司法鉴定的形式出现。因此,本书在此仍将其作为司法鉴定类进行介绍,只不过对鉴定人和鉴定机构已无资质要求,且仅为叙述方便,仍暂称为司法鉴定、司法鉴定机构和司法鉴定人。

(2)建设工程司法鉴定分类

建设工程司法鉴定可以分为以下四类:

①建设工程施工阶段质量纠纷鉴定。前文已对施工质量鉴定进行介绍,此处不再重复。仅需强调的是,原《建设工程司法鉴定程序规范》(SF/Z JD0500001—2014)明确规定,对建设工程施工质量进行司法鉴定,不应做出合格或不合格的鉴定意见,而应做出工程质量是否符合施工图设计文件、相关标准、技术文件的鉴定意见。建设工程质量合格与否的结论,只能由建设单位组织建设工程各质量责任主体,通过规定的程序进行竣工验收后才能得出。

②既有建设工程质量鉴定。既有建设工程是指已存在的为人类生活、生产提供物质技术基础的各类建(构)筑物和工程设施。

③建设工程灾损鉴定。建设工程灾损是指自然灾害、人为损坏、事故破坏引起的对建设工程的不利后果。

④建设工程其他专项质量鉴定。包括建(构)筑物渗漏鉴定、建筑日照间距鉴定、建筑节能施工质量鉴定、建筑材料鉴定,工程设计工作量和质量鉴定、周边环境对建设工程的损伤或影响鉴定、装修工程质量鉴定、绿化工程质量鉴定、市政工程质量鉴定、工业设备安装工程质量鉴定、水利工程质量鉴定、交通工程质量鉴定、铁路工程质量鉴定、信息产业工程质量鉴定、民航工程质量鉴定、石化工程质量鉴定等。

(3)司法鉴定委托

诉前和非诉活动中的鉴定委托人可以是仲裁机构、政府部门、社会组织、法人、公民或其他主体,而司法鉴定是在诉讼过程中的鉴定,其委托人是指在诉讼活动中委托司法鉴定机构进行司法鉴定活动的司法机关。由此可见,诉前和非诉活动中的鉴定因尚未进入诉讼程序,也就不是由司法机关委托,不属于司法鉴定,虽具有限制证明力,但在法庭上很难被作为证据采用。

(4)司法鉴定的受理

建设工程司法鉴定应由司法鉴定机构统一受理委托。司法鉴定机构接受鉴定委托,应要求委托人出具鉴定委托书,委托书应载明委托的司法鉴定机构的名称、委托鉴定的事项和鉴定要求、委托人的名称等内容。委托人应向鉴定机构提供真实、充分的鉴定资料,并对鉴定资料的真实性、合法性负责。在此,委托人通常是国家、地方各级法院。

司法鉴定机构收到委托书后,应对委托人委托鉴定的事项进行审查,对于属于本鉴定机构鉴定业务范围、委托鉴定的事项及鉴定要求明确、提供的鉴定资料经过质证的鉴定委托,应予以受理。对于司法鉴定,具有下列情形之一的鉴定委托,司法鉴定机构不得受理:①委托鉴定的事项超出本机构鉴定业务范围的;②鉴定资料未经过质证或者取得方式不合法的;③鉴定事项的用途不合理或者违背行业和社会公德的;④鉴定要求不符合司法鉴定执业规则或者相关鉴定技术规范的;⑤鉴定要求超出本机构技术条件和鉴定能力的;⑥同时委托其他鉴定机构就同一鉴定事项进行鉴定的;⑦《建设工程司法鉴定程序规范》(SF/Z JD0500001—2014)第5.20.3条规定司法鉴定人应回避的;⑧其他不符合法律、法规、规章规定情形的。对不予受理的鉴定委托,应向委托人说明理由,退还其提供的鉴定资料。司法鉴定是司法鉴定机构对社会的一种责任,若无正当理由,一般不得退回。

司法鉴定一般由各级法院鉴定办公室向司法鉴定机构进行书面委托,司法鉴定机构决定受理鉴定委托的,应在与委托人协商一致的基础上签订"建设工程司法鉴定协议书"。司法鉴定委托书不能代替"建设工程司法鉴定协议书"。一方面,委托书是法院向司法鉴定机构单向发出的,而协议书代表司法鉴定机构接受了此次委托;另一方面,更重要的是,建设工程质量司法鉴定种类繁多、技术性强,而法院鉴定办公室编制委托书的人员一般并非建设工程的专业人员,且委托书发出前,委托方与鉴定机构通常缺少有效沟通,委托书的鉴定内容、范围以及鉴定依据等事项往往表达并不准确甚至有误。

(5)司法鉴定意见

司法鉴定机构和司法鉴定人在完成委托的鉴定事项后,应依据委托人所提供的鉴定资料和相关检验结果、技术标准和执业经验,科学、客观、独立、公正地提出鉴定意见,并向委托人出具司法鉴定文书。司法鉴定文书一般由封面、绪言、案情摘要、书证摘录、分析说明、鉴定意见、附注、落款、附件等部分组成。

建设工程司法鉴定结论和其他司法鉴定结论一样,其鉴定意见和结果不具有预设的科学性和证明力,不具备当然的证据效力,即不代表最后的法律判决。鉴定结论的证据效力是建立在其法律性和科学性的基础上,与鉴定实施程序的合法性、鉴定机构和鉴定人资格与鉴定事项的适用性以及鉴定方法、技术和标准的适应性、时效性等紧密相关。因此,为了保证鉴定意见的科学性,确定鉴定意见的证明力,必要时鉴定人应出庭接受法庭的质证。

▶ 2.2.4 房屋鉴定的基本程序

这里仅通过图 2.8 对建筑工程鉴定的基本流程进行说明，其他具体内容可参见第 7 章和第 8 章等。

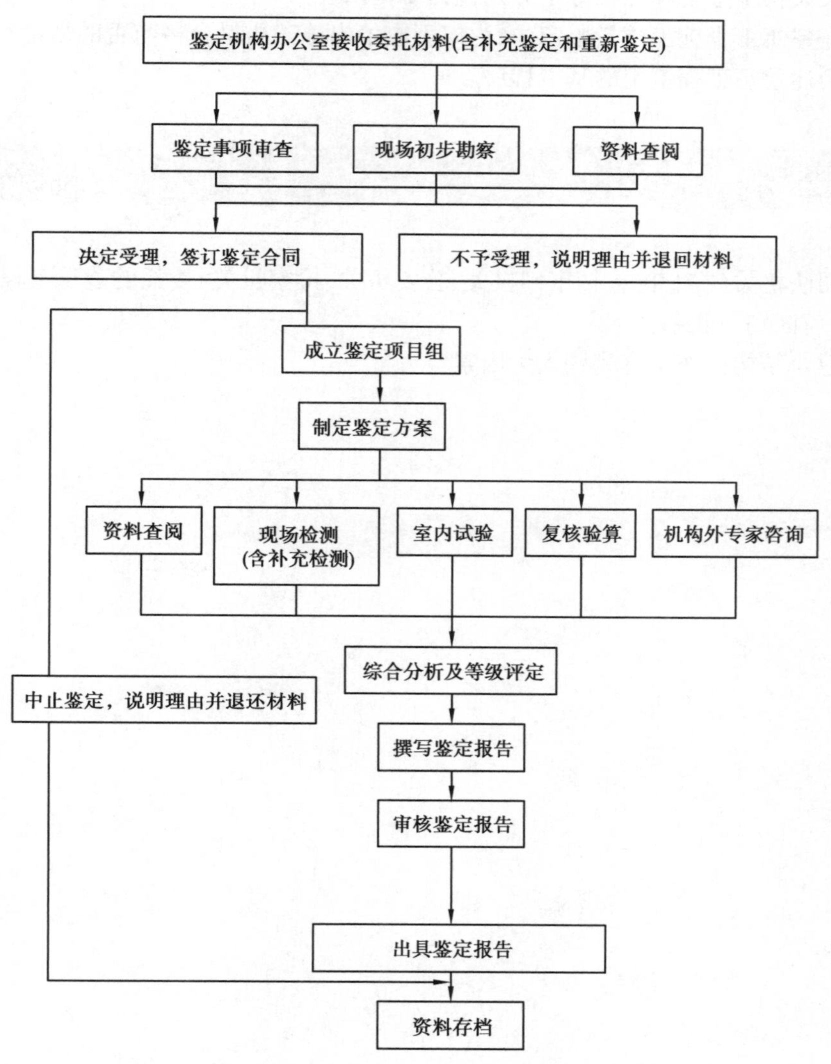

图 2.8 建筑工程鉴定流程图

习 题

2.1 建筑结构检测方案的基本内容有哪些？

2.2 建筑结构检测报告的基本内容有哪些？

2.3 房屋鉴定有哪些基本原则？如何理解这些基本原则？

2.4 举例说明建筑结构损伤的主要影响因素有哪些。

2.5 房屋鉴定的主要类型、适用范围和主要鉴定标准是什么?

2.6 房屋抗震鉴定和地震灾损鉴定的区别是什么?

2.7 火灾初步鉴定和详细鉴定分别包括哪些内容?

2.8 在建筑工程施工质量鉴定中,为何不应给出施工质量合格与否的结论?

2.9 简述建筑工程鉴定的基本程序。

思考题

2.1 司法机关(在我国包括审判机关、公安机关、检察机关)委托的建设工程质量鉴定与司法鉴定有何区别与联系?

2.2 建筑结构损伤中有哪些人为因素?

3 混凝土结构现场检测

【本章基本内容】

本章主要介绍混凝土抗压强度的检测,混凝土中钢筋的检测,以及混凝土构件缺陷检测。

【学习目标】

(1)**了解**:混凝土构件的外观质量缺陷和内部缺陷。

(2)**熟悉**:钢筋锈蚀状况检测,钢筋直径检测,混凝土内部缺陷检测。

(3)**掌握**:回弹法、钻芯法检测混凝土抗压强度,钢筋数量和位置检测,钢筋保护层厚度检测。

3.1 基本规定

▶ 3.1.1 概述

根据《混凝土结构设计规范》(GB 50010)的定义,混凝土结构是指以混凝土为主制成的结构,包括素混凝土结构、钢筋混凝土结构和预应力混凝土结构等。其中,素混凝土结构是无钢筋或不配置受力钢筋的混凝土结构;钢筋混凝土结构是配置受力普通钢筋的混凝土结构;预应力混凝土结构是配有受力的预应力筋,通过张拉或其他方法建立预加应力的混凝土结构,其中通常也配有普通钢筋。

为叙述简便,同时兼顾相关现场检测技术的一般适用性,本章所称的混凝土结构主要是指钢筋混凝土结构。

▶ 3.1.2 检测项目

在实际的混凝土结构现场检测工作中，通常是根据某次检测工作的检测目的、检测类别等具体情况的需要，从下列各项中选择相应的检测项目：

①混凝土力学性能检测；

②混凝土长期性能和耐久性检测；

③混凝土有害物质含量及其效应检测；

④混凝土构件尺寸偏差与变形检测；

⑤混凝土构件缺陷检测；

⑥混凝土中钢筋的检测；

⑦混凝土构件损伤的识别与检测；

⑧结构或构件剩余使用年限检测；

⑨荷载试验；

⑩其他特种参数的专项检测。

本章主要介绍混凝土结构现场检测工作中常用的混凝土强度检测、构件截面尺寸偏差、混凝土中钢筋、外观缺陷、内部缺陷等检测项目相关检测方法。

3.2 混凝土强度检测

▶ 3.2.1 混凝土抗压强度现场检测方法

在实际应用中，混凝土主要用于承受压应力，抗压强度是其重要的材料性能指标。相应的检测方法包括回弹法等间接法，也可以采用直接检测抗压强度的钻芯法。

回弹法属于非破损检测方法，其特点是以某些物理量（如回弹值）与混凝土立方体试块抗压强度之间的相关关系为基本依据，在不损坏结构的前提下，测试混凝土的物理特性，并按其相关关系推算出混凝土的抗压强度。钻芯法属于局部破损检测方法，这类方法的特点是在不影响结构承载力的前提下，从结构物上直接取样试验或进行局部破损试验，并根据试验结果确定混凝土抗压强度。

回弹法在检测过程中对被检测构件表层混凝土进行弹击，并在此基础上推算混凝土的抗压强度。当被检测混凝土的内外质量存在差别，即表层质量不具有代表性时，应采用钻芯法；当被检混凝土的龄期或抗压强度超过回弹法等相应技术规程限定的范围时，可采用钻芯法或钻芯修正法。在回弹法适用的条件下，宜进行钻芯法修正或利用同条件养护立方体试块的抗压强度进行修正。

本节主要对目前常用的钻芯法、回弹法进行介绍。同时，需要说明的是，检测所得到的是与检测日期相对应的现龄期混凝土强度指标，其龄期通常不是28 d。

▶ 3.2.2 钻芯法

钻芯法，是指在实体混凝土中钻取芯样后试压，以测定结构混凝土抗压强度的方法。由于芯样取自工程实体,经由芯样试压直接确定抗压强度而不是通过某种物理量间接换算,因此钻芯法被普遍认为是一种直观、可靠、准确的方法,可以在对回弹法等其他检测方法的结果有异议时或者司法鉴定中采用。但是,该方法是一种半破损的方法,会对结构混凝土造成局部损伤,试验费用也较高,故一般不宜将钻芯法作为经常性的检测手段。比较适宜的方法是将钻芯法与其他非破损检测方法结合使用,利用非破损法减少取芯的数量,同时通过钻芯法对非破损法进行修正,提高非破损法的精度。

在结构实体上钻芯过多会给建筑结构造成过多的损伤,操作不当甚至会影响结构安全。因此,现场钻芯应注意如下问题:

①注意选择钻取芯样的部位,减小对实体结构的影响。

②芯样钻取前,需要对构件中的受力钢筋进行探测定位,尽可能避开钢筋再钻取芯样。否则,在钻取芯样时容易截断构件的受力钢筋,对构件造成损伤。

③从实体结构所钻取芯样的长度应比最终试压的芯样长度更长一些。否则,在芯样加工过程中截除芯样浮浆层和端部的不平部分后,用于试压的芯样高径比不足,会导致抗压强度出现偏差。

④钻芯后留下的孔洞应及时进行修补。

1)相关技术标准

现行有效的钻芯法相关技术标准包括:《钻芯法检测混凝土强度技术规程》(CECS 03:2007)、《钻芯法检测混凝土强度技术规程》(JGJ/T 384—2016)等。各标准之间略有不同,本节主要介绍《钻芯法检测混凝土强度技术规程》的相关规定。

2)适用范围

钻芯法适用于检测普通混凝土的抗压强度。

3)钻芯法的主要仪器设备

钻芯法需要从结构实体中钻取芯样,经过锯切、端面补平(或磨平)以及必要时的修补后,制成合格芯样,然后在压力试验机(或万能试验机)上试压,从而得到实体混凝土的强度指标。所用的仪器设备主要有钻芯机(图 3.1)、锯切机(图 3.2)、磨平机(图 3.3)、压力试验机(图 3.4)或万能试验机,以及钢筋探测仪、电锤、钢卷尺等辅助设备。

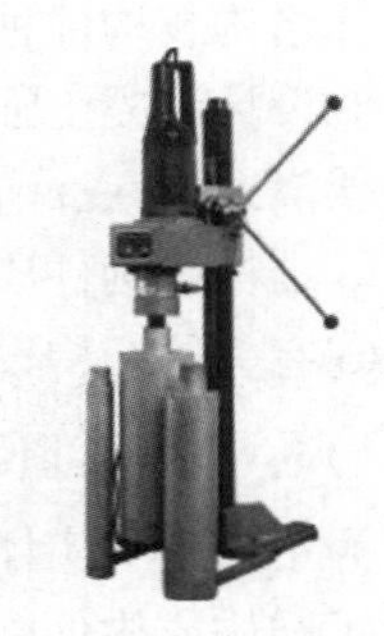

图 3.1 钻芯机及钻头

使用各主要仪器设备时应注意,钻芯机以及芯样加工、测量、试压的主要设备与仪器均应有产品合格证,计量器具应经检定或校准,并在有效使用期内使用。其中:

①钻芯机应具有足够的刚度,操作灵活,固定和移动方便,并应有水冷却系统。钻取芯样时宜采用人造金刚石薄壁钻头,钻头胎体不得有肉眼可见的裂缝、缺边、少角、倾斜及喇叭口变形。

②锯切芯样时使用的锯切机和磨平芯样的磨平机,应具有冷却系统和牢固夹紧芯样的装置;配套使用的人造金刚石圆锯片应有足够的刚度;锯切芯样宜使用双刀锯切机。用于芯样断面加工的补平装置,应保证端面平整,并应保证芯样端面与芯样轴线垂直。

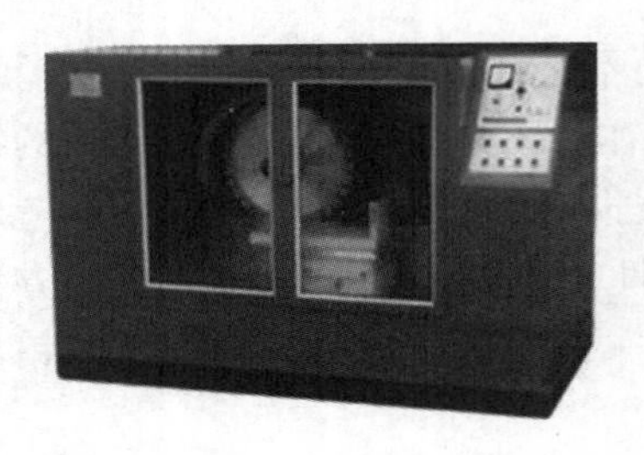

图 3.2　锯切机

图 3.3　磨平机

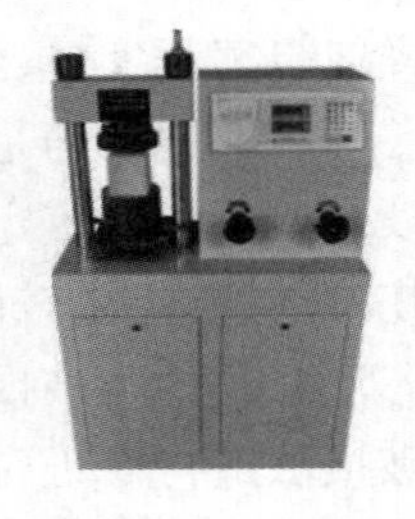

图 3.4　压力试验机

③压力试验机应具备芯样抗压强度试验所需要的量程和加荷速度,保证试验精度。

④钢筋探测仪(图 3.5)是钢筋配置情况检测的主要设备,在钻芯法中主要用于探测钢筋位置、避免钻芯时损伤钢筋。钻芯法所用的钢筋探测仪应适用于现场操作,其最大探测深度不应小于 60 mm,探测位置偏差不宜大于 3 mm。

⑤电锤(图 3.6)、钢卷尺主要是在固定钻芯机的过程中使用。

图 3.5　钢筋探测仪

图 3.6　电锤及膨胀螺栓

4)钻芯法检测前应收集的资料

采用钻芯法检测结构或构件混凝土强度前,宜具备下列资料信息:

①工程名称及设计、施工、监理和建设单位名称。

②结构或构件种类、外形尺寸及数量。

③设计混凝土强度等级。

④浇筑日期、配合比通知单和强度试验报告。

⑤结构或构件质量状况和施工记录。

⑥有关的结构设计施工图等。

5)芯样钻取部位

为了减小对实体结构的损伤以及方便操作,芯样应在结构或构件的下列部位钻取:

①结构或构件受力较小的部位。

②混凝土强度质量具有代表性的部位。

③便于钻芯机安放与操作的部位。

④宜采用钢筋探测仪测试或局部剔凿的方法避开主筋、预埋件和管线。

6)抽样、取样方法

钻芯法可用于确定检测批或单个构件的混凝土抗压强度推定值,也可用于修正间接强度检测方法得到的混凝土抗压强度换算值。

①钻芯法确定单个构件混凝土抗压强度推定值时,芯样试件的数量不应少于 3 个;对构

件工作性能影响较大的小尺寸构件,钻芯法芯样试件的数量不得少于2个。

②当混凝土强度等级、生产工艺、原材料、配合比、成型工艺和养护条件基本相同时,可以将一定数量的构件作为一个检测批进行检测。按检验批对混凝土强度进行检测时,芯样试件的数量应根据检验批的容量确定,直径100 mm的芯样试件的最小样本量不宜少于15个,小直径芯样试件的最小样本量不宜小于20个。其抽样、取样应符合《建筑结构检测技术标准》的相关要求,随机进行抽样,其最小样本容量宜符合表2.1的要求。

③抗压芯样试件宜使用直径为100 mm的芯样,且其直径不宜小于骨料最大粒径的3倍;也可采用小直径芯样,但其直径不应小于70 mm且不得小于骨料最大粒径的2倍。

7)钻芯

①在构件上钻取多个芯样时,芯样宜取自不同部位。

②钻芯机就位并安放平稳后,应将钻芯机固定。固定的方法应根据钻芯机的构造和施工现场的具体情况确定。

③钻芯机在未安装钻头之前,应先通电检查主轴旋转方向为顺时针。

④钻芯时用于冷却钻头和排除混凝土碎屑的冷却水的流量宜为3~5 L/min。

⑤钻取芯样时宜保持匀速钻进。

⑥芯样应进行标记,钻取部位应予以记录。芯样高度及质量不能满足要求时,则应重新钻取芯样。

⑦芯样应采取保护措施,避免在运输和贮存中损坏。

⑧钻芯后留下的孔洞应及时进行修补。

⑨钻芯操作应遵守国家有关安全生产和劳动保护的规定,并应遵守钻芯现场安全生产的有关规定。

8)芯样加工及试件的技术要求

从结构或构件中钻取的混凝土芯样应加工成符合规范要求的芯样试件:

①抗压芯样试件的高径比(H/d)宜为1;劈裂抗拉芯样试件的高径比(H/d)宜为2,且任何情况下不应小于1;抗折芯样试件的高径比(H/d)宜为3.5。

②抗压芯样试件内不宜含有钢筋,也可有一根直径不大于10 mm的钢筋,且钢筋应与芯样试件的轴线垂直并离开端面10 mm以上;劈裂抗拉芯样试件在劈裂破坏面内不应含有钢筋;抗折芯样试件内不应有纵向钢筋。

③锯切后的芯样应按下列规定进行端面处理:

a. 抗压芯样试件的端面处理,可采取在磨平机上磨平端面的处理方法,也可采用硫黄胶泥或环氧胶泥补平,补平层厚度不宜大于2 mm。抗压强度低于30 MPa的芯样试件,不宜采用磨平端面的处理方法;抗压强度高于60 MPa的芯样试件,不宜采用硫黄胶泥或环氧胶泥补平的处理方法。

b. 劈裂抗拉芯样试件和抗折芯样试件的端面处理,宜采取在磨平机上磨平端面的处理方法。

④在试验前应按下列规定测量芯样试件的尺寸:

a. 平均直径应用游标卡尺在芯样试件上部、中部和下部相互垂直的两个位置上共测量6

次,取测量的算术平均值作为芯样试件的直径,精确至0.5 mm。

b. 芯样试件高度可用钢卷尺或钢板尺进行测量,精确至1.0 mm。

c. 垂直度应用游标量角器测量芯样试件两个端面与母线的夹角,取最大值作为芯样试件的垂直度,精确至0.1°。

d. 平整度可用钢板尺或角尺紧靠在芯样试件承压面(线)上,一面转动钢板尺,一面用塞尺测量钢板尺与芯样试件承压面(线)之间的缝隙,取最大缝隙为芯样试件的平整度;也可采用其他专用设备测量。

⑤芯样试件尺寸偏差及外观质量出现下列情况时,相应的芯样试件不宜进行试验。反之则为合格芯样试件,可用于试压实验。

a. 抗压芯样试件的实际高径比(H/d)小于要求高径比的0.95或大于1.05。

b. 抗压芯样试件端面与轴线的不垂直度超过1°。

c. 抗压芯样试件端面的不平整度在每100 mm长度内超过0.1 mm,劈裂抗拉和抗折芯样试件承压线的不平整度在每100 mm长度内超过0.25 mm。

d. 沿芯样试件高度的任一直径与平均直径相差超过1.5 mm。

e. 芯样有较大缺陷。

9)芯样试压

芯样试件应在自然干燥状态下进行抗压试验。当结构工作条件比较潮湿,需要确定潮湿状态下混凝土的抗压强度时,芯样试件宜在20 ℃ ±5 ℃的清水中浸泡40 ~48 h,从水中取出后应去除表面水渍,并立即进行试验。

芯样试件抗压试验的操作应符合现行国家标准《混凝土力学性能试验方法标准》(GB/T 50081)中对抗压试验的规定。试验过程中应连续均匀地加荷,加荷速度应控制为:混凝土强度等级<C30时取0.3 ~0.5 MPa/s,C60>混凝土强度等级≥C30时取0.5 ~0.8 MPa/s,混凝土强度等级≥C60时取0.8 ~1.0 MPa/s。

当试件接近破坏而开始迅速变形时,停止调整试验机油门,直至试件破坏。

10)混凝土强度计算

(1)芯样试件抗压强度值

芯样试件抗压强度值可按下式计算:

$$f_{cu,cor} = \frac{\beta_c F_c}{A} \tag{3.1}$$

式中:$f_{cu,cor}$——芯样试件混凝土抗压强度值,MPa,精确至0.1 MPa;

F_c——芯样试件抗压试验的破坏荷载,N;

A——芯样试件抗压截面面积,mm²;

β_c——芯样试件强度换算系数,取1.0。

当有可靠试验依据时,芯样试件强度换算系数β_c也可根据混凝土原材料和施工工艺情况通过试验确定。

(2)单个构件的混凝土强度推定值

按钻芯法确定单个构件混凝土抗压强度推定值时,单个构件的混凝土抗压强度推定值不进行数据的舍弃，按芯样试件混凝土抗压强度值中的最小值确定。

(3)检测批的混凝土强度推定值

按检验批对混凝土强度进行检测时，芯样试件的数量一般为15个及以上。检测批的混凝土强度推定值应按下列方法确定。

①检测批的混凝土强度推定值应计算推定区间，推定区间的上限值和下限值按下列公式计算：

平均值：
$$f_{cu,cor,m}=\frac{\sum_{i=1}^{n}f_{cu,cor,i}}{n} \tag{3.2}$$

标准差：
$$S_{cu}=\sqrt{\frac{\sum_{i=1}^{n}(f_{cu,cor,i}-f_{cu,cor,m})^2}{n-1}} \tag{3.3}$$

上限值：
$$f_{cu,e1}=f_{cu,cor,m}-k_1S_{cu} \tag{3.4}$$

下限值：
$$f_{cu,e2}=f_{cu,cor,m}-k_2S_{cu} \tag{3.5}$$

式中：$f_{cu,cor,m}$——芯样试件抗压强度平均值，MPa，精确至0.1 MPa；

S_{cu}——芯样试件抗压强度样本的标准差，MPa，精确至0.01 MPa；

$f_{cu,cor,i}$——单个芯样试件抗压强度值，MPa，精确至0.1 MPa；

$f_{cu,e1}$——混凝土抗压强度推定上限值，MPa，精确至0.1 MPa；

$f_{cu,e2}$——混凝土抗压强度推定下限值，MPa，精确至0.1 MPa；

k_1、k_2——推定区间上限值系数和下限值系数，按表3.1查得。

$f_{cu,e1}$与$f_{cu,e2}$所构成推定区间的置信度宜为0.90；当采用小直径芯样时，推定区间的置信度可为0.85。因此，在查表3.1确定k_1、k_2时，k_1宜为置信度为0.90、错判概率为0.05条件下的限值系数；k_2宜为置信度为0.90、漏判概率为0.05条件下的限值系数。当采用小直径芯样试件时，k_1可为置信度为0.85、错判概率为0.05条件下的限值系数；k_2可为置信度为0.85、漏判概率为0.10条件下的限值系数。

表3.1 上、下限值系数 k_1、k_2

试件数 n	$k_1(0.05)$	$k_2(0.05)$	$k_2(0.10)$	试件数 n	$k_1(0.05)$	$k_2(0.05)$	$k_2(0.10)$
10	1.017 30	2.910 96	2.568 37	19	1.164 23	2.423 04	2.227 20
11	1.041 27	2.814 99	2.502 62	20	1.174 58	2.396 00	2.207 78
12	1.062 47	2.736 34	2.448 25	21	1.184 25	2.371 42	2.190 07
13	1.081 41	2.670 50	2.402 40	22	1.193 30	2.348 96	2.173 85
14	1.098 48	2.614 43	2.363 11	23	1.201 81	2.328 32	2.158 91
15	1.113 97	2.566 000	2.328 98	24	1.209 82	2.309 29	2.145 10
16	1.128 12	2.523 66	2.299 00	25	1.217 39	2.291 67	2.132 29
17	1.141 12	2.486 26	2.272 40	26	1.224 55	2.275 30	2.120 37
18	1.153 11	2.452 95	2.248 62	27	1.231 35	2.260 05	2.109 24

续表

试件数 n	$k_1(0.05)$	$k_2(0.05)$	$k_2(0.10)$	试件数 n	$k_1(0.05)$	$k_2(0.05)$	$k_2(0.10)$
28	1.237 80	2.245 78	2.098 81	49	1.326 53	2.070 08	1.969 09
29	1.243 95	2.232 41	2.089 03	50	1.329 39	2.064 99	1.965 29
30	1.249 81	2.219 84	2.079 82	60	1.354 12	2.022 16	1.933 27
31	1.255 40	2.208 00	2.071 13	70	1.373 64	1.989 87	1.909 03
32	1.260 75	2.196 82	2.062 92	80	1.389 59	1.964 44	1.889 88
33	1.265 88	2.186 25	2.055 14	90	1.402 94	1.943 76	1.874 28
34	1.270 79	2.176 23	2.047 76	100	1.414 33	1.926 54	1.861 25
35	1.275 51	2.166 72	2.040 75	110	1.424 21	1.911 91	1.850 17
36	1.280 04	2.157 68	2.034 07	120	1.432 89	1.899 29	1.840 59
37	1.284 41	2.149 06	2.027 71	130	1.440 60	1.888 27	1.832 22
38	1.288 61	2.140 85	2.021 64	140	1.447 50	1.878 52	1.824 81
39	1.292 66	2.133 00	2.015 83	150	1.453 72	1.869 84	1.818 20
40	1.296 57	2.125 49	2.010 27	160	1.459 38	1.862 03	1.812 25
41	1.300 35	2.118 31	2.004 94	170	1.464 56	1.854 97	1.806 86
42	1.303 99	2.111 42	1.999 83	180	1.469 31	1.848 54	1.801 96
43	1.307 52	2.104 81	1.994 93	190	1.473 70	1.842 65	1.797 46
44	1.310 94	2.098 46	1.990 21	200	1.477 77	1.837 24	1.793 32
45	1.314 25	2.092 35	1.985 67	250	1.494 43	1.815 47	1.776 67
46	1.317 46	2.086 48	1.981 30	300	1.506 87	1.799 64	1.764 54
47	1.320 58	2.080 81	1.977 08	400	1.524 53	1.777 76	1.747 73
48	1.323 60	2.075 35	1.973 02	500	1.536 71	1.763 05	1.736 41

②$f_{cu,e1}$与$f_{cu,e2}$之间的差值不宜大于5.0 MPa和0.10$f_{cu,cor,m}$两者的较大值。

③$f_{cu,e1}$与$f_{cu,e2}$之间的差值大于5.0 MPa和0.10$f_{cu,cor,m}$两者的较大值时，可适当增加样本容量，或重新划分检测批，直至满足上述要求，否则不宜进行批量推定。

④宜以$f_{cu,e1}$作为检验批混凝土强度的推定值。

在采用钻芯法确定检测批混凝土强度推定值时，可以剔除芯样试件抗压强度样本中的异常值。剔除应按现行国家标准《数据的统计处理和解释正态样本异常值的判断和处理》(GB/T 4883)的规定执行，也可以按照《混凝土结构现场检测技术标准》附录B中的相关规定执行。

当确有试验依据时，可对芯样试件抗压强度样本的标准差S_{cu}进行符合实际情况的修正或调整。

(4)构件混凝土强度代表值

钻芯法确定构件混凝土抗压强度代表值时,芯样试件的数量宜为3个,应取芯样试件抗压强度值的算术平均值作为构件混凝土抗压强度代表值。

11)影响芯样混凝土强度的因素

(1)芯样中含有钢筋

在实际工程中,常出现钻到钢筋的情况。目前国内外对含有钢筋的芯样强度说法不一,当实在无法避开时,允许有垂直于芯样轴线的钢筋,由于此时的钢筋直径小且数量少,钢筋的影响被混凝土强度本身的变异性所掩盖。但是,由于钢筋对混凝土的影响是一个复杂问题,故在检测时应尽量避开钢筋。

(2)芯样直径、高径比

抗压试验的芯样试验宜使用标准芯样试件,其公称直径不宜小于骨料最大粒径的3倍;也可采用小直径芯样试件,但其公称直径不应小于70 mm且不得小于骨料最大粒径的2倍。

有关试验研究成果表明,当高径比为1∶1时,公称直径为70~75 mm的小直径芯样试件的抗压强度与标准芯样试件的抗压强度基本相当。

(3)芯样的加工质量

检测经验表明,芯样的加工质量对所测得芯样混凝土强度也可能产生较大影响,尤其是其中的芯样试件端面与轴线的不垂直度、抗压芯样试件端面的不平整度等两项。在实际检测中,应严格控制芯样加工环节,确保进行强度检测所用的芯样为合格芯样。

12)钻芯法与间接检测方法的综合运用

检测结果的不确定性源于系统、随机和检测操作三个方面。钻芯法检测混凝土强度的系统偏差较小,而强度样本的标准差相对较大,这主要与随机性偏差和样本容量少有关。间接测强方法可以获得较多检测数据,样本的标准差可能与检测批混凝土强度的实际情况比较接近。因此,钻芯法与混凝土强度的间接检测方法结合使用,可以扬长避短,减小检测工作中的不确定性。

钻芯法与其他间接检测方法综合运用时,需要注意以下几个方面:

(1)芯样数量

直径100 mm芯样试件的数量不应少于6个,小直径芯样试件的数量不应少于9个。

(2)钻芯位置

当采用的间接检测方法为无损检测方法时,钻芯位置应与间接检测方法的测区重合;当采用的间接检测方法对结构构件有损伤时,钻芯位置应布置在相应测区的附近。

(3)强度修正

《钻芯法检测混凝土强度技术规程》(JGJ/T 384—2016)建议,利用钻芯法的检测结果对间接测强方法进行钻芯修正时,宜采用修正量的方法。修正量Δf可按下列公式计算:

$$f^{c}_{cu,i0} = f^{c}_{cu,i} + \Delta f \tag{3.6}$$

$$\Delta f = f^{c}_{cu,cor,m} - f^{c}_{cu,mj} \tag{3.7}$$

式中:Δf——修正量,MPa,精确至0.1 MPa;

$f^{c}_{cu,i0}$——修正后的换算强度,MPa,精确至0.1 MPa;

$f_{cu,i}^{c}$——修正前的换算强度,MPa,精确至 0.1 MPa;

$f_{cu,cor,m}^{c}$——芯样试件抗压强度平均值,MPa,精确至 0.1 MPa;

$f_{cu,mj}^{c}$——所用间接检测方法对应芯样测区的换算强度的算术平均值,MPa,精确至 0.1 MPa。

▶ 3.2.3 回弹法

回弹法的基本原理是,使用回弹仪对普通混凝土结构构件表面硬度进行测试,通过回弹值获得混凝土结构构件表面硬度的信息,并经由预先建立的混凝土表面硬度、碳化深度与混凝土抗压强度之间的函数关系来获得混凝土抗压强度推定值。该方法不适用于表层和内部质量有明显差异或内部存在缺陷的混凝土。当混凝土表面遭受了火灾、冻伤、受化学物质侵蚀或内部有缺陷时,不能直接采用回弹法检测。

1)相关技术标准

从全国范围来看,回弹法的相关规范、标准主要有:《混凝土结构现场检测技术标准》(GB/T 50784—2013)、《回弹法检测混凝土抗压强度技术规程》(JGJ/T 23—2011)、《高强混凝土强度检测技术规程》(JGJ/T 294—2013)等。由于混凝土所用粗集料、细集料等一般就近取材,因此各地往往结合本地材料性能编制有地方规范、标准,例如:深圳市地方规程《回弹法检测混凝土抗压强度技术规程》(SJG 28—2016)、重庆市规程《回弹法检测混凝土抗压强度技术规程》(OBJ 50—057—2006)等。

上述规范、标准的适用条件有一定差异,在实际选用时可以优先选择符合适用条件的地方标准或企业标准。

为了避免混淆,以下仅介绍《回弹法检测混凝土抗压强度技术规程》(JGJ/T 23—2011)的相关规定。

2)适用范围

由于回弹法是通过弹击构件表面所获得的回弹值来推定混凝土的强度指标的,因此主要适用于普通混凝土抗压强度的检测,不适用于表层与内部质量有明显差异或内部存在缺陷的混凝土强度检测。

如果采用 JGT/T 23—2011 附录 A、附录 B 给出的统一测强曲线计算混凝土抗压强度换算值,则应满足以下条件:

①混凝土采用的水泥、砂石、外加剂、掺合料、拌合用水符合国家现行有关标准。

②采用普通成型工艺。

③采用符合国家标准规定的模板。

④蒸汽养护出池经自然养护 7 d 以上,且混凝土表层为干燥状态。

⑤自然养护龄期为 14 ~ 1 000 d。

⑥抗压强度应为 10.0 ~ 60.0 MPa。

当有下列情况之一时,不能按照该规程的附录 A、附录 B 进行强度换算:

①非泵送混凝土粗骨料最大公称粒径大于 60 mm,泵送混凝土粗骨料最大公称粒径大于 31.5 mm。

②特种成型工艺制作的混凝土。

③检测部位曲率半径小于 250 mm。

④潮湿或浸水混凝土。

另外,如果检测时混凝土的龄期已超过 1 000 d,经委托方同意后可以参照《民用建筑可靠性鉴定标准》附录 K 进行修正,但应注意满足其适用条件。

3)回弹法的主要仪器

回弹仪是回弹法检测结构构件混凝土抗压强度的主要仪器。

普通混凝土的强度一般可使用中型回弹仪。传统的中型回弹仪是一种指针直读的直射锤击式仪器,型号一般为 HT-225,冲击动能为 2.207 J,其构造如图 3.7 所示,其外观如图 3.8 所示。其工作原理是:用弹簧驱动弹击锤,并通过弹击杆弹击混凝土表面时产生的瞬时弹性变形的恢复力,使弹击锤带动指针指示出弹回的距离。以回弹值(弹回的距离与冲击前弹击锤至弹击杆的距离之比,按百分比计算)作为与混凝土抗压强度相关的指标之一,来测定混凝土的抗压强度。

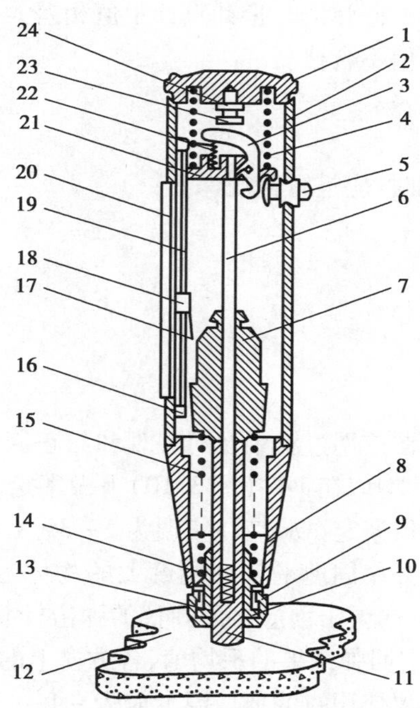

图 3.7 指针式回弹仪构造和主要零件名称

1—尾盖;2—壳体;3—挂钩;4—压簧;5—按钮;6—中心导杆;7—弹击锤;8—拉簧座;9—盖帽;10—密封毡圈;11—弹击杆;12—混凝土构件试面;13—卡环;14—缓冲弹簧;15—弹击拉簧;16—指针轴座;17—弹簧片;18—指针滑块;19—指针轴;20—刻度牌;21—导向法兰;22—挂钩弹簧;23—调整螺钉;24—调整螺母

在指针式回弹仪基础上增加数字显示、数据存储与导出等功能后,即为数字式混凝土回弹仪,如图 3.9 所示。

回弹法检测所用回弹仪必须符合《回弹仪》(JJG 817)等相关规范的要求,同时还应具有制造厂的产品合格证及检定单位的检定合格证,并在回弹仪的明显位置上具有下列标志:名称、型号、制造厂名(或商标)、出厂编号、出厂日期和中国计量器具制造许可证标志 CMC 及许可证证号等。

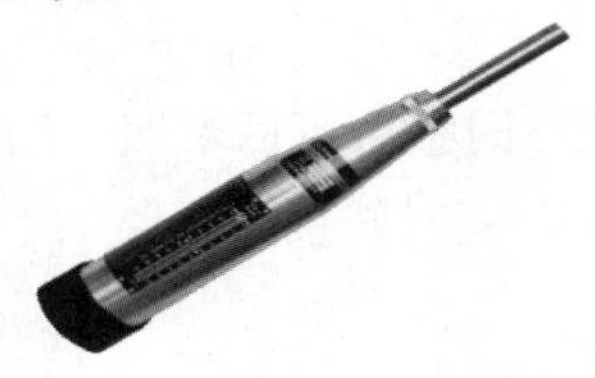

图 3.8　指针式混凝土回弹仪

图 3.9　数字式混凝土回弹仪

为了确保回弹仪处于适检的标准状态,应注意检定、保养和检测前后的率定。

(1)检定

在具有下列情况之一时,回弹仪应进行检定:

①新回弹仪启用前。

②超过有限期限为半年的检定周期。

③数字式回弹仪数字显示的回弹值与指针直读示值相差大于 1。

④经常规保养后钢砧率定值不合格。

⑤遭受严重撞击或其他损害。

(2)保养

回弹仪具有下列情况之一时,应进行常规保养:

①弹击超过 2 000 次。

②对检测值怀疑。

③在钢砧上的率定值不合格。

保养后应进行率定。

(3)率定

图 3.10　钢砧

为了在使用过程中及时发现和纠正回弹仪的非标准状态,回弹仪在检测前、后均应在钢砧(图 3.10)上做率定试验。

回弹仪率定试验应在室温为 5 ~ 35 ℃的条件下进行,钢砧表面应干燥、清洁,并稳固地平放在刚度大的物体上。率定试验应分四个方向进行,每个方向弹击前应将回弹仪的弹击杆旋转 90°,然后取连续向下弹击 3 次的稳定回弹结果的平均值,各方向上的回弹平均值均应为 80 ± 2。

回弹仪使用时的环境温度应为 −4 ~ 40 ℃。

4)回弹法检测前应收集的资料

采用回弹法检测结构混凝土强度前,需要收集下列资料:

①工程名称及设计、施工、监理(或监督)和建设单位的名称。

②检测原因。

③混凝土结构或构件名称、外形尺寸数据。

④混凝土强度等级。

⑤砂石粒径。

⑥必要的设计图纸和施工记录、环境或灾害对混凝土的影响等信息。

5)抽样

单个检测适用于单个结构或构件。

批量检测适用于强度等级、生产工艺、原材料及配合比、成形工艺、养护条件相同的构件，所抽取的构件数量不得少于同批构件总数的30%，且不少于10件。应随机抽取并使所抽取的构件具有代表性。

6)测点布置

回弹法的测点布置采用测区、测面的概念。一个测区相当于一个试块，一个测面相当于混凝土试块的一个面。回弹法的测区布置应满足下列要求：

①每一结构或构件测区数不应少于10个。对某一方向尺寸小于4.5 m且另一方向尺寸小于0.3 m的构件，其测区数量可适当减少，但不应少于5个。

②相邻两测区的间距应控制在2 m以内，测区离构件端部或施工缝边缘的距离不宜大于0.5 m，且不宜小于0.2 m。

③测区宜选在使回弹仪处于水平方向检测混凝土浇筑侧面。当不能满足这一要求时，可选在使回弹仪处于非水平方向检测混凝土浇筑侧面、表面或底面。

④测区宜选在构件的两个对称可测面上，也可选在一个可测面上，且应均匀分布。在构件的重要部位及薄弱部位必须布置测区，并应避开预埋件。

⑤测区的面积不宜大于0.04 m^2。

⑥检测面应为混凝土表面，并应清洁、平整，不应有疏松层、浮浆、油垢、涂层以及蜂窝、麻面，必要时可用砂轮清除疏松层和杂物，且不应有残留的粉末或碎屑。

⑦对弹击时产生颤动的薄壁、小型构件应进行固定。

⑧对于泵送混凝土，测区应选在混凝土浇筑侧面。

⑨各测区应标有清晰的编号，宜在检测记录纸上绘制测区布置示意图，并描述外观质量情况。

7)回弹检测

检测时，回弹仪的轴线应始终垂直于结构或构件的混凝土检测面，缓慢施压，准确读数，快速复位，待弹击杆反弹后测度回弹值。操作时需要注意：

①不能冲击，否则回弹值读数将不准确。

②测点宜在测区范围内均匀分布，相邻两测点的净距不宜小于20 mm；测点距构件边缘或外露钢筋、预埋件的距离不宜小于30 mm。

③测点不应在气孔或外露石子上。

④同一测点只应弹击一次。

⑤每个测区弹击16点(当一个测区有两个测面时，则每一测面弹击8点)，每一测区应计取16个回弹值，每一测点的回弹值读数估读至1。

8)碳化深度的测量

碳化深度是指混凝土表面至混凝土碳化层的最大厚度。由于混凝土碳化后在构件表面形成硬壳层，导致回弹法检测所得的回弹值增大，进而影响检测结果，因此，在回弹法中应注意碳化深度的测量。具体要求为：

①碳化深度值测量应在有代表性的位置上测量。测点布置在构件的回弹测区内,数量不应少于回弹测区数的30%。

②在选定的测点处,采用适当的工具(如铁锤和尖头铁凿),在测区表面形成直径约为15 mm的孔洞,其深度应大于混凝土的碳化深度。

③采用橡皮吹等工具除净孔洞中的粉末和碎屑,注意不得用水擦洗。

④将浓度为1% ~2%的酚酞酒精溶液滴在孔洞内壁的边缘处。当已碳化与未碳化界线清楚时,再用深度测量工具(如碳化深度测量仪、碳化尺或其他工具),测量已碳化与未碳化混凝土交界面到混凝土表面的垂直距离,该距离即为混凝土的碳化深度值。

⑤每孔测量3次,每次读数精确至0.25 mm。取3次测量的平均值作为检测结果,并应精确至0.5 mm。需注意的是,测量碳化深度值时应为垂直距离,并非孔洞中显现的非垂直距离。

⑥以每个构件各测点的碳化深度平均值 d_m 作为该构件的碳化深度值。

⑦如果同一构件各测点之间的碳化深度值极差大于2.0 mm,则应对每一回弹测区测量碳化深度值。

上述的1% ~2%的酚酞酒精溶液是将1 g酚酞溶于100 mL的95%乙醇中制备而成的。未碳化的混凝土呈碱性,遇酚酞酒精溶液后显示粉色;已碳化的混凝土失去碱性,遇酚酞酒精溶液后不变色。

需要强调的是,碳化深度应随凿随测,以免影响回弹法检测结果的准确性。

9)回弹值计算

(1)测区平均回弹值

在测区的16个回弹值中,剔除3个最大值和3个最小值,根据余下的10个回弹值 R_i 按下式计算单个测区的平均回弹值 R_m,精确到0.1:

$$R_m = \frac{\sum_{i=1}^{10} R_i}{10} \tag{3.8}$$

(2)角度修正

对混凝土表面进行弹击时,回弹仪的弹击杆应垂直于被弹击的构件表面。在实际检测时,由于构件所处位置并非水平状态,或受检测条件的限制,并不是始终保持回弹仪处于水平状态。如图3.11所示,有时候需要将回弹仪置于非水平状态去弹击混凝土构件表面。为了便于叙述,将弹击杆与水平面之间的角度称为检测角度,则检测角度可能向上也可能向下。以下约定:回弹仪竖直向上弹击水平被测面的底面时的检测角度为+90°,回弹仪水平弹击竖直被测面为0°,回弹仪竖直向下弹击水平被测面的底面为-90°。回弹检测角度可能为+90° ~ -90°的任意角度。

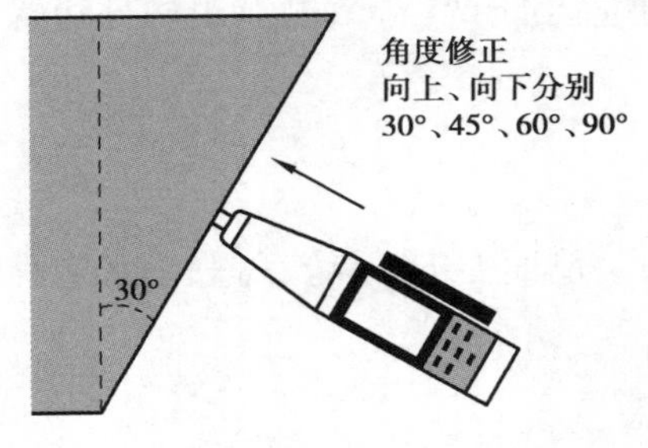

图3.11　回弹检测角度

与0°角(即水平状态)使用回弹仪相比,非0°的检测角度将引起回弹仪中弹击锤与中心导杆之间摩擦力的变化,所测得的回弹值随之改变。对于相同强度的混凝土,-90°检测将使回弹值变大,+90°检测将使回弹值变小。

因此,非水平状态检测且所弹击的构件表面为混凝土浇筑的侧面时,需要对所测得的测区平均回弹值进行修正,称为角度修正。修正后的测区平均回弹值按下式计算,精确至0.1:

$$R_m = R_{m\alpha} + R_{a\alpha} \tag{3.9}$$

式中:$R_{m\alpha}$——非水平状态检测时的测区平均回弹值,精确至0.1;

$R_{a\alpha}$——非水平状态检测时回弹值的修正值,可按附录A.1采用。

(3)浇筑面修正

在振捣等因素作用下,混凝土中的骨料容易向浇筑时的底面积聚,而水泥浆则容易浮在浇筑时的表面。这就使得即便如图3.12所示,将回弹仪保持在水平状态进行检测,但是弹击构件浇筑表面、底面所得到的回弹值也不同于浇筑侧面所得到的回弹值。与弹击侧面所得到的回弹值相比,弹击顶面所得到的回弹值将偏小,而弹击底面所得到的回弹值将偏大。

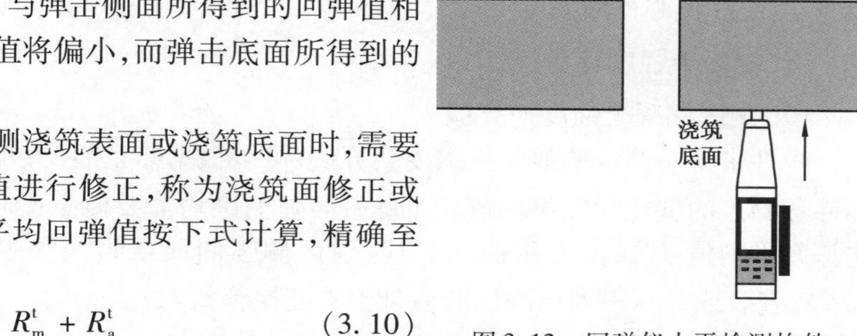

图3.12　回弹仪水平检测构件浇筑的表面、底面

因此,用回弹仪水平检测浇筑表面或浇筑底面时,需要对所测得的测区平均回弹值进行修正,称为浇筑面修正或测面修正。修正后的测区平均回弹值按下式计算,精确至0.1:

$$R_m = R_m^t + R_a^t \tag{3.10}$$

$$R_m = R_m^b + R_a^b \tag{3.11}$$

式中:R_m^t、R_m^b——水平方向检测混凝土浇筑表面、底面时,测区的平均回弹值,精确至0.1;

R_a^t、R_a^b——混凝土浇筑表面、底面回弹值的修正值,可按附录A.2采用。

需要注意的是,JGJ/T 23—2011规定:对于泵送混凝土,测区应选在混凝土浇筑侧面,即不适用于弹击泵送混凝土的底面或顶面。

同时,对于日益广泛使用的装配式结构,在回弹时需要特别注意其测面是浇筑侧面、底面还是顶面。

(4)非水平方向检测非浇筑侧面时的修正

接下来的问题是,当以非水平状态使用回弹仪去弹击构件的非浇筑侧面时,应该如何进行修正?例如:+90°弹击梁底或-90°弹击梁顶,以及弹击坡屋面中倾斜放置的梁板底面或顶面。

《回弹法检测混凝土抗压强度技术规程》规定,此时应先按式(3.9)对回弹值进行角度修正,再对修正后的回弹值按照式(3.10)或式(3.11)进行浇筑面修正。

10)测强曲线

目前,回弹法测定混凝土强度均采用试验归纳法,即事先建立起混凝土强度与回弹值R之间的一元回归公式,或建立混凝土强度与回弹值R及主要影响因素(如混凝土表面的碳化深度d)之间的二元回归公式,称之为测强曲线;在实际检测时,则根据测强曲线由所测得的回弹值R求出混凝土强度的换算值。

混凝土强度换算值可采用以下三类测强曲线计算:

①统一测强曲线：由全国有代表性的材料、成型养护工艺配制的混凝土试件，通过试验所建立的曲线。

②地区测强曲线：由本地区常用的材料、成型养护工艺配制的混凝土试件，通过试验所建立的曲线。

③专用测强曲线：由与结构或构件混凝土相同的材料、成型养护工艺配制的混凝土试件，通过试验所建立的曲线。

对于有条件的地区和部门，可以制定地区测强曲线或专用测强曲线，经地方行政主管部门组织审定和批准后实施。各检测单位应按专用测强曲线、地区测强曲线、统一测强曲线的次序选用测强曲线。

附录 A.3、附录 A.4 分别为 JGJ/T 23—2011 的非泵送混凝土(附录 A)和泵送混凝土(附录 B)的统一测强曲线。

11)混凝土强度计算

(1)测区混凝土强度换算值

构件中某一测区的混凝土强度换算值，可以根据修正后的该测区平均回弹值 R_m，以及该构件各测点的碳化深度平均值 d_m(每一回弹测区均需要测量碳化深度值时则为该测区的碳化深度平均值 d_m)，由专用测强曲线、地区测强曲线或统一测强曲线(例如附录 A.3、附录 A.4)，查表或计算得到该测区的混凝土强度换算值 $f^c_{cu,i}$。

(2)构件的测区混凝土强度平均值 $m_{f^c_{cu}}$ 及标准差 $s_{f^c_{cu}}$

构件的测区混凝土强度平均值根据各测区的混凝土强度换算值按下式计算，精确至0.1 MPa：

$$m_{f^c_{cu}} = \frac{\sum_{i=1}^{n} f^c_{cu,i}}{n} \tag{3.12}$$

当测区数为 10 个及以上时，应按下式计算强度标准差，精确至 0.01 MPa：

$$s_{f^c_{cu}} = \sqrt{\frac{\sum_{i=1}^{n} (f^c_{cu,i})^2 - n(m_{f^c_{cu}})^2}{n-1}} \tag{3.13}$$

式中：n——对于单个检测的构件，取该构件的测区数，对批量检测的构件，取所有被抽检构件测区数之和。

(3)构件的现龄期混凝土强度推定值 $f_{cu,e}$

本节所称的混凝土强度推定值，是指相应于强度换算值总体分布中保证率不低于 95% 的构件中混凝土抗压强度值。

①当构件测区数少于 10 个时，则该构件的现龄期混凝土强度推定值为：

$$f_{cu,e} = f^c_{cu,min} \tag{3.14}$$

式中：$f^c_{cu,min}$——构件中最小的测区混凝土强度换算值。

②当该构件的测区强度值中出现小于 10.0 MPa 时，应按下式确定：

$$f_{cu,e} < 10.0 \text{ MPa} \tag{3.15}$$

③当该构件的测区数不少于 10 个时，应按下式计算：

$$f_{cu,e} = m_{f_{cu}^c} - 1.645S_{f_{cu}^c} \tag{3.16}$$

(4)批量检测时的现龄期混凝土强度

①当批量检测时,如果未出现下列第②款的情况时,可按下式计算检测批的现龄期混凝土强度推定值$f_{cu,e}$:

$$f_{cu,e} = m_{f_{cu}^c} - kS_{f_{cu}^c} \tag{3.17}$$

式中:k——推定系数,宜取1.645。当需要进行推定强度区间时,可按国家现行有关标准的规定取值。

②全部需要按单个构件检测的情况。对按批量检测的构件,有时会出现检测批混凝土强度标准差过大的情况。这种情况通常表明有某些偶然因素起作用,例如构件不是同一强度等级、龄期差异较大等,此时的被测构件实际上并不属于同一母体,因此不能按批进行推定,而是需要按单个构件检测评定。

因此,JGJ/T 23—2011 规定:对按批量检测的构件,当该批构件混凝土强度标准差出现下列情况之一时,则该批构件应全部按单个构件检测:

a. 当该批构件混凝土强度平均值小于25 MPa,$S_{f_{cu}^c}$大于4.5 MPa时。

b. 当该批构件混凝土强度平均值不小于25 MPa且不大于60 MPa,$S_{f_{cu}^c}$大于5.5 MPa时。

3.3　构件尺寸偏差检测

对于实体结构的现场检测而言,混凝土构件表面往往已经有抹灰层、装饰层等覆盖,这对尺寸偏差检测结果的准确性有不利影响。因此,在检测尺寸偏差时,应采取措施消除构件表面抹灰层、装饰层等造成的影响。

正如2.1节中所述,结构现场检测可分为结构工程质量检测和既有结构性能检测两种类型。结构工程质量检测的目的是为了评定结构工程质量与设计要求或施工质量验收规范规定的符合性。此类检测中,混凝土构件的尺寸一般按计数抽样方法进行检测,抽样数量及合格评定标准通常以《混凝土结构工程施工质量验收规范》(GB 50204)的相关规定为依据。既有结构性能检测是为了评定既有建筑结构的安全性、适用性等功能。此类检测中,混凝土构件尺寸可按委托方与检测机构双方合同约定的抽样方法进行检测。

1)相关技术标准

既有结构性能检测时,主要依据为《混凝土结构现场检测技术标准》(GB/T 50784)。对于结构工程质量检测,主要依据为《混凝土结构现场检测技术标准》以及《混凝土结构工程施工质量验收规范》。

需要说明的是,对于实体结构的截面尺寸检测,主要以《混凝土结构工程施工质量验收规范》附录F中的相关规定为依据。

2)抽样

批量构件截面尺寸及其偏差检测时,应将同一楼层、结构缝或施工段中设计截面尺寸相同的同类型构件划为同一检验批。结构实体位置与尺寸偏差检验构件应在检验批中随机选

取、均匀分布,并应符合下列规定:

①梁、柱应抽取构件数量的1%,且不应少于3个构件;

②墙、板应按有代表性的自然间抽取1%,且不应少于3间。

3)检测方法

对选定的构件,检验项目及检验方法应符合表3.2的规定,允许偏差及检验方法应符合附录A.5和附录A.6的规定,精确至1 mm。

表3.2 结构实体位置与尺寸偏差检验项目及检验方法

项目	检验方法
柱截面尺寸	选取柱的一边量测柱中部、下部及其他部位,取3点平均值
柱垂直度	沿两个方向分别量测,取较大值
墙厚	墙身中部量测3点,取平均值;测点间距不应小于1 m
梁高	量测一侧边跨中及两个距离支座0.1 m处,取3点平均值;量测值可取腹板高度加上此处楼板的实测厚度
板厚	悬挑板距离支座0.1 m处,沿宽度方向取包括中心位置在内的随机3点取平均值;其他楼板,在同一对角线上量测中间及距离两端各0.1 m处,取3点平均值
层高	与板厚测点相同,量测板顶至上层楼板板底净高,层高量测值为净高与板厚之和,取3点平均值

对于等截面构件和截面尺寸均匀变化的变截面构件,应分别在构件的中部和两端量取截面尺寸;对于其他变截面构件,应选取构件端部、截面突变的位置量取截面尺寸。

墙厚、板厚、层高的检验可采用非破损或局部破损的方法,也可采用非破损方法并用局部破损方法进行校准。当采用非破损方法检验时,使用的检测仪器应经过计量检验,检测操作应符合国家现行有关标准的规定。

4)主要仪器设备

构件截面尺寸检测可能用到的主要仪器设备有:激光测距仪、钢卷尺、楼板测厚仪、经纬仪、水准仪、吊线锤、钢直尺等,根据具体检测项目选用。

5)结果评定

(1)结构工程质量检测

将每个测点的实测值与设计图纸的规定值进行比较,计算每个测点的偏差值,并与附录A.5和附录A.6的允许偏差比较。测点的实测偏差值超过允许偏差的,该测点不合格;反之则为合格。

根据《混凝土结构工程施工质量验收规范》附录F.0.4条,结构实体位置与尺寸偏差项目应分别进行验收,并应符合下列规定:

①当检验项目的合格率为80%及以上时,可判为合格。

②当检验项目的合格率小于80%但不小于70%时,可再抽取相同数量的构件进行检验;当按两次抽样总和计算的合格率为80%及以上时,仍可判为合格。

(2)既有结构性能检测

既有结构性能检测时,检验批构件截面尺寸的推定应符合以下规定:

①以构件尺寸实测值作为该构件截面尺寸的代表值,进行符合性判定。

《混凝土结构工程施工质量验收规范》规定,构件尺寸为现浇结构分项工程、装配式结构分项工程的一般项目,符合性判定按照表3.3进行。

表3.3 一般项目的符合性判定

样本容量	合格判定数	不合格判定数	样本容量	合格判定数	不合格判定数
2~5	1	2	32	7	8
8	2	3	50	10	11
13	3	4	80	14	15
20	5	6	125	21	22

②当检验批判定为符合且受检构件的尺寸偏差最大值不大于允许值的1.5倍时,可以设计的截面尺寸作为该批构件截面尺寸的推定值。

③当检验批判定为不符合,或检验批判定为符合但受检构件的尺寸偏差最大值大于偏差允许值的1.5倍时,宜全数检测或重新划分检验批进行检测。

④当不具备全数检测或重新划分检验批检测条件时,宜以最不利检测值作为该批构件尺寸的推定值。

3.4 混凝土中钢筋检测

3.4.1 概述

1)混凝土中钢筋的检测项目

混凝土结构及构件通常由混凝土和置于混凝土内的钢筋组成。根据结构及构件的类型和受力特点不同,钢筋的配置有所不同。梁钢筋主要包括沿构件轴线方向的纵向受力钢筋和构造钢筋,以及垂直于构件轴线方向的箍筋。纵向钢筋包括置于梁顶部和底部的受力钢筋,置于梁侧的抗扭纵筋或纵向构造钢筋;柱钢筋主要包括沿柱轴线方向的纵向钢筋以及垂直于柱轴线方向的箍筋;板钢筋包括置于板底和板顶的相互垂直的分布钢筋等。

对于混凝土中的钢筋,目前较为常见的检测项目主要有混凝土保护层厚度,钢筋的间距、公称直径以及锈蚀性状。采用的设备主要有电磁感应法钢筋探测仪、雷达仪和钢筋锈蚀检测仪,一般采用雷达法、电磁感应法或半电池电位法等非破损方法进行检测,必要时可凿开混凝土进行钢筋直径和保护层厚度的验证。

2)钢筋的非破损探测方法

根据工作原理的不同,钢筋非破损探测方法主要可以分为电磁感应法、雷达法、红外热成像探测法、X射线法等几类。其中,最常用的是电磁感应法和雷达法。

(1)电磁感应法

电磁感应法的基本原理是根据钢筋对仪器探头所发出的电磁场的感应强度来判定钢筋的位置和深度,可以检测混凝土结构及构件中钢筋间距、混凝土保护层厚度及公称直径。但是该方法存在如图3.13所示的映射效应,即构件内第一层钢筋的阴影会覆盖第二层钢筋,这就决定了该方法只能检测构件内的第一层钢筋而无法检测第二层钢筋。

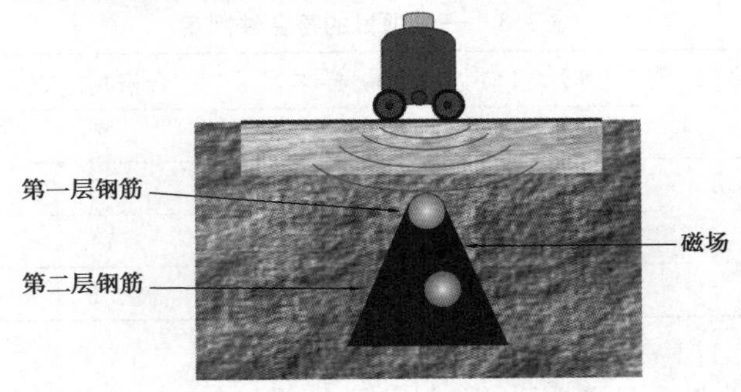

图3.13　电磁感应法的映射效应

(2)雷达法

雷达法是通过发射和接到毫微秒级雷达波,利用雷达波在混凝土中的传播速度来推算其传播距离,从而判断钢筋位置及保护层厚度的检测方法。该方法的特点是一次扫描后能形成被测部位的断面图像(图3.14),因此可以进行快速、大面积的扫描,宜用于结构构件中钢筋间距的大面积扫描检测。当精度满足要求时,也可用于混凝土保护层厚度检测。

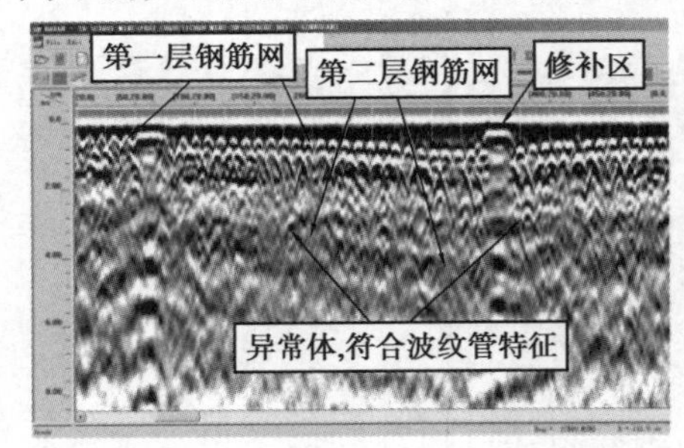

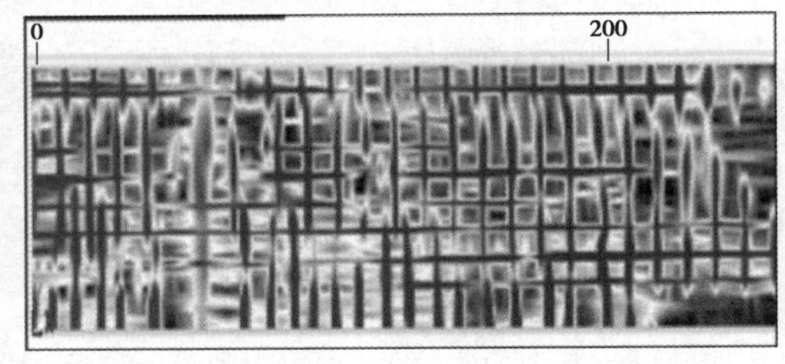

图3.14　雷达法检测获得的图像

3)主要仪器设备

混凝土中钢筋检测所用的主要仪器为电磁感应法钢筋探测仪(简称钢筋探测仪、探测仪)或雷达仪。目前所用混凝土中普遍掺有粉煤灰或火山灰,需要注意因其可能存在铁磁性而影响检测结果。有研究表明,当粉煤灰或火山灰含量较少时其对检测结果的影响不大,也可采用电磁感应法钢筋探测仪进行钢筋检测。

钢筋探测仪和雷达仪检测前应采用校准试件进行校准。钢筋探测仪和雷达仪应对钢筋间距与混凝土保护层厚度2个检测项目进行校准。正常情况下,钢筋探测仪和雷达仪校准有效期可为1年。发生下列情况之一时,应对钢筋探测仪和雷达仪进行校准:

①新仪器启用前。

②检测数据异常,无法进行调整。

③经过维修或更换主要零配件。

当混凝土保护层厚度为10~50 mm时,混凝土保护层厚度检测的允许误差为±1 mm,钢筋间距检测的允许误差为±2 mm。

► 3.4.2 钢筋数量和间距检测

1)相关技术标准

钢筋直径、间距和保护层厚度检测的依据主要为《混凝土结构现场检测技术标准》(GB/T 50784)、《混凝土中钢筋检测技术规程》(JGJ/T 152)等。

2)抽样

钢筋数量、间距检测的检测部位和抽检构件数量可结合具体工程项目的实际情况和检测的目的及要求确定。进行批量检测时,应将设计文件中钢筋配置要求相同的构件作为一个检验批,按表2.1的规定确定抽检构件的数量。

3)构件检测

对于抽检构件,应按《混凝土结构现场检测技术标准》的以下要求进行检测:

(1)梁、柱类构件主筋数量和间距

①测试部位应避开其他金属材料和较强的铁磁性材料,表面应清洁、平整。

②应将构件测试面一侧所有主筋逐一检出,并在构件表面标注出每个检出钢筋相应的位置。

③应测量和记录每个检出钢筋的相对位置。

(2)墙、板类构件钢筋数量和间距

①在构件上随机选择测试部位,测试部位应避开其他金属材料和较强的铁磁性材料,表面应清洁、平整。

②在每个测试部位连续检出7根钢筋,少于7根钢筋时应全部检出,并宜在构件表面标注出每个检出钢筋相应的位置。

③应测量和记录每个检出钢筋的相对位置。

④可根据第一根钢筋和最后一根钢筋的位置确定这两个钢筋的距离,计算出钢筋的平均间距。

⑤必要时应计算钢筋的数量。

(3)梁、柱类构件箍筋数量和间距

梁、柱类构件箍筋可按墙、板类构件钢筋数量和间距的规定检测,当存在箍筋加密区时,宜将加密区内箍筋全部检出。

4)探测仪检测钢筋位置(间距)操作要点

采用钢筋探测仪进行钢筋位置检测时,应注意以下操作要点:

①检测前,应对钢筋探测仪进行预热和调零,调零时探头应远离金属物体。在检测过程中,应核查钢筋探测仪的零点状态。

②进行检测前,宜结合设计资料了解钢筋布置状况。检测时应避开钢筋接头和绑丝,钢筋间距应满足钢筋探测仪的检测要求。进行钢筋位置检测时,探头有规律地在检测面上移

动,直至钢筋探测仪保护层度示值最小。结合设计资料判断钢筋位置,此时探头中心线与钢筋轴线基本重合,在相应位置做好标记。按上述步骤将相邻的其他钢筋位置逐一标出。

③钢筋间距检测应按上述规定进行,将检测范围内的设计间距相同的连续相邻钢筋逐一标出,并逐个量测钢筋间距。

5)数据处理

检测钢筋间距时,可根据实际需要,采用绘图方式给出结果。当同一构件检测钢筋不少于7根钢筋(6个间距)时,也可给出被测钢筋的最大间距、最小间距,并按下式计算钢筋平均间距:

$$s_{mi} = \frac{\sum_{i=1}^{n} s_i}{n} \tag{3.18}$$

式中:s_{mi}——钢筋平均间距,精确至1 mm;

s_i——第i个钢筋间距,精确至1 mm。

6)构件符合性判定

对于每个受检构件,按下列规定进行符合性判定:

①梁、柱类构件主筋实测根数少于设计根数时,该构件配筋应判定为不符合设计要求。

②梁、柱类构件主筋的平均间距与设计要求的偏差大于相关标准规定的允许偏差(±10 mm)时,该构件配筋应判定为不符合设计要求。

③墙、板类构件钢筋的平均间距与设计要求的偏差大于相关标准规定的允许偏差(±20 mm)时,该构件配筋应判定为不符合设计要求。

④梁、柱类构件的箍筋可按墙板类构件钢筋进行判定。

7)检验批符合性判定

①批量检测时,首先应对每个构件逐一进行检测并进行符合性判定。

②根据检验批中受检构件的数量和其中不符合构件的数量,按照表3.4进行检验批符合性判定。

表3.4 主控项目的符合性判定

样本容量	合格判定数	不合格判定数	样本容量	合格判定数	不合格判定数
2~5	0	1	50	5	6
8~13	1	2	80	7	8
20	2	3	125	10	11
32	3	4	—	—	—

③对于梁、柱类构件,检验批中一个构件的主筋实测根数少于设计根数,该批直接判为不符合设计要求。

④对于墙、板类构件,当出现受检构件的钢筋间距偏差大于偏差允许值1.5倍时,该批应直接判为不符合设计要求。

⑤对于判定为符合设计要求的检验批,可建议采用设计的钢筋数量和间距进行结构性能评定;对于判定为不符合设计要求的检验批,宜细分检验批后重新检测或进行全数检测,当不能进行重新检测或全数检测时,可建议采用最不利检测值进行结构性能评定。

8)剔凿验证

《混凝土结构现场检测技术标准》规定,当遇到下列情况之一时,应采取剔凿验证措施:

①相邻钢筋过密,钢筋间最小净距小于钢筋保护层厚度。

②混凝土(包括饰面层)含有或存在可能造成误判的金属组分或金属件。

③钢筋数量或间距的测试结果与设计要求有较大偏差。

④缺少相关验收资料。

9)记录表格

钢筋位置(间距)检测记录表可参见附录B.1。

▶ 3.4.3 钢筋保护层厚度检测

1)钢筋保护层的定义及作用

按照《混凝土结构设计规范》(GB 50010—2010)的定义,混凝土保护层厚度是指最外层钢筋外边缘至混凝土表面的距离。而在《混凝土结构设计规范》(GB 50010—2002)及以前的规范中,混凝土保护层厚度是指纵向受力的普通钢筋及预应力筋外边缘至混凝土表面的距离。两种定义之间相差一个箍筋直径。

GB 50010—2010要求:受力钢筋保护层厚度不应小于钢筋公称直径,且不小于表3.5中所规定的最小厚度 c。在实际检测中,钢筋保护层厚度的设计值一般应从具体工程的竣工图或施工图中查得。

表3.5 混凝土保护层的最小厚度 c 单位:mm

环境类别	板、墙、壳	梁、柱
一	15	20
二a	20	25
二b	25	35
三a	30	40
三b	40	50

2)相关技术标准

钢筋保护层厚度检测的依据主要为《混凝土结构现场检测技术标准》《混凝土中钢筋检测技术规程》《混凝土结构工程施工质量验收规范》等。

3)抽样

钢筋保护层厚度检验的部位,应由监理(或建设)、施工等各方面根据结构构件的重要性共同选定,构件的选取应均匀分布。

(1)抽检构件

《混凝土结构工程施工质量验收规范》附录 E 对抽检构件的数量要求为:

①对悬挑构件之外的梁板类构件,应各抽取构件数量的 2% 且不少于 5 个构件进行检验。

②对悬挑梁,抽取构件数量的 5% 且不少于 10 个构件进行检验;当悬挑梁数量少于 10 个时,应全数检验。

③对悬挑板,应抽取构件数量的 10% 且不少于 20 个构件进行检验;当悬挑板数量少于 20 个时,应全数检验。

(2)构件中的钢筋

对选定的梁类构件,应对全部纵向受力钢筋的保护层厚度进行检验;对选定的板类构件,应抽取不少于 6 根纵向受力钢筋的保护层厚度进行检验。

(3)钢筋上的测点

对每根钢筋,应选择有代表性的不同部位量测 3 点取平均值。

4)探测仪检测混凝土保护层厚度操作要点

钢筋保护层厚度检测不宜采用雷达仪。采用探测仪检测时,应在钢筋位置确定之后,按下列方法进行混凝土保护层厚度的检测:

①首先应设定钢筋探测仪量程范围及钢筋公称直径,沿被测钢筋轴线选择相邻钢筋影响较小的位置,并应避开钢筋接头和绑丝;读取第 1 次检测的混凝土保护层厚度检测值;在被测钢筋的同一位置应重复检测 1 次,读取第 2 次检测的混凝土保护层厚度检测值。

当实际混凝土保护层厚度小于钢筋探测仪最小示值时,应采用在探头下附加垫块的方法进行检测。垫块对钢筋探测仪检测结果不应该产生干扰,表面应光滑平整,其各方向厚度值偏差不应大于 0.1 mm。所加垫块厚度在计算时应予扣除。

②当同一处读取的 2 个混凝土保护层厚度检测值相差大于 1 mm 时,该组检测数据应无效,并检查原因,在该处应重新进行检测。仍不满足要求时,应更换钢筋探测仪或采用钻孔、剔凿的方法验证。

5)数据处理

根据《混凝土中钢筋检测技术规程》的规定,钢筋的混凝土保护层厚度平均检测值应按下式计算:

$$C_{m,i}^{t} = (C_1^t + C_2^t + 2C_c - 2C_0)/2 \tag{3.19}$$

式中:$C_{m,i}^{t}$——第 i 测点混凝土保护层厚度平均检测值,精确至 1 mm;

C_1^t、C_2^t——分别为第 1、2 次检测的混凝土保护层厚度检测值,精确至 1 mm;

C_c——混凝土保护层厚度修正值,为同一规格钢筋的混凝土保护层厚度实测验证值减去检测值,精确至 0.1 mm;

C_0——探头垫块厚度,精确至 0.1 mm;不加垫块时 $C_0=0$。

6)剔凿验证

《混凝土结构现场检测技术标准》规定,混凝土保护层厚度宜采用钢筋探测仪进行检测并应通过剔凿原位检测法进行验证。

采用剔凿原位检测法进行验证时,应符合下列规定。

①应采用钢筋探测仪检测混凝土保护层厚度。

②在已测定保护层厚度的钢筋上进行剔凿验证，验证点数不应少于B类（结构工程质量或既有结构性能的检测）且不应少于3点；构件上能直接量测混凝土保护层厚度的点可记为验证点。

③应将剔凿原位检测结果与对应位置钢筋探测仪检测结果进行比较，当两者的差异不超过±2 mm时，判定两个测试结果无明显差异。

④当检验批有明显差异、校准点数在控制范围之内时，可直接采用钢筋探测仪检测结果。

⑤当检验批有明显差异、校准点数超过控制范围时，应对钢筋探测仪量测的保护层厚度进行修正；当不能修正时应采取剔凿原位检测的措施。

7）检测结果评定

《混凝土结构工程施工质量验收规范》附录E规定，结构实体钢筋保护层厚度检验时，纵向受力钢筋保护层厚度的允许偏差应符合表3.6的要求。

表3.6　结构实体纵向受力钢筋保护层厚度的允许偏差

构件类型	允许偏差/mm
梁	+10，-7
板	+8，-5

梁类、板类构件纵向受力钢筋的保护层厚度应分别进行验收，并应符合下列规定：

①当全部钢筋保护层厚度检验的合格率为90%及以上时，可判定合格。

②当全部钢筋保护层厚度检验的合格率小于90%但不小于80%时，可再抽取相同数量的构件进行检验；当按两次抽样总和计算的合格率为90%及以上时，仍可判为合格。

③每次抽样检测结果中不合格点的最大偏差均不应大于表3.6中规定允许偏差的1.5倍。

8）记录表格

钢筋保护层厚度检测记录表可参见附录B.2。

▶　3.4.4　钢筋直径检测

1）检测方法

混凝土中钢筋直径宜采用原位实测法检测。当需要取得钢筋截面积精确值时，应采取取样称量法进行检测或采取取样称量法对原位实测法进行验证。

2）原位实测法

原位实测法检测混凝土中钢筋直径应符合以下规定：

①采用钢筋探测仪确定待检钢筋位置，剔除混凝土保护层，露出钢筋。

②用游标卡尺测量钢筋直径，精确至0.1 mm。

③同一部位应重复测量3次，将3次测量结果的平均值作为该测点钢筋直径检测值。

3）取样称量法

取样称量法检测混凝土中钢筋直径应符合以下规定：

①确定待检钢筋位置,沿钢筋走向凿开混凝土保护层,截除长度不小于 300 mm 的钢筋试件。

②清理钢筋表面的混凝土,用12%盐酸溶液进行酸洗,经清水漂净后,用石灰水中和,再以清水冲洗干净;擦干后在干燥器中至少存放 4 h,然后取出并用天平称重。

③钢筋实际直径按下式计算:

$$d = 12.74\sqrt{\frac{m}{l}} \tag{3.20}$$

式中:d——钢筋实际直径,精确至 0.01 mm;

m——钢筋试件质量,精确至 0.01 g;

l——钢筋试件长度,精确至 0.1 mm。

4)检验批钢筋直径检测

根据《混凝土结构现场检测技术标准》,检验批钢筋直径检测应符合下列规定:

①检验批应按钢筋进场批次划分。当不能确定钢筋进场批次时,宜将同一楼层或同一施工段中相同规格的钢筋作为一个检验批。

②应随机抽取 5 个构件,每个构件抽取 1 根。

③应采用原位实测法进行检测。

④应将各受检钢筋直径检测值与相应钢筋产品标准进行比较,确定该受检钢筋直径是否符合要求。

⑤当检验批受检钢筋直径均符合要求时,应判定该检验批钢筋直径符合要求;但检验批存在 1 根或 1 根以上受检钢筋直径不符合要求时,应判定该检验批钢筋直径不符合要求。

⑥对于判定为符合要求的检验批,可建议采用设计的钢筋直径参数进行结构性能评定;对于判定为不符合要求的检验批,宜补充检测或重新划分检验批进行检测。当不具备补充检测或重新检测条件时,应以最小检测值作为该批钢筋直径检测值。

▶ 3.4.5 钢筋锈蚀状况检测

1)概述

混凝土中钢筋锈蚀状况可按约定抽样原则,根据现场条件及要求选择原位检测、取样检测、自然电位法和综合分析判定法。

原位检测法是直接凿开混凝土保护层,用钢丝刷刷除钢筋浮锈,然后用游标卡尺量取钢筋的剩余直径,主要是量测钢筋截面有缺损部位的钢筋直径,以此计算钢筋截面损失率。

取样检测法是用合金钻头、手锯或电焊截取钢筋,长度可以根据测试的项目进行确定,用来测定钢筋锈蚀程度的一般截取为直径的 3 ~ 5 倍。将取回的样品端部锯平或磨平,用游标卡尺测量样品的实际长度,在氢氧化钠溶液中通电除锈,再将除锈后的试样放在天平上称出残余质量。残余质量与该种钢筋公称质量之比即为钢筋的剩余截面率。当已获得锈前钢筋质量时,则取锈前质量与称重质量之差来衡量钢筋的锈蚀率。

自然电位法是利用电化学原理来定性判断混凝土中钢筋锈蚀程度的一种方法。当混凝土中的钢筋锈蚀时,钢筋表面会形成锈蚀电流,钢筋表面与混凝土表面存在电位差,电位差的大小与钢筋锈蚀程度有关，运用电位测量装置，可大致判断钢筋锈蚀的范围以及严重程度。

钢筋锈蚀状况检测，宜采用原位检测、取样检测等直接法，当采用混凝土电阻率、混凝土中钢筋电位、锈蚀电流、裂缝宽度等参数间接推定混凝土中钢筋锈蚀状况时，应采用直接法进行验证。

2）原位检测法和取样检测法

原位检测可采用游标卡尺直接量测钢筋的剩余直径、蚀坑深度、长度及锈蚀物的厚度，推算钢筋的截面损失率。

取样检测可通过截取钢筋，检测钢筋剩余直径来计算钢筋的截面损失率。

钢筋的截面损失率按下式计算。

$$l_{s,a} = \left(\frac{d}{d_s}\right)^2 \times 100\% \tag{3.21}$$

式中：d——钢筋直径实测值，精确至 0.1 mm；

d_s——钢筋公称直径；

$l_{s,a}$——钢筋的截面损失率，精确至 0.1%。

当钢筋的截面损失率大于 5% 时，应进行锈蚀钢筋的力学性能检测。

3）半电池电位法检测钢筋锈蚀

半电池电位法是通过检测钢筋表面层上某一点的电位，并与铜-硫酸铜参考电极的电位作比较，以此来确定钢筋锈蚀性状的方法。该半电池电位法适用于硬化混凝土中钢筋的半电池电位的检测，具体可参见《混凝土中钢筋检测技术规程》。

3.5 外观缺陷检测

根据《混凝土结构工程施工质量验收规范》的定义，缺陷是指混凝土结构施工质量中不符合规定要求的检验项或检验点，按其程度分为严重缺陷和一般缺陷。严重缺陷是指对结构构件的受力性能、耐久性能或安装、使用功能有决定性影响的缺陷；一般缺陷是对结构构件的受力性能、耐久性能或安装、使用功能无决定性影响的缺陷。

混凝土构件缺陷分成外观质量缺陷和内部缺陷。其中，外观质量缺陷包括露筋、蜂窝、孔洞、夹渣、疏松、裂缝、连接部位缺陷、缺棱掉角、棱角不直、翘曲不平、飞边凸肋等外形缺陷和表面麻面、掉皮、起砂等外表缺陷，详见表 3.7。

表 3.7 现浇混凝土结构外观质量缺陷

名称	现象	严重缺陷	一般缺陷
露筋	构件内钢筋未被混凝土包裹而外露	纵向受力钢筋有露筋	其他钢筋有少量露筋
蜂窝	混凝土表面缺少水泥砂浆而形成石子外露	构件主要受力部位有蜂窝	其他部位有少量蜂窝

续表

名称	现象	严重缺陷	一般缺陷
孔洞	混凝土中孔穴深度和长度均超过保护层厚度	构件主要受力部位有孔洞	其他部位有少量孔洞
夹渣	混凝土中夹有杂物且深度超过保护层厚度	构件主要受力部位有夹渣	其他部位有少量夹渣
疏松	混凝土中局部不密实	构件主要受力部位有疏松	其他部位有少量疏松
裂缝	缝隙从混凝土表面延伸至混凝土内部	构件主要受力部位有影响结构性能或使用功能的裂缝	其他部位有少量不影响结构性能或使用功能的裂缝
连接部位缺陷	构件连接处混凝土缺陷及连接钢筋、连接件松动	连接部位有影响结构传力性能的缺陷	连接部位有基本不影响结构传力性能的缺陷
外形缺陷	缺棱掉角、棱角不直、翘曲不平、飞边凸肋等	清水混凝土构件有影响使用功能或装饰效果的外形缺陷	其他混凝土构件有不影响使用功能的外形缺陷
外表缺陷	构件表面麻面、掉皮、起砂、沾污等	具有重要装饰效果的清水混凝土表面有外表缺陷	其他混凝土构件有不影响使用功能的外表缺陷

1)相关技术标准

混凝土外观缺陷检测的依据主要为《混凝土结构现场检测技术标准》《混凝土结构工程施工质量验收规范》等。

2)检测数量

混凝土结构的质量问题常常通过外观缺陷表现出来,外观缺陷检查是进一步检测的基础。现场检测时,应对受检范围内构件外观缺陷进行全数检查,特别是对存在修补痕迹的部位应重点检查。当不具备全数检查的条件时,应注明未检查的构件或区域。

3)检测方法

混凝土构件外观质量缺陷应按表3.7分类并判定其严重程度。现场检测时,可按外观质量缺陷的情况采用下列方法测定:

①用钢尺量测每个露筋的长度。

②用钢尺量测每个孔洞的最大直径,用游标卡尺量测深度。

③用钢尺或相应工具确定蜂窝和疏松的面积,必要时成孔,量测深度。

④用钢尺或相应工具确定麻面、掉皮、起砂等面积。

⑤用刻度放大镜测试裂缝的最大宽度,用钢尺量测裂缝的长度。

4)检测成果

混凝土构件外观质量缺陷检测,应按缺陷类别进行分类汇总,汇总结果可用列表或图示的方式表述。

3.6 内部缺陷检测

混凝土内部缺陷检测是指对混凝土内部空洞和不密实区的位置和范围、裂缝深度、表面损伤层厚度、不同时间浇筑的混凝土结合面质量以及钢管混凝土的缺陷等进行检测。当质量缺陷在构件的内部或通过常用工具不能确定缺陷的深度和范围时,也宜作为混凝土构件内部缺陷进行检测。

混凝土构件内部缺陷内部可采用超声法、冲击回波法和电磁波等非破损检测方法进行检测。非破损检测方法都是通过超声波、应力波或电磁波的传播特性、透射和反射规律来间接得到内部缺陷的相关信息。其中,超声法检测混凝土内部缺陷是目前公认的成熟检测方法,已有大量成功应用经验,具体可以参见《超声法检测混凝土缺陷技术规程》(CECS 21:2000)等相关标准。

需要注意的是,受检混凝土性能、含水量及缺陷等因素影响检测的准确性,因此,对于判别困难的区域,宜通过钻取混凝土芯样或剔凿进行验证。

3.7 结构构件性能检验

对混凝土预制构件应按要求随机抽样进行结构性能检验,经结构性能检验不合格的预制构件不得在工程中采用。

检验结构性能最常用的方法是进行结构荷载试验,即通过对试验构件施加荷载,观测结构的受力反应(变形、裂缝、破坏),进而判断构件性能。

荷载试验按其在结构上作用荷载的特性不同,可分为静荷载试验(简称静载或静力试验)和动荷载试验(简称动载或动力试验);按荷载在试验结构上的持时不同,可分为短期荷载试验和长期荷载试验,具体可以参见《混凝土结构现场检测技术标准》等相关标准。

3.8 典型案例

泵送混凝土浇筑而成的一栋钢筋混凝土框架结构房屋,其中第 3 层框架梁、板的混凝土设计强度等级为 C40。现采用回弹法检测该层某个梁段的混凝土抗压强度。检测时回弹仪水平弹击梁侧,共检测了 5 个测区。其中,测区 1、测区 2 的部分数据如表 3.8 所示。

表 3.8 回弹法检测混凝土抗压强度记录表

测区	测点回弹值																碳化深度/mm		
	1	2	3	4	5	6	7	8	9	10	11	12	13	14	15	16	1	2	3
1	44	38	37	39	40	39	40	40	41	42	40	40	40	43	40	36			
2																	1.75	1.25	2.00

①请在上表中用斜线"/"标记测区1中需要剔除的回弹值，并计算该测区的平均回弹值。注意，不能将该数据涂黑或抹去。

②计算测区2所测得的碳化深度。

③假定测区3的平均回弹值为40.3，碳化深度为2.0 mm，请查表计算该测区的强度换算值。

④除了前1问计算所得的测区3混凝土强度换算值之外，测区1,2,4,5的测区的强度换算值分别为39.8 MPa,40.7 MPa,41.6 MPa,42.6 MPa。请计算该梁段的现龄期混凝土推定值$f_{cu,e}$，并评定该梁的混凝土抗压强度是否满足设计要求。

【解】①应从测区1的16个回弹值中剔除3个最大值和3个最小值，即得表3.9。

表3.9　回弹法检测混凝土抗压强度记录表

测区	测点回弹值																碳化深度/mm		
	1	2	3	4	5	6	7	8	9	10	11	12	13	14	15	16	1	2	3
1	~~44~~	~~38~~	~~37~~	39	40	39	40	40	41	~~42~~	40	40	40	~~43~~	40	~~36~~			

$$平均回弹值\ R_m = \frac{39+40+39+40+40+41+40+40+40+40}{10} = 39.9$$

②测区2所测得的碳化深度为$\frac{1.75+1.25+2.00}{3} = 1.66$，且应精确至0.5 mm，故为1.5 mm。

③由于该梁采用泵送混凝土，故查附录A.4可得，平均回弹值为40.2、碳化深度为2.0 mm对应的测区混凝土强度换算值为41.2 MPa；平均回弹值为40.4、碳化深度为2.0 mm对应的测区混凝土强度换算值为41.6 MPa。采用线性插入计算平均回弹值为40.3、碳化深度为2.0 mm时的测区混凝土强度换算值为$41.2 + \frac{41.6-41.2}{40.4-40.2} \times (40.3-40.2) = 41.4$ MPa。

④测区数为5个，小于10个，故该梁段的现龄期混凝土推定值$f_{cu,e} = f^{c}_{cu,min} = 39.8$ MPa。由于该推定值小于设计强度等级C40，故不满足设计要求。

习　题

3.1　什么是结构工程质量检测？什么是既有结构性能检测？两者分别适用于什么情况？

3.2　什么是现场荷载试验？什么是非破损(或微破损)检测？两者各有什么优缺点？

3.3　抽样检测时的最小样本容量如何确定？

3.4　钻芯法检测混凝土抗压强度的主要设备有哪些？

3.5　从结构实体所钻取的芯样应满足哪些要求才能用于进一步加工制成芯样试件？

3.6　应如何测量芯样试件的几何尺寸？

3.7　不合格芯样的判定条件有哪些？

3.8 回弹法检测混凝土抗压强度的主要设备有哪些？

3.9 回弹法检测混凝土抗压强度的测区应如何布置？

3.10 回弹法检测混凝土抗压强度应如何进行回弹检测？

3.11 回弹法检测混凝土抗压强度时，应如何测量碳化深度？

3.12 采用探测仪检测钢筋位置（间距）应如何操作？

3.13 钢筋保护层厚度检验时应如何抽样？

3.14 探测仪检测混凝土保护层厚度应如何操作？

3.15 某钢筋混凝土框架结构房屋，采用自拌混凝土浇筑。其中，第1层框架柱的混凝土设计强度等级为C40。现采用回弹法检测该层框架柱的混凝土抗压强度。检测时回弹仪水平弹击梁侧，每根柱各检测10个测区。

(1)所抽检框架柱1，其测区1、测区2的部分数据如下表所示：

测区	测点回弹值																碳化深度/mm		
	1	2	3	4	5	6	7	8	9	10	11	12	13	14	15	16	1	2	3
1	41	34	36	43	40	39	40	40	40	42	37	40	40	43	40	39			
2																	1.75	1.50	2.25

①请在上表中用斜线“/”标记测区1中需要剔除的回弹值，并计算该测区的平均回弹值。注意，不能将该数据涂黑或抹去。

②计算测区2所测得的碳化深度。

(2)所抽检框架柱2，各测区的混凝土强度换算值如下表所示：

抽检柱2各测区混凝土强度换算值 $f_{cu,i}^{c}$ 单位：MPa

测区									
1	2	3	4	5	6	7	8	9	10
40.9	40.1	39.3	41.3	41.1	38.3	41.1	40.1	39.5	40.7

请计算该框架柱的现龄期混凝土推定值 $f_{cu,e}$，并评定该柱的混凝土抗压强度是否满足设计要求。

砌体结构现场检测

【本章基本内容】

本章主要介绍砌体结构现场检测的一般概念,砂浆抗压强度检测,块体抗压强度检测,以及砌体抗压强度检测。

【学习目标】

(1)**了解**:间接测定法和直接测定法,切制抗压试件法检测砌体抗压强度,砌体结构外观质量检测。

(2)**熟悉**:砌体结构检测单元、测区和测点的布置。

(3)**掌握**:回弹法、贯入法检测砂浆抗压强度,回弹法检测烧结砖抗压强度,扁顶法、原位轴压法检测砌体抗压强度,砌体抗压强度的推定。

4.1 基本规定

砌体是由块体(砖、砌块或石)和砂浆砌筑而成的材料,用这种材料建造的结构称为砌体结构。砌体的破坏一般可能由两种情况引起,即由荷载引起的破坏和由变形(例如地基不均匀沉降、温度变形)引起的破坏。其中,砌块及砂浆的强度是影响砌体结构承载能力的主要因素,因此在砌体工程现场检测时,主要针对块体强度、砌筑砂浆强度、砌体的抗压强度与抗剪强度进行检测和鉴定。

▶ 4.1.1 砌体结构现场检测的方法

在砌体工程现场原位检测技术研究应用之前,从实际结构中切割出砌体试件再运到实验室进行试验，是唯一的检测砌体力学性能的方法。但是，砌体结构的特点导致试件取样存在较大难度，取样时的扰动又会对试样产生较大损伤，进而影响试验结果，同时也不宜在被鉴定结构的重要受力部位取样，以免损伤实体结构而影响被鉴定结构的安全。因此，砌体结构的现场原位非破损或微破损检测技术已日益受到人们的重视。

受篇幅所限，本节选择介绍《砌体工程现场检测技术标准》(GB/T 50315—2011)、《贯入法检测砌筑砂浆抗压强度技术规范》(JGJ/T 136—2017)等相关标准中给出的目前常用的几种砌体结构检测方法，实际运用时可以根据工程的特点、检测目的、检测设备及外部环境等进行选择，但在检测中不得构成结构或构件的安全问题。同时，这些方法也不适用于遭受环境侵蚀和火灾等灾害损伤部位的强度测试。

▶ 4.1.2 间接测定法和直接测定法

砌体结构的现场检测方法分为间接测定法和直接测定法。

(1)砌体强度的间接测定法

砌体强度与砂浆和块体强度有关，由砂浆和块体强度等级可确定砌体的抗压强度。间接测定法就是使用专门的仪器和专门的测试方法，测量砂浆和块体的某一项强度指标或与材料强度有关的某一项物理参数，并由此间接测定砌体强度，包括回弹法、冲击法、推出法等方法。

(2)砌体强度直接测定法

砌体强度直接测定法是在砌体结构实体上或从实体上切割砌体试件，测定砌体的相关强度指标，包括抽样检测法、原位检测法、动测综合法以及微观结构法等方法。

▶ 4.1.3 砌体结构检测单元、测区和测点的布置

在对砌体结构进行检测时，首先要确定检测目的、内容及范围，并据此选择检测方法，再根据检测方法要求对被检测工程划分检测单元。当检测对象为整栋建筑物或建筑物的一部分时，应将其划分为一个或若干个可以独立进行分析的结构单元，每一结构单元可划分为若干个检测单元。

(1)测区

应将单个构件(单片墙体、柱)作为1个测区。每一检测单元内，不宜少于6个测区。当一个检测单元不足6个构件时，应将每个构件作为一个测区。

采用原位轴压法、扁顶法、切制抗压试件法检测，当选择6个测区确有困难时，可选取不少于3个测区测试，但宜结合其他非破损检测方法综合进行强度推定。

(2)测点(测位)

每一测区应随机布置若干测点。各种检测方法的测点数，应符合下列要求：

①原位轴压法、扁顶法、切制抗压试件法、原位单剪法、筒压法，测点数不应少于1个。

②原位双剪法、推出法，测点数不应少于3个。

③砂浆片剪切法、砂浆回弹法、点荷法、砂浆片局压法、烧结砖回弹法，测点数不应少于5个。

其中，回弹法的测位相当于其他检测方法的测点。

对既有建筑物或者委托方要求仅对建筑物的部分或个别部位检测时，测区和测点数可减

少,但一个检测单元的测区数不宜少于3个。

4.2 砌筑砂浆强度检测

▶ 4.2.1 回弹法

1)回弹法原理

砂浆回弹法采用回弹仪检测烧结普通砖或烧结多孔砖砌体中砌筑砂浆的表面硬度,并应用浓度为1% ~2%的酚酞酒精溶液测试砂浆碳化深度,将回弹值和碳化深度这两项指标换算为砂浆强度。

2)相关技术标准

现行有效的相关技术标准为《砌体工程现场检测技术标准》(GB/T 50315—2011),以下结合该标准的具体规定进行介绍。

3)适用范围

回弹法适用于推定烧结普通砖或烧结多孔砖砌体中砌筑砂浆的强度,不适用于推定高温、长期浸水、遭受火灾、环境侵蚀等砌筑砂浆的强度。

通过对砂浆回弹法与立方体抗压法的实验数据的比较分析认为,回弹法对测试砂浆强度小于10.0 MPa的结果偏差较大;当砂浆强度大于10.0 MPa时,回弹数据相对比较准确。另外,砂浆强度不应小于2.0 MPa,否则读不出数据。

在实际检测工作中,砌体结构的砂浆强度较少超过10 MPa,回弹法的实际使用范围较为有限。同时,回弹法试验数据离散性偏大,数值偏低,单独使用不适用于司法鉴定工作,需要用其他方法进行校正。

4)测位选择

测位是回弹检测砂浆强度中的最小测量单位,相当于其他检测方法中的测点,类似于现行行业标准《回弹法检测混凝土抗压强度技术规程》(JGJ/T 23)的测区。

测位宜选在承重墙的可测面上,并避开门窗洞口及预埋件等附近的墙体。墙面上每个测位的面积宜大于0.3 m^2。

5)仪器设备及要求

砂浆回弹法的测试设备,宜采用示值系统为指针直读式的回弹仪。

与第3.2.3节中检测结构构件混凝土抗压强度所用回弹仪相似,砂浆回弹法所用回弹仪也应满足《回弹仪》(GB/T 9138)等相关标准的要求,其主要区别有:

①评定砂浆强度时采用如图4.1所示的HT20型回弹仪。回弹仪水平弹击时,弹击瞬间的标称动能应为0.196 J。

②检测前后,均应在洛氏硬度HRC >53的钢砧上进行率定,率定值应为74 ±2。

6)测试步骤

①检测前,应宏观检查砌筑砂浆质量,水平灰缝内部的砂浆与其表面的砂浆强度应基本

一致。

图 4.1　砂浆回弹仪

②测位处应按下列要求进行处理：

a. 粉刷层、勾缝砂浆、污物等应清除干净。

b. 弹击点处的砂浆表面，应仔细打磨平整，并应除去浮灰。

c. 磨掉表面砂浆的深度应为 5 ~ 10 mm，且不应小于 5 mm。

③每个测位内应均匀布置 12 个弹击点。选定弹击点应避开砖的边缘、气孔或松动的砂浆。相邻两个弹击点的间距不应小于 20 mm。

④在每个弹击点上，弹击时应使用回弹仪连续弹击 3 次。第 1、2 次不读数，仅计读第 3 次回弹值，回弹值读数应估读至 1。测试过程中，回弹仪应始终处于水平状态，其轴线垂直于砂浆表面，且不得移位。

⑤在每一测位内，应选择 3 处灰缝，并应采用工具在测区表面打凿出直径约 10 mm 的孔洞，其深度应大于砌筑砂浆的碳化深度。应清除孔洞中的粉末和碎屑，且不得用水擦洗，然后用浓度为 1% ~2% 的酚酞酒精溶液滴在孔洞内壁边缘处。当已碳化与未碳化界限清晰时，应采用碳化深度测定仪或游标卡尺测量已碳化与未碳化砂浆交界面到灰缝表面的垂直距离，即砂浆碳化深度。

7）测区砂浆抗压强度

①从每个测位的 12 个回弹值中，分别剔除最大值和最小值，将余下的 10 个回弹值取算数平均值，以 R 表示，并应精确至 0.1。

②每个测位的平均碳化深度，应取该测位各次测量值的算数平均值，以 d 表示，并应精确至 0.5 mm。

③第 i 个测区第 j 个测位的砂浆强度换算值，应根据该测位的平均回弹值和平均碳化深度值，分别按下列公式计算：

当 $d \leqslant 1.0$ mm 时：

$$f_{2ij} = 13.97 \times 10^{-5} R^{3.57} \tag{4.1}$$

当 $1.0\ \text{mm} < d < 3.0$ mm 时：

$$f_{2ij} = 4.85 \times 10^{-4} R^{3.04} \tag{4.2}$$

当 $d \geqslant 3.0$ mm 时：

$$f_{2ij} = 6.34 \times 10^{-5} R^{3.60} \tag{4.3}$$

式中：f_{2ij}——第 i 个测区第 j 个测位的砂浆强度值，MPa；

R——第 i 个测区第 j 个测位的平均回弹值；

d——第 i 个测区第 j 个测位的平均碳化深度，mm。

④测区的砂浆抗压强度平均值，应按下式计算：

$$f_{2i} = \frac{1}{n_1}\sum_{j=1}^{n_1} f_{2ij} \tag{4.4}$$

8）检测单元的砌筑砂浆抗压强度的推定

检测单元的砌筑砂浆抗压强度的推定参见本书第 4.5 节。

▶ 4.2.2 贯入法

1)贯入法原理

贯入法检测砌体结构的砂浆抗压强度,是采用压缩工作弹簧加荷,把一测钉贯入砂浆中,根据测钉贯入深度和材料的抗压强度成负相关这一基本原理,由测钉的贯入深度通过测强曲线来换算砂浆抗压强度的检测方法。

2)相关技术标准

现行有效的相关技术标准为《贯入法检测砌筑砂浆抗压强度技术规范》(JGJ/T 136—2017)。以下结合该规范的具体规定进行介绍。

3)适用范围

用贯入法检测的砌筑砂浆应符合下列要求:自然养护;龄期为28 d或28 d以上;自然风干状态;强度为0.4～16.0 MPa。

4)主要仪器设备及要求

①检测设备主要有贯入式砂浆强度检测仪(简称贯入仪,见图4.2)、贯入深度测量表(见图4.3)。

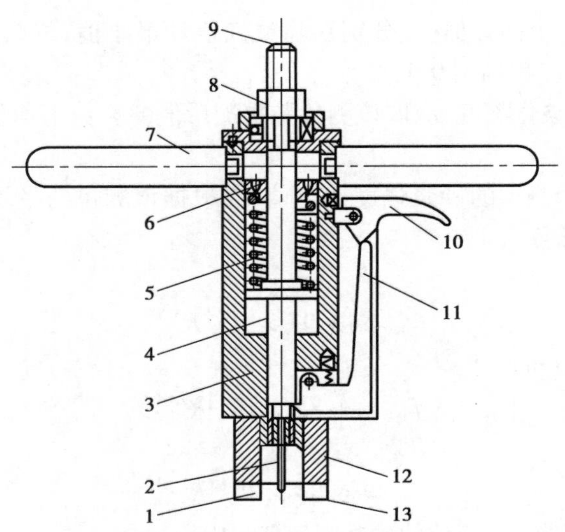

图4.2 贯入仪构造示意图

1—扁头;2—测钉;3—主体;4—贯入杆;5—工作弹簧;6—调整螺母;7—把手;
8—螺母;9—贯入杆外端;10—扳机;11—挂钩;12—贯入杆端面;13—扁头端面

②贯入仪及贯入深度测量表必须具有制造厂家的产品合格证、中国计量器具制造许可证及法定计量部门的校准合格证,并应在贯入仪的明显位置具有下列标志:名称、型号、制造厂名、商标、出厂日期和中国计量器具制造许可证标志CMC等。

③贯入仪应满足下列技术要求:贯入力应为800±8 N;工作行程应为20±0.10 mm。贯入仪使用时的环境温度为-4～40 ℃。

④贯入深度测量表应满足下列技术要求：最大量程应为20 ±0.02 mm；分度值应为0.01 mm。

⑤测钉长度应为40 ±0.10 mm，直径应为3.5 mm，尖端锥度应为45°。测钉量规的量规槽长度应为39.5 ±0.10 mm。

⑥正常使用过程中，贯入仪、贯入深度测量表（通称为仪器）应由法定计量部门每年至少校准一次。当遇到下列情况之一时，仪器应送法定计量部门进行校准：

a. 新仪器启用前。

b. 超过校准有效期。

c. 更换主要零件或对仪器进行过调整。

d. 检测数据异常。

e. 零部件松动。

f. 遭遇撞击或其他损坏。

g. 累计贯入次数为10 000次。

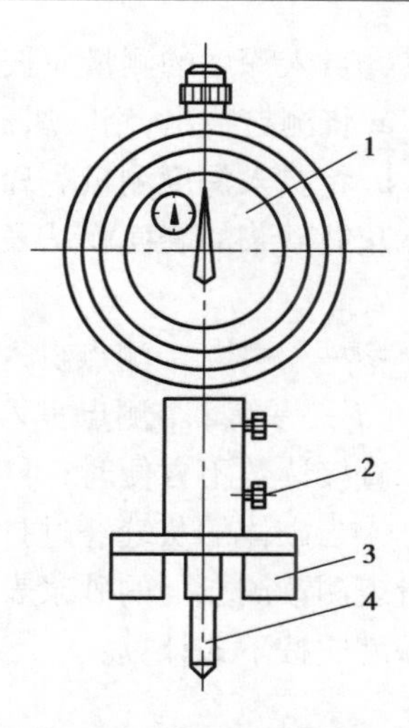

图4.3　贯入深度测量表示意图
1—百分表；2—锁紧螺钉；
3—扁头；4—测头

5）测点布置

①检测砌筑砂浆抗压强度时，应以面积不大于25 m^2 的砌体构件或构筑物为一个构件。

②按批抽样检测时，应取龄期相近的同楼层、同品种、同强度等级砌筑砂浆且不大于250 m^3砌体为一批，抽检数量不应少于砌体总构件数的30%，且不应少于6个构件。基础砌体可按一个楼层计。

③被检测灰缝应饱满，其厚度不应小于7 mm，并应避开竖缝位置、门窗洞口、后砌洞口和预埋件的边缘。

④多孔砖砌体和空斗墙砌体的水平灰缝深度应大于30 mm。

⑤检测范围内的饰面层、粉刷层、勾缝砂浆、浮浆以及表面损伤层等，应清除干净；应使待测灰缝砂浆暴露并经打磨平整后再进行检测。

⑥每一构件应测试16点。测点应均匀分布在构件的水平灰缝上，相邻测点水平间距不宜小于240 mm，每条灰缝测点不宜多于2点。

6）测试步骤

①每次试验前，应清除测钉上附着的水泥灰渣等杂物，同时用测钉量规检验测钉的长度；测钉能够通过测钉量规槽时，应重新选用新的测钉。

②贯入检测应按下列程序操作：

a. 将测钉插入贯入杆的测钉座中，使测钉尖端朝外，固定好测钉。

b. 用摇柄旋紧螺母，直到挂钩挂上为止，然后将螺母退至贯入杆顶端。

c. 将贯入仪扁头对准灰缝中间，并垂直贴在被测砌体灰缝砂浆的表面。握住贯入仪把手，扳动扳机，将测钉贯入被测砂浆中。

操作过程中，当测点处的灰缝砂浆存在空洞或测孔周围砂浆不完整时，该测点应作废，另选测点补测。

③贯入深度的测量应按下列程序操作：

a. 将测钉拔出，用吹风器将测孔中的粉尘吹干净。

b. 将贯入深度测量表扁头对准灰缝，同时将测头插入测孔中，并保持测量表垂直于被测砌体灰缝砂浆的表面。从表盘中直接读取测量表显示值 d_i'，贯入深度 d_i 应按下式计算：

$$d_i = 20.00 - d_i' \tag{4.5}$$

式中：d_i——第 i 个测点贯入深度值，精确至 0.01 mm；

d_i'——第 i 个测点贯入深度测量表读数，精确至 0.01 mm。

直接读数不方便时，可用锁紧螺钉锁定测头，然后取下贯入深度测量表读数。

④当砌体的灰缝经过打磨仍难以达到平整时，可在测点处标记。贯入检测前用贯入深度测量表测读测点处的砂浆表面不平整度读数 d_i^0，然后再在测点处进行贯入检测，读取 d_i'，则贯入深度应按下式计算：

$$d_i = d_i^0 - d_i' \tag{4.6}$$

式中：d_i——第 i 个测点贯入深度值，精确至 0.01 mm；

d_i^0——第 i 个测点贯入深度测量表的不平整度读数，精确至 0.01 mm；

d_i'——第 i 个测点贯入深度测量表读数，精确至 0.01 mm。

7）数据分析

①检测数值中，应将 16 个贯入深度值中的 3 个较大值和 3 个较小值剔除，余下的 10 个贯入深度值可按下式取平均值。

$$m_{dj} = \frac{1}{10}\sum_{i=1}^{10} d_i \tag{4.7}$$

式中：m_{dj}——第 j 个构件的砂浆贯入深度平均值，精确至 0.01 mm；

d_i——第 i 个测点贯入深度值，精确至 0.01 mm。

②根据计算所得的构件贯入深度平均值 m_{dj}，可按不同的砂浆品种由附录 A.7 查得其砂浆抗压强度换算值 $f_{2,j}^{c}$，其他品种的砂浆可按《贯入法检测砌筑砂浆抗压强度技术规程》附录 E 的要求建立专用测强曲线进行检测。有专用测强曲线时，砂浆抗压强度换算值的计算应优先采用专用测强曲线。

在采用附录 A.7 的砂浆抗压强度换算表时，应首先进行检测误差验证试验。试验方法可按《贯入法检测砌筑砂浆抗压强度技术规程》附录 E 的要求进行。试验数量和范围应按检测的对象确定，其检测误差应满足第 E.0.10 条的规定，否则应按附录 E 的要求建立专用测强曲线。

8）砌筑砂浆抗压强度推定值

①按批抽检时，同批构件砂浆应计算其平均值 $m_{f_2^c}$ 和变异系数 $\delta_{f_2^c}$。

$$m_{f_2^c} = \frac{1}{n}\sum_{j=1}^{n} f_{2,j}^{c} \tag{4.8}$$

$$s_{f_2^c} = \sqrt{\frac{\sum_{j=1}^{n}(m_{f_2^c} - f_{2,j}^{c})^2}{n-1}} \tag{4.9}$$

$$\delta_{f_2^c} = \frac{s_{f_2^c}}{m_{f_2^c}} \tag{4.10}$$

式中:$m_{f_2^c}$——同批构件砂浆抗压强度换算值的平均值,精确至0.1 MPa;

$f_{2,j}^c$——第j个构件的砂浆抗压强度换算值,精确至0.1 MPa;

$s_{f_2^c}$——同批构件砂浆抗压强度换算值的标准差,精确至0.1 MPa;

$\delta_{f_2^c}$——同批构件砂浆抗压强度换算值的变异系数,精确至0.1。

②砌体砌筑砂浆抗压强度推定值$f_{2,e}^c$,应按下列规定确定:

a.当按单个构件检测时,该构件的砌筑砂浆抗压强度推定值应按下式计算:

$$f_{2,e}^c = f_{2,j}^c \tag{4.11}$$

式中:$f_{2,e}^c$——砂浆抗压强度推定值,精确至0.1 MPa;

$f_{2,j}^c$——第j个构件的砂浆抗压强度换算值,精确至0.1 MPa。

b.当按批抽检时,应按下列公式计算:

$$f_{2,e_1}^c = m_{f_2^c} \tag{4.12}$$

$$f_{2,e_2}^c = \frac{f_{2,\min}^c}{0.75} \tag{4.13}$$

式中:f_{2,e_1}^c——砂浆抗压强度推定值之一,精确至0.1 MPa;

f_{2,e_2}^c——砂浆抗压强度推定值之二,精确至0.1 MPa;

$m_{f_2^c}$——同批构件砂浆抗压强度换算值的平均值,精确至0.1 MPa;

$f_{2,\min}^c$——同批构件中砂浆抗压强度换算值的最小值,精确至0.1 MPa。

该批构件的砌筑砂浆抗压强度推定值$f_{2,e}^c$应取式(4.12)和式(4.13)中的较小值。

③对于按批检验的砌体,当该批构件砌筑砂浆抗压强度换算值变异系数不小于0.3时,则该批构件应全部按单个构件检测。

贯入法检测砌筑砂浆抗压强度的报告表和记录表的格式见附录B.3。

4.3 砌筑块材强度检测

在砌体工程的现场检测中,对烧结砖的抗压强度一般采用回弹法进行检测。

《砌体工程现场检测技术标准》给出的全国统一测强曲线可用于强度为6~30 MPa的烧结普通砖和烧结多孔砖的检测。当超出该标准全国统一测强曲线的测强范围时,应进行验证后使用,或制定专用曲线。

(1)回弹法原理

回弹法是用一个弹簧驱动的重锤,通过弹击杆(传力杆)弹击试件表面,并测出重锤被反弹回来的距离——回弹值,将回弹值作为与试件强度相关的指标来推定构件强度的一种方法。

(2)适用范围

烧结砖回弹法适用于推定烧结普通砖或烧结多孔砖砌体中砖的抗压强度,不适用于推定表面已风化或遭受冻害、环境侵蚀的烧结普通砖或烧结多孔砖砌体中砖的抗压强度。

(3)仪器设备

烧结砖回弹法的测试设备,宜采用示值系统为指针直读式的砖回弹仪。

与第3.2.3节中检测结构构件混凝土抗压强度所用的回弹仪相似,评定烧结砖的抗压强度所用的回弹仪也应满足《回弹仪》(GB/T 9138)等相关标准的要求,其主要区别有:

①评定烧结砖的抗压强度采用HT75型回弹仪(见图4.4)。回弹仪水平弹击时,弹击瞬间的标称动能应为0.735 J。

②检测前后,均应在洛氏硬度HRC>53的钢砧上进行率定,率定值应为74±2。

图4.4　砖回弹仪

(4)抽样方法

①每个检测单元中应随机选择10个测区,每个测区的面积不宜小于1.0 m^2。

②应在每个测区中随机选择10块条面向外的砖作为10个测位。所选择的砖应为外观质量合格的完整砖,与砖墙边缘的距离应大于250 mm。

(5)测试步骤

①被检测砖的条面应干燥、清洁、平整,不应有饰面层、粉刷层。必要时可用砂轮清除表面的杂物,并磨平测面,同时应用毛刷刷去粉尘。

②在每块砖的测面上应均匀布置5个弹击点,选定弹击点时应避开砖表面的缺陷。相邻两弹击点的间距不应小于20 mm,弹击点离砖边缘不应小于20 mm,每一弹击点只能弹击一次。

③回弹仪应处于水平状态,其轴线应垂直于砖的测面。回弹值读数应估读至1。

(6)数据分析

①各个测位的回弹值,应取5个弹击点回弹值的平均值。

②第i测区第j测位的抗压强度换算值,应按下列公式计算:

烧结普通砖:

$$f_{1ij} = 2 \times 10^{-2} R^2 - 0.45R + 1.25 \tag{4.14}$$

烧结多孔砖:

$$f_{1ij} = 1.70 \times 10^{-3} R^{2.48} \tag{4.15}$$

式中:f_{1ij}——第i测区第j测位的抗压强度换算值,MPa;

R——第i测区第j测位的回弹平均值。

③第i测区的砖抗压强度平均值,应按下式计算:

$$f_{1i} = \frac{1}{10}\sum_{j=1}^{n_1} f_{1ij} \tag{4.16}$$

式中:n_1——第i测区的测位数量。

(7)检测单元的砖抗压强度等级推定

检测单元的砖抗压强度等级推定参见本书第4.5节。

4.4 砌体强度检测

▶ 4.4.1 切制抗压试件法

切制抗压试件法是我国现场检验砌体强度的传统方法,它是从墙体上取出与标准砌体抗压试件尺寸相同的试件,运至试验室,按现行国家标准《砌体基本力学性能试验方法标准》(GB/T 50129)的有关规定进行砌体抗压强度测试的方法。

切制抗压试件法属取样检测,可用于推定普通砖砌体和多孔砖砌体的抗压强度。该方法最为直观,它与我国《砌体结构设计规范》(GB 50003)和《砌体基本力学性能试验方法标准》(GB/T 50129)的标准试验方法完全一致,检测结果较准确,可作为其他方法的校准。

必须强调的是,切制抗压试件法从墙体上切出的标准砌体试件,其规格原则上宜与《砌体结构设计规范》和《砌体基本力学性能试验方法标准》一致,但进刀应以砌体灰缝为准。当砖砌体截面尺寸不符合标准试件尺寸时,抗压强度应按试验结果乘以修正系数。

切制抗压试件法切割工作量大;搬运过程中易受扰动;一般只能在门窗孔洞周围取样,检测部位的代表性不强;需耗费大量的人力、财力,往往只限于庞大砌体工程质量事故处理及对其他方法的校准。

当宏观检查墙体的砌筑质量差或砌筑砂浆强度等级≤M2.5 时,不宜选用切制抗压试件法。

切制抗压试件法具体可参见《砌体工程现场检测技术标准》(GB/T 50315)。

▶ 4.4.2 扁顶法

1)扁顶法原理

扁顶法是用特制的超薄型(厚度仅 5 mm)液压千斤顶,安放在墙体水平灰缝槽口内,对墙体施压,根据开槽时应力释放、加压时应力恢复的变形协调条件,可直接测得砌体受压工作应力;通过开两条槽放两部顶测定槽口间砌体压缩变形和破坏强度,可求得砌体弹性模量,并推算出砌体抗压强度。其工作状况如图 4.5 所示。

2)适用范围

扁顶法适用于推定普通砖砌体或多孔砖砌体的受压弹性模量、抗压强度或墙体的受压工作应力。

扁顶法直观可靠,可同时测定砌体受压工作应力、弹性模量及抗压强度三项指标,但其抗压强度系经验公式推定值,受边界约束条件影响较大,设备较为复杂,且压力和行程较小,对于强度较高和变形较大的砌体难于压坏。

3)主要仪器设备

检测设备主要有扁顶、手持式应变仪和千分表等。

扁顶由 1 mm 厚合金钢板焊接而成,总厚度宜为 5 ~7 mm。对 240 mm 厚墙体,可选用大

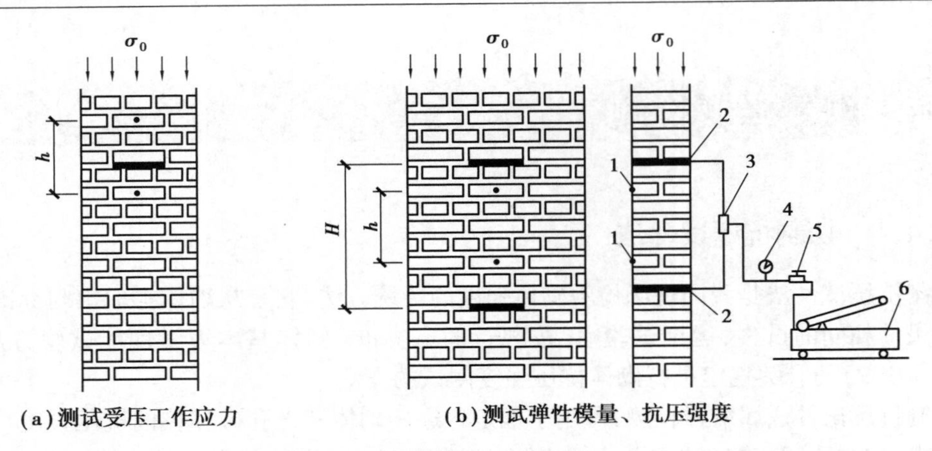

(a)测试受压工作应力　(b)测试弹性模量、抗压强度

图 4.5　扁顶法测试装置与变形测点布置

1—变形模量脚标(两对);2—扁式液压千斤顶;3—三通接头;4—压力表;

5—溢流阀;6—手动油泵;H—槽间砌体高度;h—脚标之间的距离

面尺寸分别为 250 mm×250 mm 或 250 mm×380 mm 的扁顶;对 370 mm 厚墙体,可选用大面尺寸分别为 380 mm×380 mm 或 380 mm×500 mm 的扁顶。每次使用前,应校验扁顶的力值。

扁顶、手持式应变仪及千分表的主要技术指标如表 4.1 及表 4.2 所示。

表 4.1　扁顶的主要技术指标

项目	指标
额定压力/kN	400
极限压力/kN	480
额定行程/mm	10
极限行程/mm	15
示值相对误差/%	±3

表 4.2　手持式应变仪和千分表的主要技术指标

项目	指标
行程/mm	1~3
分辨率/mm	0.001

4)测试部位

测试部位应具有代表性,并应符合下列规定:

①测试部位宜选在墙体中部距楼、地面 1 m 左右的高度处,槽间砌体每侧的墙体宽度不应小于 1.5 m。

②同一墙体上,测点不宜多于 1 个,且宜选在沿墙体长度的中间部位;多于 1 个时,切割砌体的水平净距不得小于 2.0 m。

③测试部位不得选在挑梁下、应力集中部位以及墙梁的墙体计算高度范围内。

5)测试步骤

(1)实测墙体的受压工作应力的要求

①在选定的墙体上标出水平槽的位置,并牢固粘贴两对变形测量的脚标。脚标应位于水平槽正中并跨越该槽;普通砖砌体脚标之间的距离应相隔 4 条水平灰缝,宜取 250 mm。对多孔砖砌体应相隔 3 条水平灰缝,宜取 270 ~ 300 mm。

②使用手持应变仪或千分表在脚标上测量砌体变形的初读数。测量 3 次,并取其平均值。

③在标出水平槽位置处剔除水平灰缝内的砂浆,水平槽的尺寸应略大于扁顶尺寸。开凿时不应损伤测点部位的墙体及变形测量脚标。清理平整槽的四周,除去灰渣。

④使用手持式应变仪或千分表在脚标上测量开槽后的砌体变形值,待读数稳定后方可进行下一步试验工作。

⑤在槽内安装扁顶,扁顶上下两面宜垫尺寸相同的钢垫板,并连接试验油路。

⑥正式测试前应进行试加荷载试验,试加荷载值可取预估破坏荷载的 10%。检查测试系统的灵活性和可靠性,以及扁顶或钢垫板和砌体受压面接触是否均匀密实。经试加荷载,测试系统正常后卸荷,开始正式测试。

⑦正式测试时,应分级加荷。每级荷载应为预估破坏荷载值的 5%,并应在 1.5 ~ 2 min 内均匀加完。恒载 2 min 后,测读变形值。当变形值接近开槽前的读数时,应适当减小加荷级差,直至实测变形值达到开槽前的读数,然后卸荷。

(2)实测墙内砌体抗压强度或弹性模量的要求

①在完成墙体的受压工作应力测试后,开凿第二条水平槽,上下槽应互相平行、对齐。当选用 250 mm × 250 mm 扁顶时,普通砖砌体两槽之间的距离应相隔 7 皮砖,多孔砖砌体两槽之间的距离应相隔 5 皮砖。当选用 250 mm × 380 mm 扁顶时,普通砖砌体两槽之间的距离应相隔 8 皮砖,多孔砖砌体两槽之间的距离应相隔 6 皮砖。遇有灰缝不规则或砂浆强度较高而难以凿槽时,可以在槽孔处取出一皮砖,安装扁顶时应采用钢制楔形垫块调整其间隙。

当仅需要测定砌体抗压强度时,应同时开凿两条水平槽,按下述步骤和要求进行试验。

②在上下槽内安装扁顶,扁顶上下两面宜垫尺寸相同的钢垫板,并连接试验油路。

③正式测试前,应进行试加荷载试验,试加荷载值可取预估破坏荷载的 10%。检查测试系统的灵活性和可靠性,以及扁顶或钢垫板和砌体受压面接触是否均匀密实。经试加荷载,测试系统正常后卸荷,开始正式测试。

④正式测试时,应分级加荷。每级荷载可取预估破坏荷载的 10%,并应在 1 ~ 1.5 min 内均匀加完,然后恒载 2 min。加荷至预估破坏荷载的 80% 后,应按原定加荷速度连续加荷,直至槽间砌体破坏。当槽间砌体裂缝急剧扩展和增多,油压表的指针明显回退时,槽间砌体达到极限状态。

⑤当槽间砌体上部压应力小于 0.2 MPa 时,应加设反力平衡架后再进行测试。反力平衡架可由两块反力板和四根钢拉杆组成。

(3)需要测定砌体受压弹性模量时尚应符合的要求

①如图 4.5(b)所示,在槽间砌体两侧各粘贴一对变形测量脚标,脚标应位于槽间砌体的中部。普通砖砌体脚标之间应相隔 4 条水平灰缝,宜取 250 mm;多孔砖砌体脚标之间的距离

应隔 3 条水平灰缝,宜取 270 ~ 300 mm。测试前应记录标距值,并应精确至 0.1 mm。

②正式加载前,应反复施加 10% 的预估破坏荷载,其次数不宜少于 3 次。

③按前述加荷方法进行试验,测记逐级荷载下的变形值。

④加荷的应力上限不宜大于槽间砌体极限抗压强度的 50% 。

(4)试验记录内容

试验记录内容应包括描绘测点布置图、墙体砌筑方式、扁顶位置、脚标位置、轴向变形值、逐级荷载下的油压表读数、裂缝随荷载变化情况图等。

6)数据分析

①根据扁顶的校验结果,将油压表读数换算为试验荷载值。

②墙体的受压工作应力,等于实测变形值达到开凿前的读数时所对应的应力值。

$$\sigma_{0ij} = \frac{N_{0ij}}{A_{ij}} \tag{4.17}$$

式中:σ_{0ij}——第 i 个测区第 j 个测点槽间砌体的受压工作应力,MPa;

N_{0ij}——第 i 个测区第 j 个测点槽间砌体实测变形值达到开凿前的读数时所对应的荷载值,N;

A_{ij}——第 i 个测区第 j 个测点槽间砌体的受压面积,mm^2。

③砌体在有侧向约束情况下的受压弹性模量,应按现行国家标准《砌体基本力学性能试验方法标准》的有关规定计算。当换算为标准砌体的弹性模量时,计算结果应乘以换算系数 0.85。

④槽间砌体的抗压强度,应按下式计算:

$$f_{uij} = \frac{N_{uij}}{A_{ij}} \tag{4.18}$$

式中:f_{uij}——第 i 个测区第 j 个测点槽间砌体的抗压强度,MPa;

N_{uij}——第 i 个测区第 j 个测点槽间砌体的受压破坏荷载值,N;

A_{ij}——第 i 个测区第 j 个测点槽间砌体的受压面积,mm^2。

⑤槽间砌体抗压强度换算为标准砌体的抗压强度,应按下列公式计算:

$$f_{mij} = \frac{f_{uij}}{\xi_{1ij}} \tag{4.19}$$

$$\xi_{1ij} = 1.25 + 0.60\sigma_{0ij} \tag{4.20}$$

式中:f_{mij}——第 i 个测区第 j 个测点的标准砌体抗压强度换算值,MPa;

ξ_{1ij}——扁顶法的强度换算系数;

σ_{0ij}——该测点上部墙体的压应力,MPa,其值可按墙体实际所承受的荷载标准值计算。

⑥测区的砌体抗压强度平均值,应按下式计算:

$$f_{mi} = \frac{1}{n_1}\sum_{j=1}^{n_1} f_{mij} \tag{4.21}$$

式中:f_{mi}——第 i 个测区的砌体抗压强度平均值,MPa;

n_1——测区的测点数。

4.4.3 原位轴压法

1)原位轴压法原理

如图4.6所示,原位轴压法测试原理与扁顶法相似,是在墙体中部沿高度方向开两条水平槽口,上槽口放置反力板,下槽口放置扁顶。对槽间砌体施压,测定出槽间砌体极限抗压强度,再推算标准砌体抗压强度。

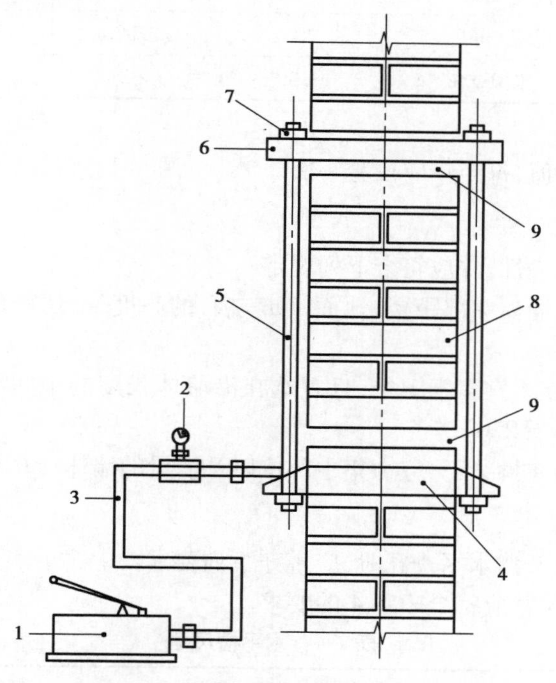

图4.6 原位轴压法测试装置

1—手动油泵;2—压力表;3—高压油管;4—扁式千斤顶;
5—拉杆;6—反力板;7—螺母;8—槽间砌体;9—砂垫层

原位轴压法是对扁顶法的改进,将施压扁顶改变成一部自平衡式小型压力机,施压时无须附加平衡装置,扁顶额定压力及最大行程均大幅度提高。

原位轴压法直观、准确、可靠,测试结果可以全面考虑砖、砂浆的变异和砌筑质量对砖砌体抗压强度的影响,能较综合地反映材料质量和施工质量,但是设备较重,所开槽口比扁顶法大。

2)适用范围

原位轴压法适用于推定240 mm厚普通砖或多孔砖砌体的抗压强度。

3)主要仪器设备

①检测设备主要为原位压力机。原位压力机由手动油泵、扁式千斤顶、反力平衡架等组成(见图4.6)。原位压力机主要技术指标应符合表4.3的要求。

表 4.3　原位压力机主要技术指标

项目	指标		
	450 型	600 型	800 型
额定压力/kN	400	550	750
极限压力/kN	480	600	800
额定行程/mm	15	15	15
极限行程/mm	20	20	20
示值相对误差/%	±3	±3	±3

②原位压力机的力值，每半年应校验一次。

4）测试部位

测试部位应具有代表性，并应符合下列规定：

①测试部位宜选在墙体中部距楼、地面 1 m 左右的高度处，切割砌体每侧的墙体宽度不应小于 1.5 m。

②同一墙体上，测点不宜多于 1 个，且宜选在沿墙体长度的中间部位；多于 1 个时，切割砌体的水平净距不得小于 2.0 m。

③测试部位不得选在挑梁下、应力集中部位以及墙梁的墙体计算高度范围内。

5）测试步骤

①在选定的测点上开凿水平槽孔时，应遵守下列要求：

a. 上、下水平槽的尺寸应符合表 4.4 的要求。

表 4.4　水平槽尺寸

名称	长度/mm	厚度/mm	高度/mm
上水平槽	250	240	70
下水平槽	250	240	≥110

b. 上、下水平槽孔应对齐。普通砖砌体，槽间砌体高度应为 7 皮砖；多孔砖砌体，槽间砌体高度应为 5 皮砖。

c. 开槽时应避免扰动四周的砌体，槽间砌体的承压面应修平整。

②在槽孔间安放原位压力机时，应符合下列规定：

a. 在上槽内的下表面和扁式千斤顶的顶面，应分别均匀铺设湿细砂或石膏等材料的垫层，垫层厚度可取 10 mm。

b. 将反力板置于上槽孔，将扁式千斤顶置于下槽孔。应安放四根钢拉杆，并使两个承压板上下对齐后，沿对角两两均匀拧紧螺母并调整其平行度。四根钢拉杆的上下螺母间的净距误差不大于 2 mm。

c. 正式测试前，先进行试加荷载测试。试加荷载值取预估破坏荷载的 10%。应检查测试系统的灵活性和可靠性，以及上、下压板和砌体受压面接触是否均匀密实。经试加荷载，测试系统正常后卸荷,开始正式测试。

③正式加载时,应分级加荷。每级荷载可取预估破坏荷载的10%,并应在1~1.5 min内均匀加完,然后恒载2 min。加荷至破坏荷载的80%后,应按原定加荷速度连续加荷,直至槽间砌体破坏。当槽间砌体裂缝急剧扩展和增多、油压表的指针明显回退时,槽间砌体达到极限状态。

④测试过程中,如发现上下压板与砌体承压面接触不良,导致槽间砌体呈局部受压或偏心受压状态时,应停止测试,并应调整测试装置,重新测试。当无法调整时,应更换测点。

⑤试验过程中,应仔细观察槽间砌体初裂裂缝及裂缝的开展情况,记录逐级荷载下的油压表读数、测点位置、裂缝随荷载变化情况简图等。

试验的原始记录和检测报告的格式参见附录B.4。

6)数据分析

根据槽间砌体初裂和破坏时的油压表读数,分别减去油压表的初始读数,按原位压力机的校验结果,计算槽间砌体的初裂荷载和破坏荷载值。

槽间砌体的抗压强度、槽间砌体抗压强度换算为标准砌体的抗压强度、测区的砌体抗压强度平均值的计算,采用式(4.18)~(4.21)进行,在此不再赘述。

7)异常现象

当砌体发生偏心受压或局压破坏时,其承载力数据为异常数据。

8)原位轴压法检测的相关问题

(1)窗下墙不应作为原位检测点

原位轴压法的试验研究时,在墙顶部施加荷载,使墙产生压应力,对受检砌体有较大的约束作用。而窗下墙的约束条件与原位轴压法研究的约束条件有较大的出入,故布置原位测点时应避免。

(2)现浇楼盖荷载处理

对现浇楼盖,宜根据其受力特征,分别按双向板或单向板荷载模式传递给本层墙体,经若干层墙体的传递和分配至测点处,可按墙实际长度以均布荷载计算。

(3)上部墙体压应力的确定

一般情况下,计算槽间砌体以上的墙体、楼屋盖永久荷载宜取荷载标准值,可变荷载按实际荷载采用,按理论方法计算测点上部墙体的压应力。对争议较大或重大试验,宜实测压应力。

4.5 强度推定

1)异常值的处理

异常值的检出和剔除,宜以测区为单位,对其中的 n_1 个测点的检测值进行统计分析。一般情况下,n_1 值较小,也可以检测单元为单位,以单元的所有测点为对象,合并进行统计分析。

检测数据中的歧离值和统计离群值,应按现行国家标准《数据的统计处理和解释 正态样本离群值的判断和处理》(GB/T 4883)中有关格拉布斯检验法或狄克逊检验法检出和剔除。检出水平 α 应取 0.05,剔除水平 α 应取 0.01。

检出歧离值后不得随意舍去,特别是对砌体抗压或抗剪强度进行分析时,需要首先检查产生歧离值的技术上的或物理上的原因,如砌体所用材料和施工质量可能与其他测点的墙片不同,检测人员读数和记录是否有错等。未找到技术或物理上的原因时,则不应剔除。

2)测区强度代表值

各种检测方法应该给出每个测点的检测强度值 f_{ij} 及每一测区的强度平均值 f_i,并以测区强度平均值 f_i 作为代表值。

3)检测单元的强度平均值、标准差和变异系数

每一检测单元的强度平均值 $\bar{x}$、标准差 s 和变异系数 δ 分别按照下列公式计算。

$$\bar{x} = \frac{1}{n_2}\sum_{i=1}^{n_2} f_i \tag{4.22}$$

$$s = \sqrt{\frac{\sum_{i=1}^{n_2}(\bar{x} - f_i)^2}{n_2 - 1}} \tag{4.23}$$

$$\delta = \frac{s}{\bar{x}} \tag{4.24}$$

式中:$\bar{x}$——同一检测单元的强度平均值,MPa。当检测砂浆抗压强度时,$\bar{x}$ 即为 $f_{2,m}$;当检测烧结砖抗压强度时,$\bar{x}$ 即为 $f_{1,m}$;当检测砌体抗压强度时,$\bar{x}$ 即为 f_m;当检测砌体抗剪强度时,$\bar{x}$ 即为 $f_{v,m}$;

n_2——同一检测单元的测区数;

s——同一检测单元,按 n_2 个测区计算的强度标准差,MPa;

δ——同一检测单元的强度变异系数;

f_i——测区的强度代表值,MPa。当检测砂浆抗压强度时,f_i 即为 f_{2i};当检测烧结砖抗压强度时,f_i 即为 f_{1i};当检测砌体抗压强度时,f_i 即为 f_{mi};当检测砌体抗剪强度时,f_i 即为 f_{vi}。

4)检测单元砌筑砂浆抗压强度的推定

砌筑砂浆强度的推定值,宜相当于被测墙体所用块体作底模的同龄期、同条件养护的砂浆试块强度。

①对于在建或新建砌体工程,或者按《砌体工程施工质量验收规范》(GB 50203—2011)的有关规定修建的砌体工程

a. 当测区数 n_2 不小于 6 时,应取下列公式中的较小值:

$$f'_2 = 0.91 f_{2,m} \tag{4.25}$$

$$f'_2 = 1.18 f_{2,min} \tag{4.26}$$

式中:f'_2——砌筑砂浆抗压强度推定值,MPa;

$f_{2,m}$——同一检测单元中,测区砂浆抗压强度平均值,MPa;

$f_{2,min}$——同一检测单元中,测区砂浆抗压强度的最小值,MPa。

b. 当测区数 n_2 小于6时,可按下式计算:

$$f'_2 = f_{2,min} \tag{4.27}$$

②对于按《砌体工程施工质量验收规范》(GB 50203—2002)及之前实施的砌体工程施工质量验收规范的有关规定修建的既有砌体工程

a. 当测区数 n_2 不小于6时,应取下列公式中的较小值:

$$f'_2 = f_{2,m} \tag{4.28}$$

$$f'_2 = 1.33f_{2,min} \tag{4.29}$$

式中:f'_2——砌筑砂浆抗压强度推定值,MPa;

$f_{2,min}$——同一检测单元中,测区砂浆抗压强度的最小值,MPa。

b. 当测区数 n_2 小于6时,可按下式计算:

$$f'_2 = f_{2,min} \tag{4.30}$$

当砌筑砂浆强度检测结果小于2.0 MPa或大于15.0 MPa时,不宜给出具体检测值,可仅给出检测值范围 $f_2 < 2.0$ MPa或 $f_2 > 15.0$ MPa。

5)检测单元砌体抗压强度标准值、砌体沿通缝截面的抗剪强度标准值的推定

①当测区数 n_2 不小于6时,可按下列公式推定:

$$f_k = f_m - k \cdot s \tag{4.31}$$

$$f_{v,k} = f_{v,m} - k \cdot s \tag{4.32}$$

式中:f_k——砌体抗压强度标准值,MPa;

f_m——同一检测单元的砌体抗压强度平均值,MPa;

$f_{v,k}$——砌体抗剪强度标准值,MPa;

$f_{v,m}$——同一检测单元的砌体沿通缝截面的抗剪强度平均值,MPa;

k——与 α、C、n_2 有关的强度标准值计算系数,应按表4.5取值;

α——确定强度标准值所取的概率分布下分位数,取 $\alpha = 0.05$;

C——置信水平,取 $C = 0.60$。

表4.5 计算系数

n_2	6	7	8	9	10	12	15	18
k	1.947	1.908	1.880	1.858	1.841	1.816	1.790	1.773
n_2	20	25	30	35	40	45	50	
k	1.764	1.748	1.736	1.728	1.721	1.716	1.712	

②当测区数 n_2 小于6时,可按下列公式推定:

$$f_k = f_{mi,min} \tag{4.33}$$

$$f_{vk} = f_{vi,min} \tag{4.34}$$

式中:$f_{mi,min}$——同一检测单元中,测区砌体抗压强度的最小值,MPa;

$f_{vi,min}$——同一检测单元中,测区砌体抗剪强度的最小值,MPa。

每一检测单元的砌体抗压强度或抗剪强度,当检测结果的变异系数 δ 分别大于0.2或0.25时,不宜直接按式(4.31)或式(4.32)计算,此时应检查检测结果离散性较大的原因。若查明系混入不同总体的样本所致,宜分别进行统计,并分别按式(4.31)~式(4.34)确定标准值;如果确系变异系数过大,则应按式(4.33)和式(4.34)确定标准值。

6)检测单元烧结砖抗压强度标准值的推定

既有砌体工程,当采用回弹法检测烧结砖抗压强度时,每一检测单元的砖抗压强度等级应按以下方法确定:

①当变异系数 $\delta \leqslant 0.21$ 时,应按附录 A.8 中抗压强度平均值 $f_{1,m}$、抗压强度标准值 f_{1k},推定每一检测单元的砖抗压强度等级。每一检测单元的砖抗压强度标准值,应按下式计算:

$$f_{1k} = f_{1,m} - 1.8s \tag{4.35}$$

式中:f_{1k}——同一检测单元的砖抗压强度标准值,MPa。

②当变异系数 $\delta > 0.21$ 时,应按附录 A.8 中抗压强度平均值 $f_{1,m}$、以测区为单位统计的抗压强度最小值 $f_{1,min}$,推定每一测区的砖抗压强度等级。

7)精度要求

各种检测强度的最终计算或推定结果,砌体的抗压强度和抗剪强度均应精确至 0.01 MPa,砌筑砂浆强度应精确至 0.1 MPa。

4.6 外观质量检测

▶ 4.6.1 块体外观质量检测

砌体结构所用块体的外形影响到砌体的抗压强度。同时,如果同一批块体中的某些块体的高度不同,将使砌体的水平灰缝厚度不匀,将使砌体的抗压强度下降约 25%。

砌体所用砌墙砖的外观质量,应按照国家标准《砌墙用砖检验方法》(GB/T 2542—2012)的规定,进行尺寸以及缺损、裂纹、弯曲、杂质凸出高度、色差等外观质量评定。

▶ 4.6.2 砌筑质量检测

砌筑质量的检测内容包括灰缝均匀性和厚度、砂浆饱满度以及组砌方法等。

如果水平灰缝中砂浆饱满,密实均匀,灰缝厚度适当,必然改善块体在砌体中的复杂受力状态,提高砌体的抗压强度。反之,则将导致砌体内的应力状态趋于复杂,砌体抗压强度降低。

现场检测时可以按照《砌体结构工程施工质量验收规范》(GB 50203)的要求,对砂浆饱满度、组砌方法、灰缝厚度等方面的砌筑质量进行检测。

1)砂浆饱满度

砌体灰缝砂浆应密实饱满,砖墙水平缝的砂浆饱满度不得低于 80%,砖柱水平灰缝和竖向灰缝饱满度不得低于 90%。

抽检数量:每检验批抽查不应少于 5 处。

检验方法:用百格网检查砖底面与砂浆的粘结痕迹面积,每处检测 3 块砖,取其平均值。

其中,砌体结构工程检验批的划分应同时符合下列规定:

①所用材料类型及同类型材料的强度等级相同。

②不超过250 m^3 砌体。

③主体结构砌体一个楼层(基础砌体可按一个楼层计);填充墙砌体量少时可多个楼层合并。

2)组砌方法

砖砌体组砌方法应正确,内外搭砌,上、下错缝。清水墙、窗间墙无通缝;混水墙中不得有长度大于300 mm的通缝,长度200~300 mm的通缝每间不超过3处,且不得位于同一面墙体上。砖柱不得采用包心砌法。

抽检数量:每检验批抽查不应少于5处。

检验方法:观察检查。砌体组砌方法抽检每处应为3~5 m。

3)灰缝均匀性和厚度

砖砌体的灰缝应横平竖直、厚薄均匀,水平灰缝厚度及竖向灰缝宽度宜为10 mm,但不应小于8 mm,也不应大于12 mm。

抽检数量:每检验批抽查不应少于5处。

检验方法:水平灰缝厚度用尺量10皮砖砌体高度折算;竖向灰缝宽度用尺量2 m砌体长度折算。

4)砌筑损伤检测

对已出现的损伤部位,应测绘其损伤面积大小和分布状况。应特别对承重墙、柱及过梁上部砌体的损伤进行严格检测。另外,对非正常开窗、打洞和墙体超载、砌体的通缝等情况也应认真检查。

4.7 典型案例

某2层的砌体结构房屋,2008年竣工。设计要求其第1、2层墙体分别采用M10、M5的混合砂浆砌筑。现采用回弹法检测所用砌筑砂浆的抗压强度,所获得数据如表4.6所示,请依据《砌体工程现场检测技术标准》(GB/T 50315—2011)判断并计算:

①对于表4.6中所列出的测位1,请说明其所属的检测单元、测区、测点。(注:①轴×Ⓐ~Ⓑ轴段墙体是指沿①轴布置,自Ⓐ轴开始、到Ⓑ轴为止的一段墙体。)

表4.6 第1层回弹法砂浆抗压强度现场检测结果

楼层	墙体	测位	弹击点回弹值												碳化深度/mm		
			1	2	3	4	5	6	7	8	9	10	11	12	1	2	3
第1层	1轴×Ⓐ~Ⓑ轴段	1	31	21	22	30	20	20	27	16	26	26	20	24	1.00	1.25	1.00

②请在表4.6中用斜线"/"标记出需要剔除的测位1的回弹值(注意,不能将数据涂黑或抹去),并计算该测位回弹值的算数平均值、平均碳化深度。

③写出计算表4.6中测位1砂浆强度换算值的计算公式,并计算出结果。

【解】①检测单元:该房屋第 1 层(墙体);

测区:第 1 层①轴 ×Ⓐ ~ Ⓑ轴段墙体;

测点:第 1 层①轴 ×Ⓐ ~ Ⓑ轴段墙体上的测位 1。

②应从测位 1 的 12 个回弹值中剔除 1 个最大值和 1 个最小值,即得表 4.7。

表 4.7　第 1 层回弹法砂浆抗压强度现场检测结果

楼层	墙体	测位	弹击点回弹值												碳化深度/mm		
			1	2	3	4	5	6	7	8	9	10	11	12	1	2	3
第 1 层	1 轴 ×Ⓐ ~ Ⓑ轴段	1	~~31~~	21	22	30	20	20	27	~~16~~	26	26	20	24	1.00	1.25	1.00

$$平均回弹值 = \frac{21+22+30+20+20+27+26+26+20+24}{10} = 23.6。$$

$$平均碳化深度 = \frac{1.00+1.25+1.00}{3} = 1.08,且应精确至 0.5\ mm,故为 1.0\ mm。$$

③由于碳化深度等于 1.0 mm,故按照 $f_{2ij} = 13.97 \times 10^{-5} R^{3.57}$ 计算,即 $f_{2ij} = 13.97 \times 10^{-5} \times (23.6)^{3.57} = 11.13(\text{MPa})$,且应精确至 0.1 MPa,故测位 1 砂浆强度换算值为 11.1 MPa。

习　题

4.1　应如何布置砌体结构检测单元、测区和测点?

4.2　回弹法检测砂浆抗压强度有哪些测试步骤?

4.3　贯入法检测砂浆抗压强度有哪些测试步骤?

4.4　回弹法检测烧结砖抗压强度有哪些测试步骤?

4.5　扁顶法检测砌体抗压强度有哪些测试步骤?

4.6　应如何推定检测单元砌筑砂浆的抗压强度?

4.7　应如何推定检测单元烧结砖抗压强度标准值?

4.8　某一砌体结构房屋,采用砂浆回弹法进行检测。某一测位所得的数据如下:

测区	测位	弹击点回弹值 R_i												碳化深度 d/mm		
		1	2	3	4	5	6	7	8	9	10	11	12	1	2	3
1	1	11	17	13	22	14	15	15	18	16	21	19	12	1.25	1.50	2.00

①请在上表中用斜线“/”标记需要剔除的回弹值,并计算该测位的平均回弹值 R。(注意:不能将该数据涂黑或抹去。)

②计算该测位的平均碳化深度 d。

③计算该测位的砂浆强度换算值 f_{2ij}。(提示:砌筑砂浆强度应精确至 0.1 MPa。)

5 钢结构现场检测

【本章基本内容】

本章系统介绍了钢结构现场检测的主要方法及原理，主要内容包括材料检测、构件检测、连接检测、涂装检测等。

【学习目标】

(1)**了解**：钢结构现场检测的主要内容。

(2)**熟悉**：钢结构现场检测的主要方法。

(3)**掌握**：钢结构现场检测主要方法的基本原理及适用范围。

钢结构具有施工快捷方便、工业化程度高、轻质高强等优点，特别适宜在多高层、大跨、厂房及高耸结构中应用。近年来，钢结构的应用范围及应用比例不断增长，且表现出了明显的长期发展潜力。钢结构检测可分为结构工程的质量检测以及既有结构性能的检测，检测项目可分为钢结构材料性能、连接、构件尺寸与偏差、变形与损伤、构造、基础沉降以及涂装等，必要时，也可进行结构或构件性能的实荷检验或动力测试。对某一钢结构工程的检测，可根据实际情况确定其工作内容和检测项目。本章主要介绍钢结构材料、连接、构件、涂装等方面的检测方法及原理。

5.1 钢结构材料检测

在钢结构现场检测中，常涉及现场实体结构上取样后的材料检测，故在此对材料检测进行专门介绍，其方法大多与材料进场时的复验相同。钢结构用材料主要分为三大类，即结构

(构件及螺栓)用材料、连接用材料(焊接用材料)和防护用材料(防腐及防火)。

▶ 5.1.1 结构用材料的检测

结构用材料包含结构用钢材、结构用铝合金、螺栓等。结构材料检测的主要内容有力学性能检测、材料品种检测、化学成分分析、金相分析、物理性能分析等。

1)结构材料的力学性能检测

结构材料的力学性能检测是用于确定所用材料的力学性能指标是否符合相应的国家标准规定或者用于明确材料的性能指标。力学性能主要包括材料的强度性能(抗拉强度、极限强度)、塑性性能、冲击韧性、弹性模量、冷弯性能、硬度等。钢结构材料主要采用的检测及评定依据有《碳素结构钢》(GB/T 700)、《低合金高强度结构钢》(GB/T 1591)、《金属材料室温拉伸试验方法》(GB/T 228.1)、《金属材料弯曲试验方法》(GB/T 232)等,相关参数检测参照的标准见表5.1和表5.2。

表5.1 钢结构材料力学性能检验项目、试验方法和评定依据

检验项目	每组最少取样数量	试验方法	评定依据
屈服强度 规定非比例延伸强度 抗拉强度 断后伸长率 断面收缩率	2	《金属材料 拉伸试验第1部分:室温试验方法》GB/T 228.1	《低合金高强度结构钢》GB/T 1591; 《碳素结构钢》GB/T 700; 《建筑结构用钢板》GB/T 19879
冷 弯	2	《金属材料 弯曲试验方法》GB/T 232; 《焊接接头 弯曲试验方法》GB/T 2653	《低合金高强度结构钢》GB/T 1591; 《碳素结构钢》GB/T 700; 《建筑结构用钢板》GB/T 19879
冲击韧性	3	《金属材料 夏比摆锤冲击试验方法》GB/T 229; 《焊接接头冲击试验方法》GB/T 2650	
抗层状撕裂性能		《厚度方向性能钢板》GB/T 5313	《厚度方向性能钢板》GB/T 5313

表5.2 钢结构紧固件力学性能检验项目、试验方法和评定依据

检验项目	最少取样数量	试验方法	评定依据
螺栓楔负载 螺母保证载荷 螺母和垫圈硬度	3	《钢结构用高强度大六角头螺栓、大六角螺母、垫圈技术条件》GB/T 1231; 《钢结构用扭剪型高强度螺栓连接副》GB/T 3632; 《钢网架螺栓球节点用高强度螺栓》GB/T 16939	《钢结构用高强度大六角头螺栓、大六角螺母、垫圈技术条件》GB/T 1231; 《钢结构用扭剪型高强度螺栓连接副》GB/T 3632; 《钢网架螺栓球节点用高强度螺栓》GB/T 16939; 《钢结构工程施工质量验收规范》GB 50205

续表

检验项目	最少取样数量	试验方法	评定依据
螺栓实物最小载荷及硬度	3	《紧固件机械性能 螺栓、螺钉和螺柱》GB/T 3098.1；《紧固件机械性能螺母》GB/T 3098.2	《紧固件机械性能 螺栓、螺钉和螺柱》GB/T 3098.1；《紧固件机械性能螺母》GB/T 3098.2；《钢结构工程施工质量验收规范》GB 50205

钢结构材料力学性能试验的取样位置及试样制备都会导致力学性能测试结果存在差异。因此，为了保证检测的有效性，与钢材（型钢、条钢、钢板、钢管等）力学性能相关的试验（如拉伸、弯曲和冲击试验），其样坯的切取及试样的制备应遵循国标《钢及钢产品力学性能试验取样位置及试样制备》。

2）结构材料品种及成分的化学分析

钢材的材料品种（钢号）与钢材的物理力学性能直接相关。现场检测时，若工程的现状质量较好、资料齐备（设计资料、竣工资料、检测报告等），可结合相关资料进行确定；必要时应现场取样后进行力学性能检测验证。对于重要的结构或事故原因分析等，宜补充进行化学成分分析。

通过化学成分分析确定钢材的材料品种时，对碳素结构钢宜测定 C、Mn、Si、S、P 这 5 种元素的含量；对于低强度合金钢，必要时可补充测定 V、Nb、Ti 这 3 种元素的含量。钢材的品种应根据元素含量，对照现行标准《碳素结构钢》（GB/T 700）、《低合金高强度结构钢》（GB/T 1591）中的化学成分含量进行判别，钢结构材料化学成分分析取样数量及方法见表 5.3。

表 5.3　钢结构材料化学成分分析取样数量及方法

材料种类	取样数量（个/批）	取样方法及成品化学成分允许偏差	评定依据
钢板 钢带 型钢	1	《钢和铁化学成分测定用试样的取样和制样方法》GB/T 20066；《钢的成品化学成分允许偏差》GB/T 222	《碳素结构钢》GB/T 700； 《低合金高强度结构钢》GB/T 1591； 《合金结构钢》GB/T 3077； 《桥梁用结构钢》GB/T 714； 《建筑结构用钢板》GB/T 19879； 《耐候结构钢》GB/T 4171； 《厚度方向性能钢板》GB/T 5313
钢丝 钢丝绳	1	《钢和铁化学成分测定用试样的取样和制样方法》GB/T 20066；《钢的成品化学成分允许偏差》GB/T 222；《钢丝验收、包装、标志及质量证明书的一般规定》GB/T 2103	《低碳钢热轧圆盘条》GB/T 701； 《焊接用钢盘条》GB/T 3429； 《焊接用不锈钢盘条》GB/T 4241； 《熔化焊用钢丝》GB/T 14957

续表

材料种类	取样数量（个/批）	取样方法及成品化学成分允许偏差	评定依据
钢管 铸钢	1	《钢的成品化学成分允许偏差》GB/T 222； 钢和铁化学成分测定用试样的取样和制样方法》GB/T 20066	《结构用不锈钢无缝钢管》GB/T 14975； 《结构用无缝钢管》GB/T 8162； 《直缝电焊钢管》GB/T 13793； 《焊接结构用钢铸件》GB/T 7659

3）结构材料的金相检测

当钢结构材料发生烧损、变形、断裂、腐蚀或者其他损伤时，为明确发生损伤或破坏的原因，宜进行金相检测。金相现场检测可采用现场覆膜金相检测或便携式显微镜现场检测，或取样后进行实验室检测。现场检测及取样部位宜在开裂、应力集中、过热、变形或其他怀疑有材料组织变化的部位。

钢材的金相检测及评定，应根据具体检测目的，按照现行标准《金属显微组织检验方法》（GB/T 13298）、《钢的显微组织评定方法》GB/T 13299、《钢的低倍组织及缺陷酸蚀检验法》GB/T 226、《结构钢低倍组织评级图》（GB/T 1979）、《金属熔化焊接头缺欠分类及说明》（GB/T 6417），以及《钢材断口检验法》（GB 1814）实施。

▶ 5.1.2 焊接用材料的检测

焊接用材料主要包含焊条、焊丝、焊剂等。

①焊条的检测内容有：焊条尺寸、熔敷金属化学成分、焊缝熔敷金属力学性能、焊缝射线探伤、焊条药皮、药皮含水量。

②焊丝的检测内容有：焊丝的化学成分、焊丝力学性能及射线探伤、焊丝直径及偏差、焊丝挺度、焊丝镀层、焊丝松弛直径及翘距、焊丝对接光滑程度、焊丝表面质量、熔敷金属力学性能及冲击试验、焊缝射线探伤。

③焊剂的检测内容有：焊剂颗粒度、焊剂含水量、焊剂抗潮性、机械夹杂物、焊接工艺性能、熔敷金属拉伸性能、熔敷金属的V形缺口冲击吸收功、焊接试板射线探伤、焊剂硫、磷含量、焊缝扩散氢含量等。

▶ 5.1.3 结构防护用材料的检测

结构防护材料指形成结构表面保护膜的材料，主要有防腐防锈涂料及防火涂料。检测内容包括涂料的化学成分、物理性能。

5.2 钢结构构件检测

钢结构构件检测的主要内容包括外观质量、外形与几何尺寸等。

▶ 5.2.1 构件外观质量检测

构件外观质量检测的主要内容是对构件及钢材的表面质量缺陷进行检测,一般采用目测的检测方法。对细微缺陷进行鉴别时,可采用放大镜进行检测。

钢材的表面不应有裂纹、折叠、夹层、钢材端边或断口处分层、夹渣等缺陷,当钢材表面有锈蚀、麻点或划伤等缺陷时,其深度不得大于该钢材厚度负偏差值的1/2。除上述要求外,钢材的外观质量应符合国家标准《钢结构工程施工质量验收标准》(GB 50205)等现行标准的要求。

▶ 5.2.2 构件外形与几何尺寸检测

构件外形与几何尺寸检测主要包括:构件截面尺寸、轴线及中心线尺寸、主要零部件加工偏差、主要零部件组装尺寸偏差等。构件的外形及几何尺寸一般采用钢尺、游标卡尺进行检测,或采用全站仪等进行检测。构件外形及几何尺寸偏差应符合《钢结构工程施工质量验收标准》(GB 50205)等现行标准的要求。

5.3 钢结构连接检测

钢结构常用连接形式有螺栓连接、焊缝连接及锚钉连接等,钢结构连接的检测主要包含连接的材料性能、外观质量、安装质量、力学性能等。

▶ 5.3.1 紧固件连接检测

钢结构工程中的紧固件是指普通螺栓、扭剪型高强度螺栓、高强度大六角头螺栓、钢网架螺栓球节点用高强度螺栓及射钉、自攻钉、拉铆钉等。其中,除高强度螺栓以外的紧固件一般称为普通紧固件。

1)普通紧固件连接

①普通螺栓作为永久性连接螺栓时,当设计有要求或对其质量有疑义时,应进行螺栓实物最小拉力载荷复验。其结果应符合现行《紧固件机械性能螺栓、螺钉和螺柱》(GB 3098)的规定。

螺栓实物最小载荷检验方法:用专用卡具将螺栓实物置于拉力试验机上进行拉力试验。为避免试件承受横向载荷,试验机的夹具应能自动调正中心,试验时夹头张拉的移动速度不应超过25 mm/min。螺栓实物的抗拉强度应根据螺纹应力截面积计算确定,其取值应按现行《紧固件机械性能螺栓、螺钉和螺柱》的规定取值。进行试验时,承受拉力载荷的末旋合的螺纹长度应为6倍以上螺距,当试验拉力达到现行《紧固件机械性能螺栓、螺钉和螺柱》中规定的最小拉力载荷时不得断裂,当超过最小拉力载荷直至拉断时,断裂应发生在杆部或螺纹部分,而不应发生在螺头与杆部的交接处。

②连接薄钢板采用的自攻钉、拉铆钉、射钉等其规格尺寸应与被连接钢板相匹配,其间距、边距等应符合设计要求。

检验方法:观察和尺量检查。

③永久性普通螺栓紧固应牢固、可靠、外露丝扣不应少于两扣。

检验方法:观察和用小锤敲击检查。

④自攻螺钉、钢拉铆钉、射钉等与连接钢板应紧固密贴、外观排列整齐。

检验方法:观察或用小锤敲击检查。

2)高强度螺栓连接

高强度螺栓连接具有施工效率高、施工质量易于控制、力学性能好等优点,在钢结构工程中普遍应用。

高强度螺栓连接按其设计准则分为摩擦型连接和承压型连接两种。摩擦型高强度螺栓连接依靠板层间的摩擦阻力传力,并以剪力不超过接触面摩擦力作为设计准则,其连接的剪切变形小、弹性性能好、耐疲劳,特别适用于承受动力荷载的结构;承压型高强度螺栓连接允许连接达到破坏前接触面滑移,以螺栓杆被剪断或板件被挤压破坏时的极限承载力作为设计准则,其连接的剪切变形比摩擦型大,故只适用于承受静力荷载或间接承受动力荷载的结构。目前,我国对高强度螺栓连接的使用多采用摩擦型连接设计。

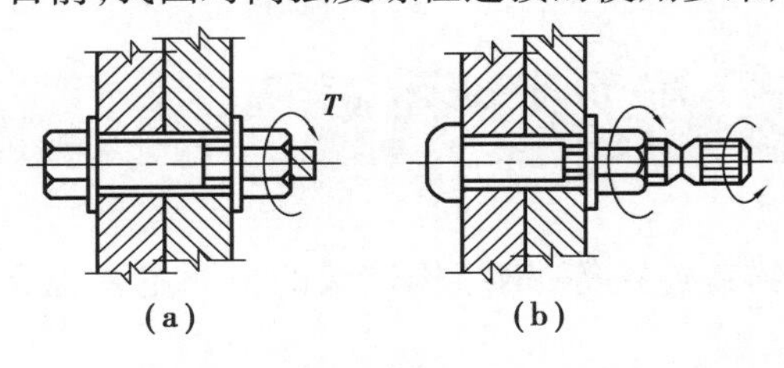

图5.1　高强度螺栓连接副图

高强度螺栓根据外形来分有大六角头螺栓[图5.1(a)]和扭剪型螺栓[图5.1(b)]两种,这两种类型的高强度螺栓均可用于摩擦型高强度螺栓连接或承压型高强度螺栓连接中。高强度螺栓都是通过拧紧螺帽使螺杆受到拉伸产生很大的预拉力,以使被连接板层间产生压紧力,但两种高强度螺栓对预拉力的控制方法各不相同:大六角头型高强度螺栓是通过控制拧紧力矩或转动角度来控制预拉力;而扭剪型高强度螺栓采用特制电动扳手,将螺杆顶部的十二角体拧断则认为连接达到所要求的预拉力(图5.2)。

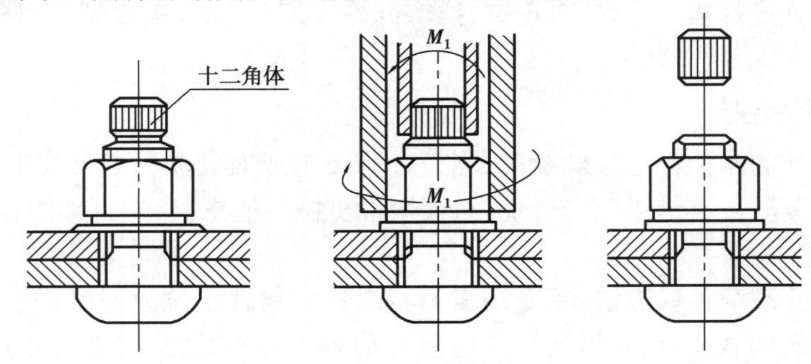

图5.2　扭剪型高强度螺栓安装过程

高强度螺栓连接的现场检测主要包含:高强度螺栓连接摩擦面的抗滑移系数检测、扭剪型高强度螺栓连接副预拉力检测、高强度大六角头螺栓连接副扭矩系数检测、终拧扭矩检测、外观及安装质量检测等。

(1)高强度螺栓连接摩擦面的抗滑移系数检测

《钢结构工程施工质量验收标准》(GB 50205)规定:钢结构制作和安装单位应分别进行高强度螺栓连接摩擦面的抗滑移系数试验和复验,现场处理的构件摩擦面应单独进行摩擦面抗滑移系数试验,其结果应符合设计要求。

抗滑移系数是高强度螺栓连接的主要设计参数之一,直接影响构件的承载力,因此构件摩擦面无论由制造厂处理还是由现场处理,均应对抗滑系数进行测试。除设计上采用摩擦系数小于等于0.3、并明确提出可不进行抗滑移系数试验者,其余情况下在制作时为确定摩擦面的处理方法,必须按规范要求的批量用3套同材质、同处理方法的试件进行检验,同时并附有3套同材质、同处理方法的试件,供安装前复验。

《钢结构工程施工质量验收标准》附录B中推荐抗滑移系数检验采用双摩擦面的二栓拼接试件,如图5.3所示。试件钢板的厚度 t_1、t_2 应根据钢结构工程中有代表性的板材厚度来确定,同时应考虑在摩擦面滑移之前,试件钢板的净载面始终处于弹性状态;宽度 b 可参照表5.4取值;L_1 应根据试验机夹具的要求确定。试件板面应平整、无油污,孔和板的边缘无飞边、毛刺。

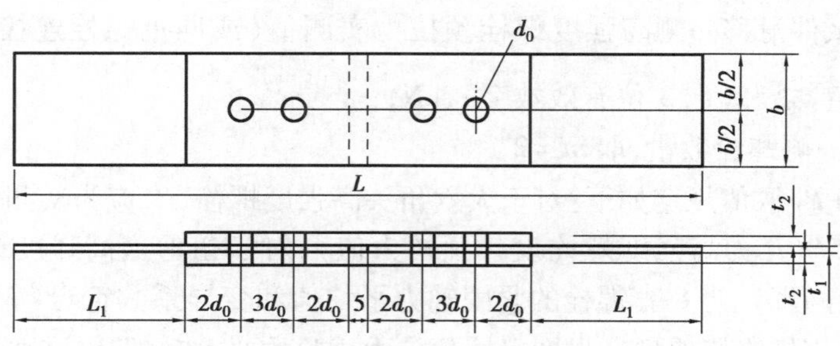

图5.3　抗滑移系数试件

表5.4　试件板的宽度　　单位:mm

螺栓直径 d	16	20	22	24	27	30
板宽 b	100	100	105	110	120	120

①高强度螺栓连接摩擦面的抗滑移系数检测要求:a.试验用的试验机误差应在1%以内;b.试验用的贴有电阻片的高强度螺栓、压力传感器和电阻应变仪,应在试验前用试验机进行标定,其误差应在2%以内。

②试件的组装顺序应符合下列规定:a.先将冲钉打入试件孔定位,然后逐个换成装有压力传感器或贴有电阻片的高强度螺栓,或换成同批经预拉力复验的扭剪型高强度螺栓;b.紧固高强度螺栓应分初拧、终拧,初拧应达到螺栓预拉力标准值的50%左右。

③终拧后,螺栓预拉力应符合下列规定:a.对装有压力传感器或贴有电阻应变仪的高强度螺栓,采用电阻应变仪实测控制试件每个螺栓的预拉力值为 $0.95P \sim 1.05P$(P 为高强度螺栓设计预拉力值);b.不进行实测时,扭剪型高强度螺栓的预拉力(紧固轴力)可按同批复验预拉力的平均值取用。

④试件应在其侧面画出观察滑移的直线。

⑤将组装好的试件置于拉力试验机上,试件的轴线应与试验机夹具中心严格对中。

⑥加荷时,应先加10%的抗滑移设计荷载值,停1 min后,再平稳加荷,加荷速度为3~5 kN/s。直拉至滑移破坏,测得滑移荷载 N_v。

⑦在试验中当发生以下情况之一时,所对应的荷载可定为试件的滑移荷载:

a. 试验机发生回针现象；

b. 试件侧面画线发生错动；

c. X-Y 记录仪上变形曲线发生突变；

d. 试件突然发出“嘣”的响声。

抗滑移系数应根据试验所测得的滑移荷载 N_v 和螺栓预拉力 P 的实测值，按下式计算，宜取小数点后两位有效数字。

$$\mu = N_v / (n_f \cdot \sum_{i=1}^{m} p_i) \tag{5.1}$$

式中：N_v——由试验测得的滑移荷载，kN；

n_f——摩擦面面数，取 $n_f = 2$；

$\sum_{i=1}^{m} p_i$——试件滑移一侧高强度螺栓预拉力实测值（或同批螺栓连接副的预拉力平均值）之和（取 3 位有效数字），kN；

m——试件一侧螺栓数量，取 $m = 2$。

式(5.1)中的 P_i 取值规定如下：对于大六角头高强度螺栓，P_i 应为实测值，此值应准确控制在 $0.95P \sim 1.05P$（P 为高强度螺栓设计预拉力值）；对于扭剪型高强度螺栓，先抽验 8 套（与试件组装螺栓同批），当 8 套螺栓的紧固轴力平均值和变异系数符合《钢结构工程施工质量验收规范》对相应规格扭剪型高强度螺栓预拉力复验的要求时，即以该平均值作为 P_i。

检测结果判定：按照式(5.1)计算得到的抗滑移系数最小值应大于或等于设计要求的抗滑移系数；当不符合规定值时，构件摩擦面应做重新处理，处理后的构件摩擦面应重新检验。

【例题 5.1】某轻型门式刚架房屋中，采用了摩擦型高强度螺栓连接，摩擦面处理方法为喷砂后生赤锈，连接板件为 Q235-A，设计文件中明确的抗滑移系数 $u = 0.45$，采用的螺栓为 M16 大六角头高强螺栓，10.9S 级。工程中对摩擦面抗滑移系数进行复验，采用《钢结构工程施工质量验收标准》（GB 50205）中规定的双摩擦面的二栓拼接试件，测得的螺栓预拉力及滑移荷载值见表 5.5。试判断该组试件的抗滑移系数是否满足《钢结构工程施工质量验收规范》的要求。

表 5.5　摩擦面抗滑移系数检测数据

试件编号	试件 1	试件 2	试件 3
滑移荷载/kN	265.3	270.6	247.9
滑移侧螺栓 1 预拉力/kN	102.0	104.1	103.0
滑移侧螺栓 2 预拉力/kN	100.1	103.6	100.1

【解】根据式(5.1)计算抗滑移系数，$\mu = N_V / (n_f \cdot \sum_{i=1}^{m} p_i)$

$$\mu_1 = \frac{\frac{265.3}{2}\ \text{kN}}{(102.0 + 100.1)\ \text{kN}} = 0.66$$

$$\mu_2 = \frac{\frac{270.6}{2}\ \text{kN}}{(104.1 + 103.6)\ \text{kN}} = 0.65$$

$$\mu_3 = \frac{\frac{247.9}{2}\ \text{kN}}{(103.0 + 100.1)\ \text{kN}} = 0.61$$

$$\min(\mu_1, \mu_2, \mu_3) = 0.61 > 0.45(\text{设计要求})$$

根据抗滑移系数检测的判定原则,抗滑移系数最小值应大于或等于设计要求,因此,该组试件的摩擦面抗滑移系数满足《钢结构工程施工质量验收标准》的要求。

(2)扭剪型高强度螺栓连接副预拉力检测

紧固预拉力(简称预拉力或紧固力)是高强度螺栓正常工作的保证,对于扭剪型高强度螺栓连接副,施工中将螺杆顶部的十二角体拧断则认为达到所要求的预拉力。因此,为保障扭剪型高强度螺栓的施工质量,需要对十二角体拧断时所对应的预拉力进行检验及复验。《钢结构工程施工质量验收标准》(GB 50205)规定,扭剪型高强度螺栓连接副应按标准附录B的规定检验预拉力,其检验结果应符合规范的相关规定。

扭剪型高强度螺栓连接副的紧固轴力(预拉力)是影响高强度螺栓连接质量最主要的因素,也是施工的重要依据,因此要求生产厂家在出厂前进行检验,且出具检验报告。施工单位应在使用前及产品质量保证期内及时复验。

扭剪型高强度螺栓的质量检验按批进行。同一性能等级、材料、炉号、螺纹规格、长度(当螺栓长度≤100 mm时、长度相差≤15 mm,螺栓长度≥100 mm时、长度相差≤20 mm,可视为同一长度)、机械加工、热处理工艺、表面处理工艺的螺栓为同批。同一性能等级、材料、炉号、螺纹规格、机械加工、热处理工艺、表面处理工艺的螺母为同批。同一性能等级、材料、炉号、螺纹规格、机械加工、热处理工艺、表面处理工艺的垫圈为同批。分别由同批螺栓、螺母、垫圈组成的连接副为同批连接副,同批扭剪型高强度螺栓连接副的最大数量为3 000套。

扭剪型高强度螺栓应在施工现场待安装的螺栓批中随机抽取,每批应抽取8套连接副进行复验。

检测要求及步骤如下:

①连接副预拉力可采用经计量检定、校准合格的轴力计进行测试。

②试验用的电测轴力计、油压轴力计、电阻应变仪、扭矩扳手等计量器具,应在试验前进行标定,其误差不得超过2%。

③采用轴力计方法复验连接副预拉力时,应将螺栓直接插入轴力计。紧固螺栓分初拧、终拧两次进行,初拧应采用手动扭矩扳手或专用定扭电动扳手;初拧值应为预拉力标准值的50%左右。终拧应采用专用电动扳手,至尾部梅花头拧掉,读出预拉力值。

④每套连接副只应做一次试验,不得重复使用。在紧固中垫圈发生转动时,应更换连接副,重新试验。

$$\bar{p} = \frac{1}{n}\sum_{i=1}^{n} p_i \tag{5.2}$$

$$\sigma = \frac{\sqrt{\sum_{i=1}^{n}(p_i - \bar{p})^2}}{n-1} \tag{5.3}$$

式中:$\bar{p}$——预拉力检测平均值,kN;

P——螺栓预拉力值,kN;

σ——标准偏差,kN;

n——检测螺栓数量,一般为8。

检测结果判定:扭剪型高强度螺栓连接副预拉力检测的平均值[按式(5.2)计算]及标准偏差[按式(5.3)计算]应控制在表5.6所规定的范围内。

表5.6 扭剪型高强度螺栓紧固轴力平均值和标准偏差 单位:kN

螺栓公称直径(mm)	M16	M20	M22	M24	M27	M30
紧固轴力的平均值 $\bar{p}$	100~121	155~187	190~231	225~270	290~351	355~430
标准偏差 σ_p	≤10.0	≤15.4	≤19.0	≤22.5	≤29.0	≤35.4

注:每套连接副只做一次试验,不得重复使用。试验时垫圈发生转动,试验无效。

(3)高强度大六角头螺栓连接副扭矩系数检测

扭矩系数是大六角头高强螺栓连接的一项重要指标,它表示加于螺母上的紧固扭矩(T)与螺栓轴向预拉力(P)之间的关系。在高强度螺栓施工过程中,预拉力是紧固的目标值,要求实际螺栓轴力误差小于标准轴力的±10%,所以要求扭矩系数离散性要小,否则施工中无法控制螺栓轴力的大小。

《钢结构工程施工质量验收标准》(GB 50205)规定,高强度大六角头螺栓连接副应按规范附录B的规定检验其扭矩系数,其检验结果应符合规范附录B的规定。

大六角头高强度螺栓连接副的质量检验按批进行。同一性能等级、材料、炉号、螺纹规格、长度(当螺栓长度≤100 mm时、长度相差≤15 mm,螺栓长度≥100 mm时、长度相差≤20 mm,可视为同一长度)、机械加工、热处理工艺、表面处理工艺的螺栓为同批。同一性能等级、材料、炉号、螺纹规格、机械加工、热处理工艺、表面处理工艺的螺母为同批。同一性能等级、材料、炉号、螺纹规格、机械加工、热处理工艺、表面处理工艺的垫圈为同批。分别由同批螺栓、螺母、垫圈组成的连接副为同批连接副,对保证扭矩系数供货的螺栓连接副最大批量为3 000套。

大六角头高强度螺栓施工前,应对螺栓的扭矩系数进行复验。复验用螺栓应在施工现场待安装的螺栓批中随机抽取,每批复验8套。

检测要求及步骤如下:

①连接副扭矩系数复验用的计量器具应在试验前进行标定,误差不得超过2%。

②每套连接副只应做一次试验,不得重复使用。在紧固中垫圈发生转动时,应更换连接副,重新试验。

③连接副扭矩系数的复验应将螺栓穿入轴力计,在测出螺栓预拉力P的同时,应测出施加于螺母上的施扭矩值T,并应按式(5.4)计算扭矩系数K。

$$K = \frac{T}{P.d} \tag{5.4}$$

式中:T——施拧扭矩,N·m;

d——高强度螺栓公称直径,mm;

P——螺栓预拉力,kN。

进行连接副扭矩系数试验时,螺栓预拉力值应符合表 5.7 的规定。

表 5.7　螺栓预拉力值范围

单位:kN

螺栓规格/mm		M16	M20	M22	M24	M27	M30
预拉力值 P	10.9s	93 ~ 113	142 ~ 177	175 ~ 215	206 ~ 250	265 ~ 324	325 ~ 390
	8.8s	62 ~ 78	100 ~ 120	125 ~ 150	140 ~ 170	185 ~ 225	230 ~ 275

检测结果判定:每组 8 套连接副扭矩系数的平均值应为 0.110 ~ 0.150,标准偏差小于或等于 0.010。扭剪型高强度螺栓连接副采用扭矩法施工时,其扭矩系数亦按本方法确定。

【例题 5.2】某钢结构工程中,对一批 M16(10.9s 级)大六角头高强度螺栓进行扭矩系数复验,检测得预拉力及施拧扭矩见表 5.8。试评定该批螺栓的扭矩系数是否符合《钢结构工程施工质量验收标准》的要求。

表 5.8　扭矩系数检测数据

螺栓编号	1	2	3	4	5	6	7	8
预拉力检测值/kN	101.2	105.3	106.3	100.8	107.3	100.2	108.6	109.3
施拧扭矩/(N · m)	0.200	0.195	0.220	0.187	0.202	0.201	0.199	0.212

【解】根据式(5.4)计算各个螺栓的扭矩系数。

$K_1 \sim K_8$:0.124,0.116,0.129,0.116,0.118,0.125,0.115,0.121;

扭矩系数平均值:0.120;标准偏差:0.005。

《钢结构工程施工质量验收标准》(GB 50205)合格评定标准:每组 8 套连接副扭矩系数的平均值应为 0.110 ~ 0.150,标准偏差小于或等于 0.010;

检测结果表明:该批螺栓的扭矩系数合格。

(4)高强度螺栓连接副施工扭矩检测

高强度螺栓连接副扭矩检验含初拧、复拧、终拧扭矩的现场无损检验,检验所用的扭矩扳手其扭矩精度误差应不大于 3%。

高强度螺栓连接副扭矩检验分扭矩法检验和转角法检验两种,原则上检验法与施工法应相同。

扭矩法检验:在螺尾端头和螺母相对位置画线,将螺母退回 60°左右,用扭矩扳手测定拧回至原来位置时的扭矩值,该扭矩值与施工扭矩值的偏差在 10% 以内为合格。

高强度螺栓连接副终拧扭矩值按式(5.5)计算:

$$T_c = K \cdot P_c \cdot d \tag{5.5}$$

式中:T_c——终拧扭矩值,N · m;

P_c——施工预拉力值标准值,kN,其取值见表 5.9;

d——螺栓公称直径,mm;

K——扭矩系数,按高强度大六角头螺栓连接副扭矩系数试验确定。

高强度大六角头螺栓连接副初拧扭矩值 T_0 可按 $0.5T_c$ 取值。

表 5.9 高强度螺栓连接副施工预拉力标准值

单位:kN

螺栓规格/mm		M16	M20	M22	M24	M27	M30
预拉力值 P	10.9s	110	170	210	250	320	390
	8.8s	75	120	150	170	225	275

转角法检验:检查初拧后在螺母与相对位置所画的终拧起始线和终止线所夹角度是否达到规定值。在螺尾端头和螺母相对位置画线,然后全部卸松螺母,再按规定的初拧扭矩和终拧角度重新拧紧螺,观察与原画线是否重合。终拧转角偏差在 ±30°以内为合格。

终拧转角与螺栓的直径、长度等因素有关,应由试验确定。

扭剪型高强度螺栓终拧检查以目测螺栓尾部梅花头拧断为合格;对于不能用专用扳手拧紧的扭剪型高强度螺栓按大六角头螺栓规定进行终拧质量检查。

(5)其他

①高强度螺栓连接副终拧后,螺栓丝扣外露应为 2 ~3 扣,其中允许有 10% 的螺栓丝扣外露 1 扣或 4 扣。

检验方法:观察检查。

②高强度螺栓连接摩擦面应保持干燥、整洁,不应有飞边、毛刺、焊接飞溅物、焊疤、氧化铁皮、污垢等,除设计要求外摩擦面不应涂漆。

检验方法:观察检查。

③高强度螺栓应自由穿入螺栓孔。高强度螺栓孔不应采用气割扩孔,扩孔数量应征得设计同意,扩孔后的孔径不应超过 $1.2d$(d 为螺栓直径)。

检验方法:观察检查及用卡尺检查。

④螺栓球节点网架、网壳总拼完成后,高强度螺栓与球节点应紧固连接,连接处不应出现有间隙、松动等未拧紧情况。

检验方法:普通扳手、塞尺及观察检查。

▶ 5.3.2 焊缝连接检测

1)焊缝连接及焊接缺陷

焊缝连接是钢结构工程的主要连接形式,其优点是:构造简单,任何形式的构件都可直接相连;用料经济,不削弱截面;制作加工方便,可实现自动化操作;连接的密闭性好,结构刚度大。其缺点是:在焊缝附近的热影响区内,钢材的金相组织发生改变,导致局部材质变脆;焊接残余应力和残余变形使受压构件承载力降低;焊接结构对裂纹很敏感,局部裂纹一旦发生,就容易扩展到整体,故低温冷脆问题较为突出。焊缝有两种受力特性不同的形式,一类是角焊缝,另一类是对接焊缝。

焊缝缺陷是指焊接过程中产生于焊缝金属或附近热影响区钢材表面或内部的缺陷。常见的缺陷有裂纹、焊瘤、烧穿、弧坑、气孔、夹渣、咬边、未熔合、未焊透(图 5.4)以及焊缝尺寸不符合要求、焊缝成形不良等。

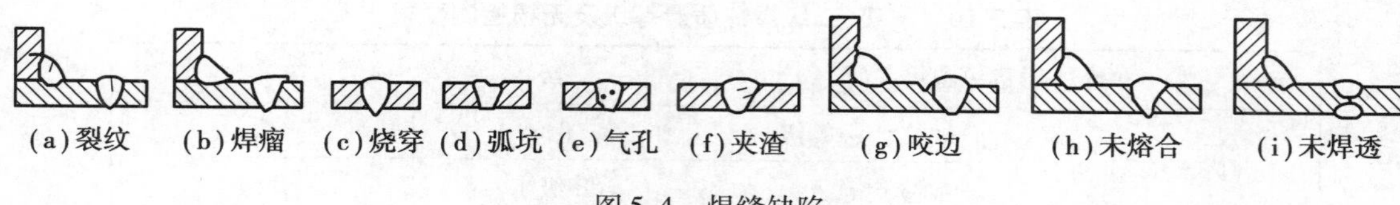

图5.4 焊缝缺陷

(1)焊缝成形不良等

不良的焊缝成形表现在增高过大、焊喉不足、焊脚尺寸不足或过大等。

(2)夹渣

夹渣是指在焊缝金属中残留有熔渣或其他非金属夹杂物。

(3)咬边

咬边往往是由于电流过大、电弧过长、或运条角度不当、焊接位置不当等造成的。咬边处会造成应力集中,降低结构承受动荷载的能力和降低疲劳强度。为避免产生咬边缺陷,在施焊时应正确选择焊接电流和焊接速度,掌握正确的运条方法,采用合适的焊条角度和电弧长度。

(4)焊瘤

焊瘤是指在焊接过程中,熔化金属流沿到焊缝以外未熔化的母材上所形成的金属瘤。焊瘤处常伴随产生未焊透或缩孔等缺陷。

(5)气孔

焊缝表面或内部存在近似圆球或洞形的空穴,称为气孔。焊缝上产生气孔将减小焊缝的有效工作截面,降低焊缝机械性能,破坏焊缝的致密性。连续气孔会导致焊接结构的破坏。

(6)裂纹

裂纹是焊缝连接中最危险的缺陷。根据裂纹发生的时间不同,大致可以将裂纹分为高温裂纹和低温裂纹两大类。

(7)未焊透

未焊透是指焊缝与母材金属之间或焊缝层间的局部未熔合。按其在焊缝中的位置可分为根部未焊透、坡口边缘未焊透和焊透层间未焊透。

未焊透缺陷降低焊缝强度,易引起应力集中,导致裂纹和结构的破坏。防止措施是选择合理的焊接规范,正确选用坡口形式、尺寸、角度和间隙,采用适当的焊接工艺。

2)焊缝的质量等级及检验原则

(1)焊缝质量等级

《钢结构工程施工质量验收标准》(GB 50205)中规定,焊缝质量等级分为一级、二级及三级。焊缝应根据结构的重要性、荷载特性、焊缝形式、工作环境以及应力状态等情况,选用相应的质量等级,焊缝的质量等级一般在设计文件中根据《钢结构设计标准》的相关规定确定。

(2)焊缝的检验等级及缺陷评定等级

《钢结构工程施工质量验收标准》(GB 50205)规定,设计要求的一、二级焊缝应进行内部缺陷的无损检测,超声波探伤不能对缺陷作出判断时,应采用射线探伤。对于不同质量等级的焊缝,采用超声波探伤或者射线探伤时,应遵守表5.10中的无损检测要求。

表 5.10　一级、二级焊缝质量等级及无损检测要求

焊缝质量等级		一级	二级
内部缺陷 超声波探伤	缺陷评定等级	Ⅱ	Ⅲ
	检验等级	B 级	B 级
	检测比例	100%	20%
内部缺陷 射线探伤	缺陷评定等级	Ⅱ	Ⅲ
	检验等级	B 级	B 级
	检测比例	100%	20%

注:二级焊缝检测比例的计数方法应按以下原则确定:工厂制作焊缝按照焊缝长度计算百分比,且探伤长度不小于 200 mm;当焊缝长度小于 200 mm 时,应对整条焊缝探伤;现场安装焊缝应按照同一类型、同一施焊条件的焊缝条数计算百分比,且不应少于 3 条焊缝。

焊缝的质量等级根据焊缝的受力特征,一般在设计文件中明确;焊缝的检验等级及缺陷评定等级分别对焊缝在检测过程中的操作细则及合格标准等提出具体规定,应注意上述三者之间的区别及联系。

(3)焊缝的检验内容及原则

焊缝的现场检测包括:外观质量及外形尺寸检测、表面缺陷检测(磁粉或渗透)、焊缝内部缺陷检测(超声波或射线)。必要时,可现场取样后进行力学性能检测。

外观及外形尺寸检测应在焊缝冷却到环境温度后方可进行,无损检测应在外观检测合格后进行;设计有规定或者外观质量存疑时,尚应采用磁粉或者渗透法进行焊缝表面缺陷检测。

3)外观质量及外形尺寸检测

①T 形接头、十字接头、角接接头等要求焊透的对接和角对接组合焊缝,其加强焊脚尺寸不应小于 $t/4$(图 5.5);设计有疲劳验算要求的吊车梁或类似构件的腹板与上翼缘连接焊缝的焊脚尺寸 h_k 为 $t/2$,且不大于 10 mm,其允许偏差为 0 ~ 4 mm。

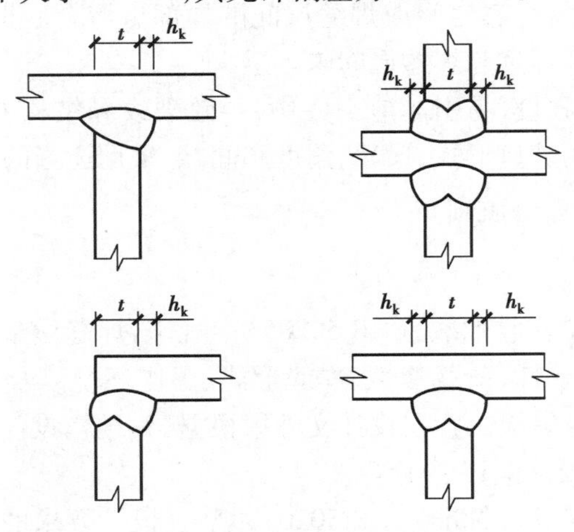

图 5.5　对接和角接组合焊缝

检验方法:观察检查,用焊缝量规抽查测量。

②焊缝的外观质量缺陷包括裂纹、焊瘤、气孔、夹渣、弧坑裂纹、电弧擦伤等,应区分结构是否有疲劳验算要求,按照《钢结构工程施工质量验收标准》(GB 50205)的相关规定进行检查。无疲劳计算要求的钢结构焊缝外观质量要求见表 5.11,有疲劳计算要求的钢结构焊缝外观质量要求见表 5.12。

检验方法:观察检查或使用放大镜、焊缝量规和钢尺检查,当有疲劳验算要求时,采用渗透或磁粉探伤检查。

表 5.11　无疲劳计算要求的钢结构焊缝外观质量要求

检验项目	焊缝质量等级		
	一级	二级	三级
裂纹	不允许	不允许	不允许
未焊满	不允许	≤0.2 mm +0.02t 且≤1 mm,每 100 mm 长度焊缝内未焊满累积长度≤25 mm	≤0.2 mm +0.04t 且≤2 mm,每 100 mm长度焊缝内未焊满累积长度≤25 mm
根部收缩	不允许	≤0.2 mm +0.02t 且≤1 mm,长度不限	≤0.2 mm +0.04t 且≤2 mm,长度不限
咬边	不允许	≤0.05t 且≤0.5 mm,连续长度≤100 mm,且焊缝两侧咬边总长≤10% 焊缝全长	≤0.1t 且≤1 mm,长度不限
电弧擦伤	不允许	不允许	允许存在个别电弧擦伤
接头不良	不允许	缺口深度≤0.05t 且≤0.5 mm,每 1 000 mm 长度焊缝内不得超过 1 处	缺口深度≤0.1t 且≤1 mm,每 1 000 mm长度焊缝内不得超过 1 处
表面气孔	不允许	不允许	每 50 mm 长度焊缝内允许存在直径<0.4t 且≤3 mm 的气孔 2 个,孔距应≥6 倍孔径
表面夹渣	不允许	不允许	深≤0.2t,长≤0.5t 且≤20 mm

注:t 为接头较薄件母材厚度。

表 5.12　有疲劳计算要求的钢结构焊缝外观质量要求

检验项目	焊缝质量等级		
	一级	二级	三级
裂纹	不允许	不允许	不允许
未焊满	不允许	不允许	≤0.2 mm +0.02t 且≤1 mm,每 100 mm 长度焊缝内未焊满累积长度≤25 mm
根部收缩	不允许	不允许	≤0.2 mm +0.02t 且≤1 mm,长度不限
咬边	不允许	≤0.05t 且≤0.3 mm,连续长度≤100 mm,且焊缝两侧咬边总长≤10% 焊缝全长	≤0.0t 且≤0.5 mm,长度不限
电弧擦伤	不允许	不允许	允许存在个别电弧擦伤

续表

检验项目	焊缝质量等级		
	一级	二级	三级
接头不良	不允许	不允许	缺口深度≤$0.05t$且≤0.5 mm,每1 000 mm长度焊缝内不得超过1处
表面气孔	不允许	不允许	直径小于1.0 mm,每米不多于3个,间距不小于20 mm
表面夹渣	不允许	不允许	深≤$0.2t$,长≤$0.5t$且≤20 mm

注:t为接头较薄件母材厚度。

③焊缝应区分结构是否有疲劳验算要求,按照《钢结构工程施工质量验收标准》(GB 50205)的相关规定,对其外观尺寸进行检查。外观尺寸允许偏差应符合表5.13、表5.14的规定。

检验方法:用焊缝量规检查。

表5.13 无疲劳计算要求的钢结构对接焊缝与角焊缝外观尺寸允许偏差 单位:mm

序号	项目	示意图	外观尺寸允许偏差	
			一级、二级	三级
1	对接焊缝余高C	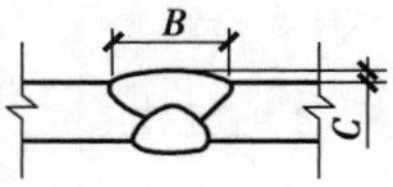 B C	$B<20$时,C为0~3.0;$B\geq20$时,C为0~4.0	$B<20$时,C为0~3.5;$B\geq20$时,C为0~5.0
2	对接焊缝错边Δ	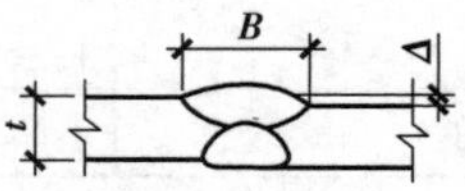 B Δ t	$\Delta<0.1t$,且≤2.0	$\Delta<0.15t$,且≤3.0
3	角焊缝余高C	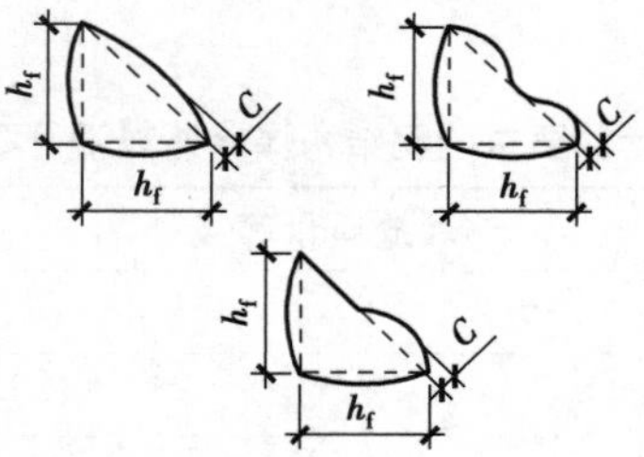 h_f C	$h_f\leq6$时,C为0~1.5;$h_f>6$时,C为0~3.0	
4	对接和角接组合焊缝余高C	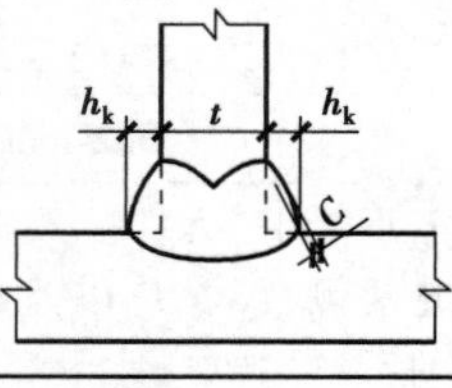 h_k t C	$h_k\leq6$时,C为0~1.5;$h_k>6$时,C为0~3.0	

注:B为焊缝宽度;t为对接接头较薄件母材厚度。

表 5.14 有疲劳计算要求的钢结构焊缝外观尺寸允许偏差

项目	焊缝种类	外观尺寸允许偏差
焊脚尺寸	对接与角接组合焊缝 h_k	0 +2.0 mm
	角焊缝 h_f	−1.0 mm +2.0 mm
	手工焊角焊缝 h_f(全长的 10%)	−1.0 mm +3.0 mm
焊缝高低差	角焊缝	≤2.0 mm(任意 25 mm 范围高低差)
余高	对接焊缝	≤2.0 mm(焊缝宽 b≤20 mm)
		≤3.0 mm(b>20 mm)
余高铲磨后表面	横向对接焊缝	表面不低于母材 0.3 mm
		表面不高于母材 0.5 mm
		粗糙度 50 μm

4)表面及近表面缺陷检测

若存在下列情况之一,应进行表面缺陷检测:①设计文件要求应进行表面检测时;②外观检测发现裂纹时,应对该批中同类焊缝进行 100% 的表面检测;③外观检测怀疑有裂纹缺陷时,应对怀疑的部位进行表面检测;④检测人员认为有必要时。

焊缝或者铁磁性材料一般采用磁粉或者渗透法检测表明缺陷,其中铁磁性材料应采用磁粉检测表面缺陷,不能使用磁粉检测时,应采用渗透检测。

磁粉检测应符合现行《焊缝无损检测 磁粉检测》(GB/T 26951)的有关规定,合格标准应符合现行《焊缝无损检测 焊缝磁粉检测验收等级》(GB/T 26952)及相关规范中对焊缝外观及表面质量的规定。

渗透检测应符合现行《无损检测 渗透检测 第 1 部分:总则》(GB/T 18851.1)的有关规定,合格标准应符现行《焊缝无损检测 焊缝渗透检测验收等级》(GB/T 26953)及相关规范中对焊缝外观及表面质量的规定。

(1)磁粉检测方法

磁粉检测主要用于检测焊缝及铁磁性材料(包括铁、镍、钴等)表面上或近表面的裂纹以及其他缺陷。磁粉检测对表面缺陷最灵敏,但对于表面以下的缺陷,随着埋藏深度的增加,检测灵敏度迅速下降。由于磁粉检测方法用于检测磁性材料的表面缺陷,比采用超声波或射线检测的灵敏度高,而且操作简便、结果可靠、价格便宜,因此它被广泛用于磁性材料表面和近表面缺陷的检测。

磁粉检测的原理是:当工件被磁化后,如果表面或近表面存在裂纹、冷隔等缺陷,便会在该处形成一漏磁场。施加磁粉后,漏磁场将吸引磁粉,而形成缺陷显示。如果在铁磁性材料上存在非磁性层，只要其厚度不超过 50 μm，则对磁粉检测灵敏度影响很小。对于非磁性材料，如有色金属、奥氏体不锈钢、非金属材料等，不能采用磁粉检测方法。铁磁性材料是指碳素结构钢、低合金结构钢、沉淀硬化钢和电工钢等，而铝、镁、铜、钛及其合金和奥氏体不锈钢，以及用奥氏体钢焊条焊接的焊缝都不能用磁粉检测，熔焊焊缝的内部缺陷不能用磁粉检测。

磁粉检测首先是对工件加外磁场进行磁化。外加磁场的获得一般有两种方法，一种是直接给被检工件通电流产生磁场；另一种是把工件放在螺旋管线圈磁场中，或是放在电磁铁产生的磁场中使工件磁化。待工件被磁化后，在工件表面上均匀喷洒微颗粒的磁粉，若工件没有缺陷，则磁粉在表面均匀分布；如果存在缺陷，由于缺陷（如裂纹、气孔、非金属夹杂物等）内含有空气或非金属，其磁导率远小于工件，导致磁阻变化，工件表面或近表面缺陷处产生漏磁场，形成小磁极，缺陷处由于堆积较多的磁粉而被显示出来，形成肉眼可以看到的缺陷图像。为了使磁粉图像便于观察，可以采用与被检工件表面有较大反衬颜色的磁粉，常用的磁粉有黑色、红色和白色。为提高检测灵敏度，还可以采用荧光磁粉，在紫外线照射下更容易观察到工件中缺陷的存在。

磁粉检测又分干法和湿法两种，通常干法检测所用的磁粉原粒较大，所以检测灵敏度较低；湿法流动性好，可采用比干法更加细的磁粉，使磁粉更易于被微小的漏磁场所吸附，比干法的检测灵敏度高。因此，钢结构中磁粉检测采用湿法。

①磁粉检测步骤。

磁粉检测应按照预处理、磁化、施加磁悬液、磁痕观察与记录、后处理等步骤进行。

预处理应符合下列要求：a. 应对试件探伤面进行清理，清除检测区域内试件上的附着物（油漆、油脂、涂料、焊接飞浅、氧化皮等）。b. 在对焊缝进行磁粉检测时，清理区域应由焊缝向两侧母材方向各延伸 20 mm 的范围。c. 根据工件表面的状况及试件使用要求，选用油剂载液或水剂载液。d. 根据现场条件、灵敏度要求，确定用非荧光磁粉或荧光磁粉。e. 根据被测试件的形状、尺寸选定磁化方法。

磁化应符合下列规定：a. 磁化时，磁场方向宜与探测的缺陷方向垂直，与探伤面平行。b. 当无法确定缺陷方向或有多个方向的缺陷时，应采用旋转磁场或采用两次不同方向的磁化方法。采用两次不同方向的磁化时，两次磁化方向间应垂直。c. 检测时，应先放置灵敏度试片在试件表面，检验磁场强度和方向以及操作方法是否正确。d. 用磁轭检测时，应有覆盖区，磁轭每次移动的覆盖部分应为 10 ~ 20 mm；用触头法检测时，每次磁化的长度宜为 75 ~ 200 mm。e. 检测过程中，应保持触头端干净，触头与被检表面接触应良好，电极下宜采用衬垫。f. 探伤装置在被检部位放稳后方可接通电源，移去时应先断开电源。

在施加磁悬液时，可先喷洒一遍磁悬液使被测部位表面湿润，在磁化时再次喷洒磁悬液。磁悬液宜喷洒在行进方向的前方。磁化应一直持续到磁粉施加完成为止，形成的磁痕不应被流动的液体所破坏。

磁痕观察与记录应按下列要求进行：a. 磁痕的观察应在磁悬液施加形成磁痕后立即进行。b. 采用非荧光磁粉时，应在能清楚识别磁痕的自然光或灯光下进行观察（观察面亮度应大于 500 lx）。c. 采用荧光磁粉时，应使用符合《钢结构现场检测技术标准》（GB/T 50621—2010）第 5.2.8 条规定的黑光灯装置，并应在能识别荧光磁痕的亮度下进行观察（观察面亮度应小于 20 lx）。d. 应对磁痕进行分析判断，区分缺陷磁痕和非缺陷磁痕。可采用照相、绘图等方法记录缺陷的磁痕。

检测完成后,应按下列要求进行后处理:a. 被测试件因剩磁而影响使用时,应及时进行退磁。b. 对被测部位表面应清除磁粉,并清洗干净,必要时应进行防锈处理。

②检测结果评价。

磁粉检测可允许有线性缺陷和圆形缺陷存在。当缺陷磁痕为裂纹缺陷时,应直接评定为不合格。评定为不合格时,应对其进行返修,返修后应进行复检。返修复检部位应在检测报告的检测结果中标明。检测后应填写检测记录。

(2)渗透检测方法

渗透检测是利用毛细管作用原理检测材料表面开口性缺陷的无损检测方法。渗透探伤原理是:将含有染料的渗透液涂敷在被检焊件表面,利用液体的毛细作用,使其渗入表面开口缺陷中,然后去除表面多余渗透液,干燥后施加显像剂,将缺陷中的渗透液吸附到焊件表面上来,通过观察缺陷显示迹痕来进行焊接结构表面开口缺陷的质量评定。其基本步骤如图 5.6 所示。

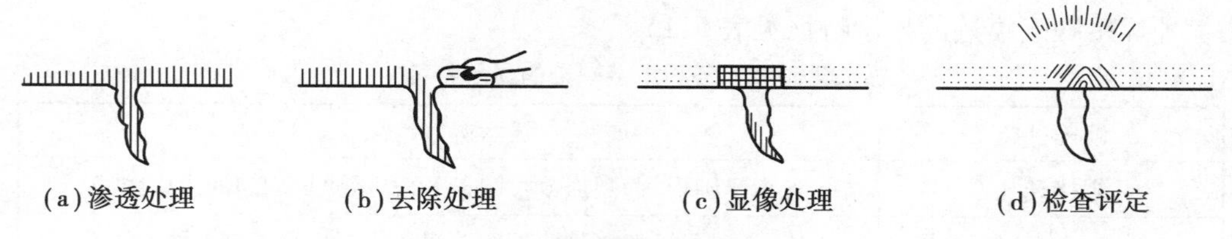

图 5.6　渗透检测步骤

适用于钢结构焊缝表面开口性缺陷的检测,也可用于钢结构原材料(含钢材、不锈钢材料和有色金属材料)表面开口性缺陷的检测。

渗透检测可同时检出不同方向的各类表面缺陷,但是不能检出非表面缺陷以及用于多孔材料的检测。渗透检测的效果主要与各种试剂的性能、工件表面光洁度、缺陷的种类、检测温度以及各工序操作经验水平有关。渗透检测方法主要分为着色渗透检测和荧光渗透检测两大类,这两类方法的原理和操作过程相同,只是渗透和显示方法有所区别。

①渗透检测步骤。

渗透检测应按照预处理、施加渗透剂、去除多余渗透剂、干燥、施加显像剂、观察与记录、后处理等步骤进行。

预处理应符合下列规定:a. 应对检测面上的铁锈、氧化皮、焊接飞溅物、油污以及涂料进行清理,清理从检测部位边缘向外扩展 30 m 的范围。b. 机加工检测面的表面粗糙度(Ra)不宜大于 12.5 μm,非机械加工面的粗糙度不得影响检测结果。c. 应对清理完毕的检测面进行清洗。d. 检测面充分干燥后,方可施加渗透剂。

施加渗透剂时,可采用喷涂、刷涂等方法,使被检测部位完全被渗透剂所覆盖。在环境及工件温度为 10 ~50 ℃的条件下,保持湿润状态不应少于 10 min。

去除多余渗透剂时,可先用无绒洁净布进行擦拭。在擦除检测面上大部分多余的渗透剂后,再用蘸有清洗剂的纸巾或布在检测面上朝一个方向擦洗,直至将检测面上残留渗透剂全部擦净。

清洗处理后的检测面,经自然干燥或用布、纸擦干或用压缩空气吹干。干燥时间宜控制在5~10 min。

宜使用喷罐型的快干湿式显像剂进行显像,使用前应充分摇动。喷嘴宜控制在距检测面300~400 mm处进行喷涂,喷涂方向宜与被检测面成30°~40°的夹角。喷涂应薄而均匀,不应在同一处多次喷涂,不得将湿式显像剂倾倒至被检面上。

迹痕观察与记录应按下列要求进行:a.施加显像剂后宜停留7~30 min后,方可在光线充足的条件下观察迹痕显示情况。b.当检测面较大时,可分区域检测;对细小迹痕,可用5~10倍放大镜进行观察。c.缺陷的迹痕可采用照相、绘图、粘贴等方法记录。

检测完成后,应将检测面清理干净。

②检测结果的评价。

焊缝质量应根据缺陷痕迹的类型、迹痕的尺寸、显示迹痕的分布及间距、缺陷性质等,按照现行国家标准《焊缝无损检测 焊缝渗透检测验收等级》(GB/T 26953)及相关规范中对焊缝外观及表面质量的规定评定。渗透检测可允许有线性缺陷和圆形缺陷存在。当缺陷迹痕为裂纹缺陷时,应直接评定为不合格。

各种焊接缺陷痕迹的显示特征见表5.15。

表5.15 各种焊接缺陷的显示特征

缺陷种类		显示迹痕特征
焊接气孔		显示呈圆形、椭圆形或长圆条形,显示比较均匀的边缘减淡
焊接裂纹	热裂纹	显示一般略带曲折的波浪状或锯齿状的细条纹
	冷裂纹	显示一般呈直线细条纹
	火口裂纹	显示呈星状或锯齿状条纹
未焊透		呈一条连续或断续直线条纹
未熔合		呈直线状或椭圆形条纹
夹渣		缺陷显示不规则,形状多样且深浅不一

5)超声波检测

(1)超声波探伤原理

超声波是指频率高于20 kHz、人耳听不见的声波。金属探伤使用的超声波的频率一般在1~5 MHz。超声波探伤根据探伤原理、显示方式、波的类型不同,有各种不同的方法,其中在探伤中应用最广的是脉冲反射法。其基本原理是:超声波探头将电脉冲转换成声脉冲(机械振动),声脉冲借助于声耦合介质传入金属中。如果在金属中存在缺陷,则发送的超声波信号的一部分就会在缺陷处被反射回来,返回到探头。再次用探头接收该超声波且将声脉冲信号转换为电脉冲,测量该信号的幅度及其传播时间,就可评定工作中该缺陷的严重程度及其位置。

经常用于焊缝探伤的A型脉冲反射式垂直探伤和斜角探伤的原理如图5.7所示。在斜角探伤中,从事先测定的折射角及在探伤仪显示屏读取的至缺陷的超声波的传播距离(声程),就可按几何学原理计算出缺陷的位置。

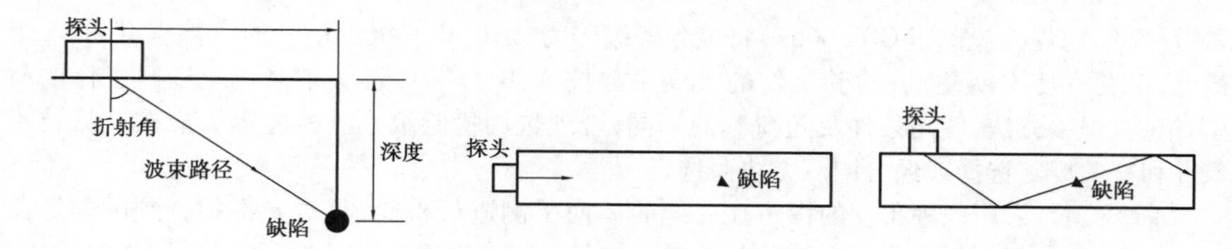

图 5.7 超声波探伤原理

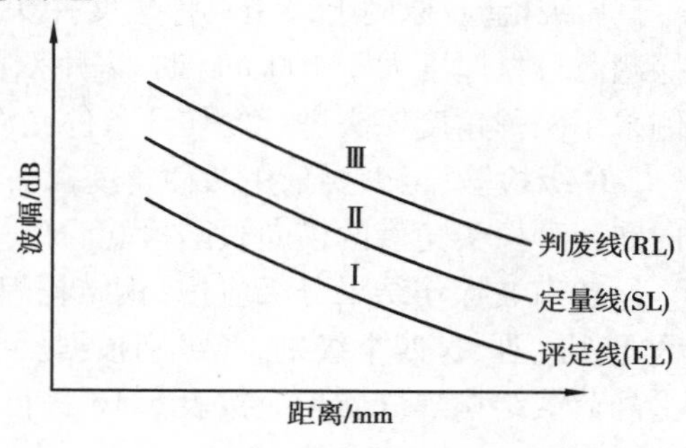

图 5.8 距离-波幅(DAC)曲线示意图

采用超声波法探测焊缝内部缺陷时,需根据时基线、探伤灵敏度和距离-波幅(DAC)曲线来对缺陷进行评定。其中,DAC 曲线由判废线 RL、定量线 SL 和评定线 EL 组成,如图 5.8 所示。EL 线与 SL 线之间称为Ⅰ区,即弱信号评定区;SL 线与 RL 线之间称为Ⅱ区,即长度评定区;RL 线及以上称为Ⅲ区,即判废区。

(2)超声波探伤设备

超声探伤设备和器材包括超声波检测仪、探头、试块、耦合剂和机械扫查装置等。由这些设备组成一个综合的超声检测系统,系统的总体性能不仅受到各个分设备的影响,还在很大程度上取决于它们之间的配合。其中,超声检测仪和探头对超声检测系统的性能起着关键性的作用,它们是产生超声波并对经材料中传播后的超声波信号进行接收、处理、显示的部分。

超声波检测仪的作用是产生电振荡并加于换能器——探头,激励探头发射超声波,同时将探头送回的电信号进行放大处理后以一定方式显示出来,从而得到被探测工件内部有无缺陷及缺陷的位置和大小等信息。脉冲式检测仪按回波信号的显示方式又可分为 A 型显示、B 型显示和 C 型显示三种类型。模拟式和数字式 A 型脉冲反射式超声波检测仪在工程实际中应用最为广泛,其型号有 CTS-22、CTS-21、JTS-5、CST-3 等。A 型显示是一种波形显示,屏幕的横坐标代表声波的传播时间(或距离),纵坐标代表反射波的声压幅度。可以认为该方式显示的是沿探头发射声束方向上一条线上的不同点的回波信息。

超声波探头的作用。超声波探头用于实现声能和电能的互相转换,它是利用压电晶体的正、逆压电效应进行换能的。超声波检测中,由于被探测工件的形状和材质、探测的目的、探测的条件不同,因而要使用各种不同形式的探头,其中最常用的是接触式纵波直探头、接触式横波斜探头、双晶探头、水浸探头与聚焦探头等。一般横波斜探头的晶片为方形,纵波直探头的晶片为圆形,而聚焦声源的圆形晶片为声透镜。

为了保证检测结果的准确性与重复性、可比性,必须用一个具有已知固定特性的试样(试块)对检测系统进行校准。这种按一定的用途设计制作的、具有简单形状人工反射体的试件,即称为试块。超声检测用试块通常分为两种类型,即标准试块(校准试块)和对比试块(参考试块)。

(3)超声波检测的检验等级及缺陷评定等级

《钢结构工程施工质量验收标准》(GB 50205)中规定:设计要求的一、二级焊缝,应采用超声波探伤进行内部缺陷的检验。相应的检验等级及缺陷评定等级见表 5.10。

《钢结构焊接规范》(GB 50661)将检验等级分为A、B、C三级。检验的完善程度为:A级最低,B级一般,C级更高;检验工作的难度系数按A、B、C顺序逐级增高。应按照工作的材质、结构、焊接方法、使用条件及随荷载的不同,合理选用检验级别。检验等级应按产品技术条件和有关规定选择或经合同双方协商选定。

A级检验:采用一种角度的探头在焊缝的单面单侧进行检验,只对允许扫查到的焊缝截面进行探测,一般不要求做横向缺陷的检验。当母材厚度大于50 mm时,不得采用A级检验。

B级检验:原则上采用一种角度探头在焊缝的单面双侧进行检验,对整个焊接截面进行探测。母材厚度大于100 mm时,采用双而双侧检验。受几何条件限制的,可在焊缝的双面单侧采用两种角度探头进行探伤。条件允许时应做横向缺陷的检验。

C级检验:至少要采用两种角度探头在焊缝的单面双侧进行检验。同时要做两个扫查方向和两种探头角度的横向缺陷检验。母材厚度大于100 mm时,采用双面双侧检验。

超声波探伤结果分级应按《钢结构焊接规范》(GB 50661)的规定进行。焊缝内部缺陷分为Ⅰ、Ⅱ、Ⅲ、Ⅳ四个级别,各级别根据反射波位于DAC曲线图上的区域及缺陷性质判定。承受静荷载结构焊缝质量应按表5.16进行评定,需验算疲劳结构焊缝质量应按照表5.17进行评定。

表5.16 超声波检测缺欠等级评定(静载)

评定等级	检验等级		
	A	B	C
	板厚 t(mm)		
	3.5～50	3.5～150	3.5～150
Ⅰ	$2t/3$;最小 8 mm	$t/3$;最小 6 mm 最大 40 mm	$t/3$;最小 6 mm 最大 40 mm
Ⅱ	$3t/4$;最小 8 mm	$2t/3$;最小 8 mm 最大 70 mm	$2t/3$;最小 8 mm 最大 50 mm
Ⅲ	$<t$;最小 16 mm	$3t/4$;最小 12 mm 最大 90 mm	$3t/4$;最小 12 mm 最大 75 mm
Ⅳ	超过Ⅲ级者		

表5.17 超声波检测缺欠等级评定(需验算疲劳结构)

焊缝质量等级	板厚 t(mm)	单个缺陷指示长度	多个缺陷的累计指示长度
对接焊缝一级	$10\leqslant t\leqslant 80$	$t/4$,最小可为 8 mm	在任意 $9t$,焊缝长度范围不超过 t
对接焊缝二级	$10\leqslant t\leqslant 80$	$t/2$,最小可为 10 mm	在任意 $4.5t$ 焊缝长度范围不超过 t
全焊透对接、角接组合焊缝一级	$10\leqslant t\leqslant 80$	$t/3$,最小可为 10 mm	/
角焊缝二级	$10\leqslant t\leqslant 80$	$t/2$,最小可为 10 mm	/

注:①母材板厚不同时,按较薄板评定;

②缺陷指示长度小于8 mm时,按5 mm计。

焊缝超声波探伤的目的就是检出缺陷，并对缺陷进行定量与定位。缺陷定量即测量缺陷的波幅和指示长度。缺陷的波幅通常用缺陷最大反射波幅来表示，一般以波峰所在区域表示为 SL + ndB。缺陷的指示长度有多种测量方法，但在工程中一般采用6 dB 法或端点峰值法测长。当缺陷反射波只有一个高点或高点起伏小于4 dB 时，采用6 dB 法（或称半波高法）；当缺陷反射波峰起伏变化含有多个高点时，采用端点峰值法测长。

缺陷的评级应根据缺陷的波高及尺寸、缺陷所处的位置及对缺陷性质的判断来确定。由于超声波探伤对缺陷的显示不直观，不同性质的缺陷与其反射回波的对应性有时也不好，正确的判断往往需要丰富的经验。尤其在钢结构焊缝探伤中，由于受探伤条件的限制，对缺陷的定性困难较大。但由于裂纹、未熔合危害性大，当缺陷信号超过评定线时和怀疑该缺陷是裂纹或未熔合时，应改变探头角度，增加探测面观察动态波形，并结合结构特点、焊接工艺及缺陷的位置等做出判定或补充以其他检测方法做出综合判定。

6）射线探伤

（1）射线探伤原理

射线探伤可分别采用 X、γ 两种射线。当射线通过金属材料时，部分能量被吸收，使射线发生衰减，如果透过金属材料的厚度不同（如存在裂纹、气孔、未焊透等缺陷，该处发生空穴，使材料变薄）或体积质量不同（如夹渣）时，产生的衰减也不同。透过较厚或体积质量较大的物体时衰减大，因此射到底片上的强度就较弱，底片的感光度就较小，经过显影后得到的黑度就浅；反之，黑度就深。根据底片上黑度深浅不同的影像，就能将缺陷清楚地显示出来。γ 射线的穿透能力比 X 射线强，适合于透视厚度大于50 mm 的焊件。射线探伤常见焊接缺陷的影像特征见表5.18。

表5.18　射线探伤焊接缺陷影像特征

缺陷种类	缺陷影像特征	产生原因
气孔	多数为圆形、椭圆形黑点，其中心处黑度较大，也有针状、柱状气孔。其分布情况不一，有密集的，也有单个和链状的	（1）焊条受潮； （2）焊接处有锈、油污等； （3）焊接速度太快或电弧过长； （4）母材坡口处存在夹层； （5）自动焊产生明弧现象
夹渣	形状不规则，有点、条块等，黑度不均匀。一般条状夹渣都与焊缝平行，或与未焊透未熔合混合出现	（1）运条不当，焊接电流过小，坡口角度过小； （2）焊件上留有锈及焊条药皮的性能不当等； （3）多层焊时，层间清渣不彻底
未焊透	在底片上呈现规则的甚至直线状的黑色线条，常伴有气孔或夹渣。在 V 形坡口的焊缝中，根部未焊透都出现在焊缝中间，K 形坡口则偏离焊缝中心	（1）间隙太小； （2）焊接电流和电压不当； （3）焊接速度过快； （4）坡口不正常等
未熔合	坡口未熔合影像一般一侧平直另一侧有弯曲，黑度淡而均匀，时常伴有夹渣。层间未熔合影像不规则，且不易分辨	（1）坡口不够清洁； （2）坡口几何尺寸不当； （3）焊接电流电压小； （4）焊条直径或种类不对

续表

缺陷种类	缺陷影像特征	产生原因
裂纹	一般呈直线或略带锯齿状的细纹，轮廓分明，两端尖细，中部稍宽，有时呈现树枝状影像	(1)母材与焊接材料成分不当； (2)焊接热处理不当； (3)应力太大或应力集中； (4)焊接工艺不正确
夹钨	在底片上呈现圆形或不规则的亮斑点，且轮廓清晰	采用钨极气体保护焊时，钨极爆裂或熔化的钨粒进入焊缝金属

(2)照相质量等级和焊缝内部质量等级

《钢结构焊接规范》(GB 50661)规定：采用射线探伤时，射线照相的质量等级应符合 A、B 级的要求，一级焊缝评定合格等级应为Ⅱ级及Ⅱ级以上，二级焊缝评定合格等级应为Ⅲ级及Ⅲ级以上。

5.4 钢结构涂装检测

5.4.1 防腐涂装检测

钢结构防腐涂装工程的现场检测主要包含涂装前的钢材表面除锈质量检测、涂层厚度检测、涂层外观质量检测等。

1)涂装前的钢材表面除锈质量检测

涂装前钢材表面除锈应符合设计要求和国家现行有关标准的规定，见表 5.19。处理后的钢材表面不应有焊渣、焊疤、灰尘、油污、水和毛刺等。当设计无要求时，钢材表面除锈等级应符合《钢结构工程施工质量验收规范》的规定。

钢材表面除锈质量检测用铲刀检查和用现行国家标准《涂装前钢材表面锈蚀等级和除锈等级》(GB/T 8923.1)规定的图进行对照观察检查。

表 5.19 钢材表面除锈等级

涂料品种	除锈等级
油性酚醛、醇酸等底漆或防锈漆	St3
高氯化聚乙烯、氯化橡胶、氯磺化聚乙烯、环氧树脂、聚氨酯等底漆或防锈漆性酚醛、醇酸等底漆或防锈漆	Sa2 1/2
无机富锌、有机硅、过氯乙烯等底漆	Sa2 1/2

2)涂层厚度检测

防腐涂层厚度检测一般采用数字式测厚仪。涂料、涂装遍数、涂层厚度均应符合设计要求。当设计对涂层厚度无要求时，涂层干漆膜总厚度：室外应为 150 μm，室内应为 125 μm，其

允许偏差为 -25 μm。

采用干漆膜测厚仪检查时,每遍涂层干漆膜厚度的允许偏差为 -5 μm。按构件数抽查10%,且同类构件不应少于3件。每个构件检测5处,每处的数值为3个相距50 mm 测点涂层干漆膜厚度的平均值。

3)涂层外观质量检测

防腐涂装工程完成后,应采用目测观察的检查方法对涂装工程的外观质量进行检测。构件表面不应误涂、漏涂,涂层不应脱皮和返锈等,涂层应均匀,无明显皱皮、流坠、针眼和气泡等。

► 5.4.2 防火涂装检测

钢结构防火涂装工程的检测主要包含涂装前的钢材表面除锈质量及防锈底漆涂装检测、涂层厚度检测、涂层外观质量。

1)钢材表面除锈质量及防锈底漆涂装检测

防火涂料涂装前钢材表面除锈及防锈底漆涂装应符合设计要求和国家现行有关标准的规定。表面除锈用铲刀检查和用现行国家标准《涂装前钢材表面锈蚀等级和除锈等级》规定的图片对照观察检查;底漆涂装用干漆膜测厚仪检查,每个构件检测5处,每处数值为3个相距50 mm 测点涂层干漆膜厚度的平均值。

2)涂层厚度检测

薄涂型防火涂料的涂层厚度及隔热性能应符合有关耐火极限的设计要求。厚涂型防火涂料涂层的厚度,80%及以上面积应符合有关耐火极限的设计要求,且最薄处厚度不应低于设计要求的85%。按同类构件数抽查10%,且均不应少于3件。涂层厚度用涂层厚度测量仪、测针和钢尺检查。测量方法应符合国家现行标准《钢结构防火涂料应用技术规程》的规定及《钢结构施工质量验收标准》附录E的要求。

测针与测试图:测针(厚度测量仪)由针杆和可滑动的圆盘组成,圆盘始终保持与针杆垂直,并在其上装有固定装置,圆盘直径不大于30 mm,以保证完全接触被测试件的表面。如果厚度测量仪不易插入被插材料中,也可使用其他适宜的方法测试。测试时,将测厚探针垂直插入防火涂层直至钢基材表面上,记录标尺读数。

①楼板和防火墙的防火涂层厚度测定,可选两相邻纵、横轴线相交中的面积为一个单元,在其对角线上,按每米长度选一点进行测试。

②全钢框架结构的梁和柱的防火涂层厚度测定,在构件长度内每隔3 m 取一截面,按图5.8所示位置测试。

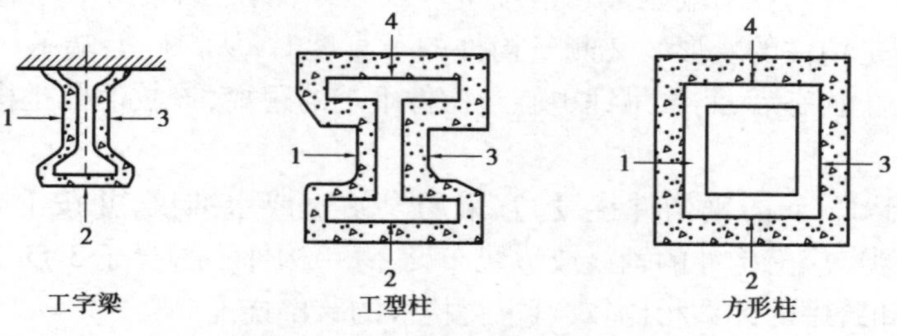

图5.9 防火涂层厚度测点示意图

③桁架结构,上弦和下弦按第2条的规定每隔3 m取一截面检测,其他腹杆每根取一截面检测。

④对于楼板和墙面,在所选择的面积中,至少测出5个点;对于梁和柱在所选择的位置中,分别测出6个和8个点。分别计算出它们的平均值,精确到0.5 mm。

3)涂层外观质量检测

涂层的表面裂纹采用观察或尺量。薄涂型防火涂料涂层表面裂纹宽度不应大于0.5 mm;厚涂型防火涂料涂层表面裂纹宽度不应大于1 mm。按同类构件数抽查10%,且均不应少于3件。检验方法:观察和用尺量检查。

涂层的外观质量采用目测观察。防火涂料涂装基层不应有油污、灰尘和泥砂等污垢;防火涂料不应有误涂、漏涂;涂层应闭合,无脱层、空鼓、明显凹陷、粉化松散和浮浆等外观缺陷,乳突已剔除。

5.5 其　他

▶ 5.5.1 变形检测

钢结构变形检测可分为结构整体垂直度、整体平面弯曲以及构件垂直度、弯曲变形、跨中挠度等项目。

在对钢结构或构件变形进行检测前,宜先清除饰面层;若构件各测试点饰面层厚度接近,且不明显影响评定结果,可不清除饰面层。

1)检测设备

钢结构或构件变形的测量可采用水准仪、经纬仪、激光垂准仪或全站仪等仪器。

用于钢结构或构件变形的测量仪器及其精度宜符合现行行业标准《建筑变形测量规范》(JGJ 8)的有关规定,变形测量级别可按三级考虑。

2)检测技术

应以设置辅助基准线的方法,测量结构或构件的变形;对变截面构件和有预起拱的结构或构件,尚应考虑其初始位置的影响。

测量尺寸不大于6 m的钢构件变形,可用拉线、吊线锤的方法,并应符合下列规定:①测量构件弯曲变形时,从构件两端拉紧一根细钢丝或细线,然后测量跨中位置构件与拉线之间的距离,该数值即是构件的变形。②测量构件的垂直度时,从构件上端吊一线锤直至构件下端,待线锤处于静止状态后,测量吊锤中心与构件下端的距离,该数值即是构件的顶端侧向水平位移。

测量跨度大于15 m的钢构件挠度,宜采用全站仪或水准仪,并按下列方法进行检测:①钢构件挠度观测点应沿构件的轴线或边线布设,每一构件不得少于3点。②将全站仪或水准仪测得的两端和跨中的读数相比较,可求得构件的跨中挠度。

钢网架结构总拼完成后及屋面工程完成后的挠度值检测:对跨度24 m及以下钢网架结

构,测量下弦中央一点;对跨度24 m以上钢网架结构,测量下弦中央一点及各向下弦跨度的四等分点。

尺寸大于6 m的钢构件垂直度、侧向弯曲矢高以及钢结构整体垂直度与整体平面弯曲,宜采用全站仪或经纬仪检测。可用计算测点间的相对位置差的方法来计算垂直度或弯曲度,也可采用通过仪器引出基准线,放置量尺直接读取数值的方法。

当测量结构或构件垂直度时,仪器应架设在与倾斜方向成正交的方向线上,且宜在距被测目标1~2倍目标高度的位置。

钢构件、钢结构安装主体垂直度检测,应测量钢构件、钢结构安装主体顶部相对于底部的水平位移与高差,并分别计算垂直度及倾斜方向。

当用全站仪检测,且现场光线不佳、起灰尘、有振动时,应用其他仪器对全站仪的测量结果进行对比判断。

3)检测结果的评价

在建钢结构或构件变形应符合设计要求和现行《钢结构工程施工质量验收规范》《钢结构设计标准》等的有关规定。

既有钢结构或构件变形应符合现行《民用建筑可靠性鉴定标准》《工业建筑可靠性鉴定标准》等的有关规定。

▶ 5.5.2 钢材腐蚀检测

构件腐蚀检测的内容应包括腐蚀损伤程度和腐蚀速度。

钢构件腐蚀损伤程度检测应符合下列规定:

①检测前,应先清除待测表面的积灰、油污、锈皮。

②对于均匀腐蚀情况,测量腐蚀损伤板件的厚度时,应沿其长度方向选取3个腐蚀较严重的区段,且每个区段选取8~10个测点测量构件厚度。取各区段量测厚度的最小算术平均值作为该板件实际厚度,腐蚀严重时,测点数应适当增加。

③对于局部腐蚀情况,测量腐蚀损伤板件的厚度时,应在其腐蚀最严重的部位选取1~2个截面,每个截面选取8~10个测点测量板件厚度。取各截面测量厚度的最小算术平均值作为板件实际厚度,并记录测点的位置,腐蚀严重时,测点数可适当增加。

④板件腐蚀损伤量应取初始厚度减去实际厚度。初始厚度应根据构件未腐蚀部分实测厚度确定。在没有未腐蚀部分的情况下,初始厚度应取下列两个计算值的较大者:a.所有区段全部测点的算术平均值加上3倍的标准差;b.公称厚度减去允许负公差的绝对值。

⑤构件后期的腐蚀速度可根据构件当前腐蚀程度、受腐蚀的时间以及最近腐蚀环境扰动等因素综合确定,并可结合结构的后续目标使用年限,判断构件在后续目标使用年限内的腐蚀残余厚度。

⑥对于均匀腐蚀,当后续目标使用年限内的使用环境基本保持不变时,构件的腐蚀耐久性年限可根据剩余腐蚀牺牲层厚度、以前的年腐蚀速度确定。

▶ 5.5.3 钢材厚度检测

①钢构件的壁厚可采用游标卡尺或者超声波测厚仪进行检测。

②钢材的厚度应在构件的3个不同部位进行测量，取3处测试值的平均值作为钢材厚度的代表值。

③对于锈蚀后的构件厚度，应将锈蚀层除净，露出金属光泽后再进行测量。

④在对钢结构钢材厚度进行检测前，应清除表面油漆层、氧化皮、锈蚀等，并打磨至露出金属光泽。

⑤钢材的厚度偏差应以设计图纸规定的尺寸为基准进行计算，并应符合相应产品标准的规定。

⑥采用超声波法检测钢材厚度应参照以下步骤进行：a. 检测前应预设声速，并应用随机标准块对仪器进行校准，经校准后方可进行测试。b. 将耦合剂涂于被测处，耦合剂可用机油、化学浆糊等。在测量小直径管壁厚度时或工件表面较粗糙时，可选用黏度较大的甘油。c. 将探头与被测构件耦合即可测量，接触耦合时间宜保持1～2 s。在同一位置宜将探头转过90°后作二次测量，取两次的平均值作为该部位的代表值。在测量管材壁厚时，宜使探头中间的隔声层与管子轴线平行。d. 测厚仪使用完毕后，应擦去探头及仪器上的细合剂和污垢，保持仪器的清洁。

习　题

5.1　钢材厚度的检测方法有哪些？

5.2　高强度螺栓连接摩擦面的抗滑移系数试验方法是什么？

5.3　扭剪型高强度螺栓连接副预拉力检测方法是什么？

5.4　高强度大六角头螺栓连接副扭矩系数检测方法是什么？

5.5　焊缝的缺陷类型有哪些？

5.6　磁粉检测的原理及适用范围是什么？

5.7　渗透检测的原理及适用范围是什么？

5.8　焊缝超声波探伤的原理是什么？

5.9　焊缝射线探伤的原理是什么？

5.10　钢结构变形检测的基本要求是什么？

5.11　钢材锈蚀的内容及检测方法是什么？

5.12　对一批M16扭剪型高强度螺栓的预拉力进行检测，一组8套螺栓的预拉力检测值见下表，试计算该检验批扭剪型高强度螺栓是否满足规范要求。

表5.20　习题5.12中的表

编号	1	2	3	4	5	6	7	8
预拉力检测值/kN	101.2	105.3	106.3	100.8	127.3	110.2	110.6	109.3

6 民用建筑可靠性鉴定

【本章基本内容】

本章以民用建筑为对象,以《民用建筑可靠性鉴定标准》(GB 50292—2015)为主要依据,系统介绍民用建筑结构可靠性鉴定的基础知识。主要内容包括:民用建筑可能性鉴定的基本程序和工作内容,安全性、使用性、可靠性鉴定的层次、等级划分和具体的评定方法等。

【学习目标】

(1)**了解**:民用建筑可靠性鉴定的委托、调查、检测方案、现场查勘检测、内部作业、鉴定报告等的主要内容。

(2)**熟悉**:民用建筑可靠性鉴定的基本程序和基础理论。

(3)**掌握**:民用建筑可靠性鉴定的工作内容、基本步骤和具体方法。

民用建筑工程是供人们居住和进行公共活动的建筑的总称,包括住宅以及办公楼、宾馆、医院、影剧院、博物馆、体育馆等各种公共建筑。民用建筑是建筑工程的最主要组成部分,其可靠性鉴定涉及民用建筑的正常、安全使用,关系到人民生命财产安全和切身利益,具有重要的社会意义。

(1)国家标准《民用建筑可靠性鉴定标准》(GB 50292—2015)

国家标准《民用建筑可靠性鉴定标准》(GB 50292—2015,以下简称《民标》),2015 年 12 月 3 日发布,2016 年 8 月 1 日正式实施,替代原国家标准《民用建筑可靠性鉴定标准》(GB 50292—1999)。该标准所指民用建筑为"已建成可以验收的和已投入使用的非生产性的居住建筑和公共建筑",较原标准"已建成两年以上且已投入使用的建筑物"范围更为广泛,也可供超出其适用范围的民用建筑可靠性鉴定参考。该标准适用于以混凝土结构、钢结构、砌体结构以及木结构为承重结构的民用建筑及其附属构筑物的可靠性鉴定。除专门说明外,本章所述民用建筑可靠性鉴定均以《民标》为依据。

根据《民标》,可靠性鉴定指对民用建筑的安全性和使用性所进行的调查、检测、分析、验算和评定等一系列活动,民用建筑可靠性鉴定包括安全性鉴定和使用性鉴定。安全性鉴定指对结构承载力和结构整体稳定性所进行的调查、检测、验算、分析和评定等一系列活动;使用性鉴定指对民用建筑使用功能的适用性和耐久性所进行的调查、检测、验算、分析和评定等一系列活动。

(2)《民标》鉴定方法

结合民用建筑的特点和我国结构可靠性设计的发展水平,《民标》采用了以概率理论为基础,以结构各种功能要求的极限状态为鉴定依据的可靠性鉴定方法,简称概率极限状态鉴定法。该方法将民用建筑可靠性鉴定划分为安全性鉴定与正常使用性鉴定两个部分,并分别从《建筑结构可靠性设计统一标准》(GB 50068,以下简称《统一标准》)定义的承载能力极限状态和正常使用极限状态出发,基于对结构构件进行可靠度校核或可靠性评估所积累的数据和经验,以及根据实用要求所建立的分级鉴定模式,确定了划分不同等级的具体尺度和每一检查项目不同等级的评定界限,以作为对分属两类不同性质极限状态问题进行鉴定的依据。这样不仅有助于理顺很多复杂关系,使问题变得简单而容易处理,更重要的是能与现行设计规范接轨,从而收到协调统一、概念明确和便于应用的良好效果。因此在实施时,可根据鉴定的目的和要求,具体确定是进行安全性鉴定,还是进行使用性鉴定,或是同时进行这两种鉴定,以评估结构的可靠性。有关概率极限状态鉴定法的应用将在构件安全性鉴定部分做进一步讨论。

6.1 基本规定

▶ 6.1.1 适用范围和鉴定对象

1)适用范围

在下列情况下应进行可靠性鉴定:①建筑物大修前;②建筑物改造或增容、改建或扩建前;③建筑物改变用途或使用环境前;④建筑物达到设计使用年限拟继续使用时;⑤遭受灾害或事故时;⑥存在较严重的质量缺陷或出现较严重的腐蚀、损伤、变形时。

在下列情况下,可仅进行安全性检查或鉴定:①各种应急鉴定;②国家法规规定的房屋安全性统一检查;③临时性房屋需延长使用期限;④使用性鉴定中发现安全问题。

在下列情况下,可仅进行使用性检查或鉴定:①建筑物使用维护的常规检查;②建筑物有较高舒适度要求。

总之,除法律法规、规范标准和设计文件等明确要求进行相关鉴定外,当房屋的原设计条件已经或将要发生改变,出现安全性、使用性不满足设计要求的现实、可能或隐患时,均应进行安全性、使用性或可靠性鉴定。除此之外,当委托单位对房屋安全性、使用性或可靠性有怀疑或异议时,同样可以委托检测机构进行相关鉴定。

必要的安全性、使用性鉴定固然不可缺少,但使用单位应同样重视建筑物的日常维护和常规检查,两者的性质是不同的。在大多数情况下,这类检查并非委托给具有资质的第三方检测机构进行,而是使用单位根据设计对正常使用的要求,自行组织的检查活动,包含在单位日常管理工作中。之所以将建筑物使用维护的常规检查与鉴定一起讨论,是希望能够提高对这类检查重要性的认识,将其纳入日常管理工作,防患于未然。

2)鉴定对象

民用建筑的鉴定对象可以是整个建筑或划分出来的相对独立的鉴定单元、某一子单元、某一构件集或具体到某一构件等。如某多层砌体结构住宅楼,根据委托需求,在进行安全性鉴定时,委托鉴定对象可以是整栋住宅楼(鉴定单元)、住宅楼的地基基础部分(子单元)、某层砖砌体(构件集)或某片墙体(单个构件),有时甚至可以委托某个构件的某个单一参数,如底层某片承重墙的承载力。

3)《民标》与《建筑抗震鉴定标准》(GB 50023)的关系

《民标》明确规定“民用建筑可靠性鉴定,除应执行本标准外,尚应符合国家现行有关标准的规定”。该规定主要是指抗震设防区、特殊地基土地区、特殊环境和灾后民用建筑的可靠性鉴定,除应执行本标准外,尚应执行现行有关标准的规定,才能做出全面而正确的鉴定。本节主要介绍《民标》与《建筑抗震鉴定标准》(GB 50023)的关系。

抗震设防区系指抗震设防烈度不低于6度的地区,(GB 50023)对修建在抗震设防区的民用建筑进行可靠性鉴定时,应与现行《建筑抗震鉴定标准》(GB 50023)的抗震鉴定结合进行,鉴定后采取的处理措施也应与抗震加固措施一并提出。因此,抗震设防区的可靠性鉴定应同时满足《民标》和《建筑抗震鉴定标准》(GB 50023)的要求,即可靠性鉴定由两部分组成,非地震作用下的可靠性鉴定按《民标》执行,地震作用下的抗震鉴定按《建筑抗震鉴定标准》(GB 50023)执行。

《中国地震动参数区划图》(GB 18306—2015)适当提高了我国整体抗震设防要求,取消了不设防区域,实现了设防区全覆盖。因此,民用建筑可靠性鉴定均应与抗震鉴定结合进行,抗震鉴定已成为可靠性鉴定不可缺少的一部分,除非委托书明确约定不包含抗震鉴定。

目前,有一种方法是将鉴定报告分为两部分,一部分按《民标》进行非地震作用下的可靠性鉴定,另一部分按《建筑抗震鉴定标准》(GB 50023)进行地震作用下的抗震鉴定,分别提出鉴定意见和建议。在此基础上,北京地方标准《房屋结构综合安全性鉴定标准》(DB11/637—2015)提出了综合安全性鉴定的概念。所谓综合安全性鉴定,是指专业技术人员在进行结构安全性鉴定与结构抗震鉴定的能力分析和评级后,对房屋安全性与建筑抗震能力的综合评价。在此,结构安全性是对不包括地震效应组合的建筑结构承载力和结构整体稳定性进行的调查、检测、验算、分析和评定,即为按《民标》进行的安全性鉴定。同时,《房屋结构综合安全性鉴定标准》(DB11/637—2015)允许在下列情况下仅进行建筑结构安全性鉴定:①房屋局部改造(不包括局部加层)影响一定范围内的结构构件安全;②因灾害或者事故导致局部损伤的;③正常使用中发现结构构件存在安全问题;④经安全评估发现房屋建筑存在局部安全隐患的;⑤其他需要结构安全性鉴定的房屋,可以满足实际工程中委托单位多方位的鉴定需求。

▶ 6.1.2 鉴定程序及其工作内容

1)鉴定程序

为提高民用建筑可靠性鉴定工作质量,就应从管理上对鉴定工作进行程序化、规范化和制度化。根据我国民用建筑可靠性鉴定的实践经验,并参考其他国家有关的标准、指南和手册,确定民用建筑可靠性鉴定程序框图如图6.1所示。

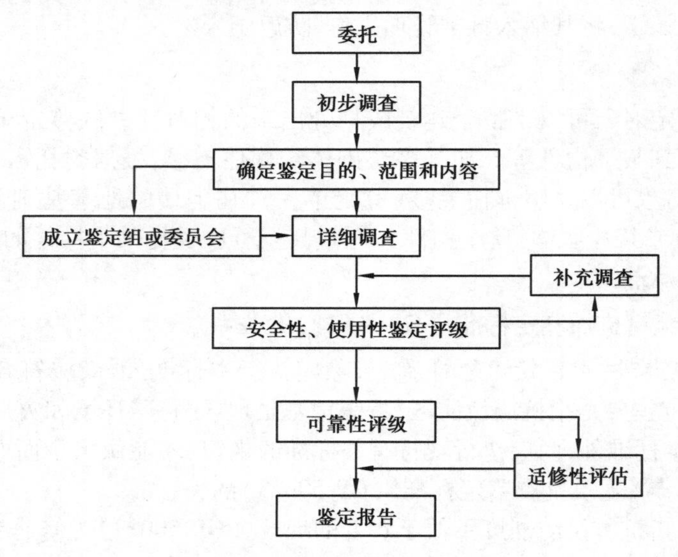

图6.1 鉴定程序

图6.1是一种系统性鉴定的通用工作程序,可根据实际工程问题的不同性质进行具体安排和调整,若遇到简单的问题,可予以适当简化;若遇到特殊的问题,可进行必要的补充。但需注意的是,即使是简单的鉴定项目,其必要的程序步骤也是不在简化范畴的,否则就失去了制订鉴定程序、规范管理的意义。

2)初步调查

初步调查宜在收到委托书或委托意向之后、签订鉴定技术合同之前进行。检测机构应根据委托方提出的鉴定目的和要求,经初步调查后确定鉴定的范围和内容。初步调查是进行合同评审的基础,可以在合同签订前对项目进行风险控制,对项目的顺利实施具有重要意义。

初步调查可以根据实际情况选用以下基本内容:

①查阅图纸资料。包括岩土工程勘察报告、设计计算书、设计变更记录、施工图、施工图审查报告、施工及施工变更记录、竣工图、竣工质检及验收文件(包括隐蔽工程验收记录)、定点观测记录、事故处理报告、维修记录、历次加固改造图纸等。

②查询建筑物历史。如原始施工、历次修缮、检测、评定、加固、改造、用途变更、使用条件改变以及受灾等情况。

③考察现场。按资料核对实物现状,调查建筑物实际使用条件和内外环境、查看已发现的问题、听取有关人员的意见等。

④填写初步调查表(格式如《民标》附录A所示)。

⑤制定详细调查计划及检测、试验工作大纲,并提出需由委托方完成的准备工作。

3)详细调查

详细调查是在项目实施过程中完成的,包括访问、查档、验算、检验和现场检查实测等多项工作,可根据实际情况选用以下基本内容:

①结构体系基本情况勘查:结构布置及结构形式;圈梁、构造柱、拉结件、支撑(或其他抗侧力系统)的布置;结构支承或支座构造;构件及其连接构造;结构细部尺寸及其他有关的几何参数。

②结构使用条件调查核实:结构上的作用(荷载);建筑物内外环境;使用史(含荷载史、灾害史)。

③地基基础(包括桩基础)的调查与检测:场地类别与地基土,包括土层分布及下卧层情况;地基稳定性(斜坡);地基变形及其在上部结构中的反应;地基承载力的近位测试及室内力学性能试验;基础和桩的工作状态评估,若条件许可,也可针对开裂、腐蚀或其他损坏等情况进行开挖检查;其他因素,如地下水抽降、地基浸水、水质恶化、土壤腐蚀等的影响或作用。

④材料性能检测分析,包括结构构件材料、连接材料和其他材料。

⑤承重结构检查:构件(含连接)的几何参数;构件及其连接的工作情况;结构支承或支座的工作情况;建筑物的裂缝及其他损伤的情况;结构的整体牢固性;建筑物侧向位移,包括上部结构倾斜、基础转动和局部变形;结构的动力特性。

⑥围护系统的安全状况和使用功能调查。

⑦易受结构位移、变形影响的管道系统调查。

4)可靠性鉴定的层次、等级划分

(1)构件、子单元和鉴定单元

根据鉴定房屋的结构特点和结构体系的种类,将该建筑物划分成一个或若干个可以独立进行鉴定的区段,每一区段为一鉴定单元。在此,可以对结构特点的内涵做更广泛的理解,即其是根据工程地质、结构设计和施工质量等影响结构性能的多种因素划分的。通常情况下,一个建筑物单体可以被划分为一个鉴定单元;当一个建筑物设有变形缝时,只要其结构特点和结构体系没有不同,仍可以划分为一个鉴定单元,否则可根据变形缝划分为若干个鉴定单元。

鉴定单元又可按地基基础、上部承重结构和围护系统划分为 3 个子单元;子单元中又可以进一步细分为构件。构件是基本鉴定单位,它可以是单件、组合件或一个片段。

(2)鉴定评级的层次和等级

安全性、使用性的鉴定评级应按构件(含节点、连接)、子单元和鉴定单元各分三个层次。每一层次分为 4 个安全性等级和 3 个使用性等级,并应按表 6.1 规定的检查项目和步骤,从第一层次开始,逐层进行。其中,根据构件各检查项目的评定结果,确定单个构件等级;根据子单元各检查项目及各构件集、代表层的评定结果,确定子单元等级;根据各子单元的评定结果,确定鉴定单元等级。

各层次可靠性鉴定评级,应以该层次安全性和使用性的评定结果为依据综合确定,每一层次的可靠性等级分为 4 级。当仅要求鉴定某层次的安全性或使用性时,检查和评定工作可只进行到该层次相应程序规定的步骤。根据委托内容,甚至可以仅对某个层次的某个检查项目进行评级。

需要说明的是,相对于安全性和可靠性鉴定分为 4 级,使用性鉴定只分为 3 级。之所以少分一个等级,是因为使用性鉴定不会出现必须立即采取措施的结果,即不存在加固处理的紧迫性,也就没有必要设定 d_s 级构件。

表 6.1 可靠性鉴定评级的层次、等级划分、工作步骤和内容

<table>
<tr><td colspan="2">层次</td><td>一</td><td colspan="2">二</td><td>三</td></tr>
<tr><td colspan="2">层名</td><td>构件</td><td colspan="2">子单元</td><td>鉴定单元</td></tr>
<tr><td rowspan="8">安全性鉴定</td><td>等级</td><td>a_u、b_u、c_u、d_u</td><td colspan="2">A_u、B_u、C_u、D_u</td><td>A_{su}、B_{su}、C_{su}、D_{su}</td></tr>
<tr><td rowspan="3">地基基础</td><td>—</td><td>地基变形评级</td><td rowspan="3">地基基础评级</td><td rowspan="7">鉴定单元安全性评级</td></tr>
<tr><td rowspan="2">按同类材料构件各检查项目评定单个基础等级</td><td>边坡场地稳定性评级</td></tr>
<tr><td>地基承载力评级</td></tr>
<tr><td rowspan="3">上部承重结构</td><td rowspan="2">按承载能力、构造、不适于承载的位移或损伤等检查项目评定单个构件等级</td><td>每种构件集评级</td><td rowspan="3">上部承重结构评级</td></tr>
<tr><td>结构侧向位移评级</td></tr>
<tr><td>—</td><td>按结构布置、支撑、圈梁、结构间连系等检查项目评定结构整体性等级</td></tr>
<tr><td>围护系统承重部分</td><td colspan="3">按上部承重结构检查项目及步骤评定围护系统承重部分各层次安全性等级</td></tr>
<tr><td rowspan="6">使用性鉴定</td><td>等级</td><td>a_s、b_s、c_s</td><td colspan="2">A_s、B_s、C_s</td><td>A_{ss}、B_{ss}、C_{ss}</td></tr>
<tr><td>地基基础</td><td>—</td><td colspan="2">按上部承重结构和围护系统工作状态评估地基基础等级</td><td rowspan="5">鉴定单元正常使用性评级</td></tr>
<tr><td rowspan="2">上部承重结构</td><td rowspan="2">按位移、裂缝、风化、锈蚀等检查项目评定单个构件等级</td><td>每种构件集评级</td><td rowspan="2">上部承重结构评级</td></tr>
<tr><td>结构侧向位移评级</td></tr>
<tr><td rowspan="2">围护系统功能</td><td>—</td><td>按屋面防水、吊顶、墙、门窗、地下防水及其他防护设施等检查项目评定围护系统功能等级</td><td rowspan="2">围护系统评级</td></tr>
<tr><td colspan="2">按上部承重结构检查项目及步骤评定围护系统承重部分各层次使用性等级</td></tr>
<tr><td rowspan="4">可靠性鉴定</td><td>等级</td><td>a、b、c、d</td><td colspan="2">A、B、C、D</td><td>Ⅰ、Ⅱ、Ⅲ、Ⅳ</td></tr>
<tr><td>地基基础</td><td colspan="3" rowspan="3">以同层次安全性和正常使用性评定结果并列表达，或按《民标》规定的原则确定其可靠性等级</td><td rowspan="3">鉴定单元可靠性评级</td></tr>
<tr><td>上部承重结构</td></tr>
<tr><td>围护系统</td></tr>
</table>

注：①表中地基基础包括桩基和桩；

②表中使用性鉴定包括适用性鉴定和耐久性鉴定；

③单个构件应按《民标》附录 B 划分。

▶ 6.1.3 鉴定评级标准

民用建筑安全性、使用性和可靠性鉴定评级的各层次分级标准，分别按表6.2—表6.4的规定采用。表中涉及的单个构件、子单元和鉴定单元的具体评级方法和量化指标，将在后续各节详细介绍。

表中“本标准”均指《民标》，其内涵全面概括了以下内容和要求：

①现行设计、施工规范中的有关规定。

②原设计、施工规范中尚行之有效，但由于某种原因已被现行规范删除的有关规定。

③根据已建成建筑物的特点和工作条件，必须由《民标》做出的专门规定。

表6.2 民用建筑安全性鉴定评级的各层次分级标准

层次	鉴定对象	等级	分级标准	处理要求
一	单个构件或其检查项目	a_u	安全性符合本标准对 a_u 级的规定，具有足够的承载能力	不必采取措施
		b_u	安全性略低于本标准对 a_u 级的规定，尚不显著影响承载能力	可不采取措施
		c_u	安全性不符合本标准对 a_u 级的规定，显著影响承载能力	应采取措施
		d_u	安全性不符合本标准对 a_u 级的规定，已严重影响承载能力	必须及时或立即采取措施
二	子单元或子单元中的某种构件集	A_u	安全性符合本标准对 A_u 级的规定，不影响整体承载	可能有个别一般构件应采取措施
		B_u	安全性略低于本标准对 A_u 级的规定，尚不显著影响整体承载	可能有极少数构件应采取措施
		C_u	安全性不符合本标准对 A_u 级的规定，显著影响整体承载	应采取措施，且可能有极少数构件必须立即采取措施
		D_u	安全性极不符合本标准对 A_u 级的规定，严重影响整体承载	必须立即采取措施
三	鉴定单元	A_{su}	安全性符合本标准对 A_{su} 级的规定，不影响整体承载	可能有极少数一般构件应采取措施
		B_{su}	安全性略低于本标准对 A_{su} 级的规定，尚不显著影响整体承载	可能有极少数构件应采取措施
		C_{su}	安全性不符合本标准对 A_{su} 级的规定，显著影响整体承载	应采取措施，且可能有极少数构件必须及时采取措施
		D_{su}	安全性严重不符合本标准对 A_{su} 级的规定，严重影响整体承载	必须立即采取措施

注：①对 a_u 级和 A_u 级的具体规定以及对其他各级不符合该规定的允许程度，分别由本章第6.2节、6.3节及6.6节给出；

②表中关于“不必采取措施”和“可不采取措施”的规定，仅对安全性鉴定而言，不包括使用性鉴定所要求采取的措施。

表 6.3　民用建筑使用性鉴定评级的各层次分级标准

层次	鉴定对象	等级	分级标准	处理要求
一	单个构件或其检查项目	a_s	使用性符合本标准对 a_s 级的规定，具有正常的使用功能	不必采取措施
		b_s	使用性略低于本标准对 a_s 级的规定，尚不显著影响使用功能	可不采取措施
		c_s	使用性不符合本标准对 a_s 级的规定，显著影响使用功能	应采取措施
二	子单元或其中某种构件集	A_s	使用性符合本标准对 A_s 级的规定，不影响整体使用功能	可能有极少数一般构件应采取措施
		B_s	使用性略低于本标准对 A_s 级的规定，尚不显著影响整体使用功能	可能有极少数构件应采取措施
		C_s	使用性不符合本标准对 A_s 级的规定，显著影响整体使用功能	应采取措施
三	鉴定单元	A_{ss}	使用性符合本标准对 A_{ss} 级的规定，不影响整体使用功能	可能有极少数一般构件应采取措施
		B_{ss}	使用性略低于本标准对 A_{ss} 级的规定，尚不显著影响整体使用功能	可能有极少数构件应采取措施
		C_{ss}	使用性不符合本标准对 A_{ss} 级的规定，显著影响整体使用功能	应采取措施

注：①对 a_s 级和 A_s 级的具体要求以及对其他各级不符合该要求的允许程度，分别由本章第 6.4 节、6.5 节及 6.6 节给出；

②表中关于"不必采取措施"和"可不采取措施"的规定，仅对使用性鉴定而言，不包括安全性鉴定所要求采取的措施；

③当仅对耐久性问题进行专项鉴定时，表中"使用性"可直接改称为"耐久性"。

表 6.4　民用建筑可靠性鉴定评级的各层次分级标准

层次	鉴定对象	等级	分级标准	处理要求
一	单个构件	a	可靠性符合本标准对 a 级的规定，具有正常的承载功能和使用功能	不必采取措施
		b	可靠性略低于本标准对 a 级的规定，尚不显著影响承载功能和使用功能	可不采取措施
		c	可靠性不符合本标准对 a 级的规定，显著影响承载功能和使用功能	应采取措施
		d	可靠性极不符合本标准对 a 级的规定，已严重影响安全	必须及时或立即采取措施

续表

层次	鉴定对象	等级	分级标准	处理要求
二	子单元或其中的某种构件	A	可靠性符合本标准对A级的规定,不影响整体承载功能和使用功能	可能有个别一般构件应采取措施
		B	可靠性略低于本标准对A级的规定,但尚不显著影响整体承载功能和使用功能	可能有极少数构件应采取措施
		C	可靠性不符合本标准对A级的规定,显著影响整体承载功能和使用功能	应采取措施,且可能有极少数构件必须及时采取措施
		D	可靠性极不符合本标准对A级的规定,已严重影响安全	必须及时或立即采取措施
三	鉴定单元	Ⅰ	可靠性符合本标准对Ⅰ级的规定,不影响整体承载功能和使用功能	可能有极少数一般构件应在安全性或使用性方面采取措施
		Ⅱ	可靠性略低于本标准对Ⅰ级的规定,尚不显著影响整体承载功能和使用功能	可能有极少数构件应在安全性或使用性方面采取措施
		Ⅲ	可靠性不符合本标准对Ⅰ级的规定,显著影响整体承载功能和使用功能	应采取措施,且可能有极少数构件必须及时采取措施
		Ⅳ	可靠性极不符合本标准对Ⅰ级的规定,已严重影响安全	必须及时或立即采取措施

注:对a级、A级及Ⅰ级的具体分级界限以及对其他各级超出该界限的允许程度,由本章第6.7节给出。

▶ 6.1.4 施工验收资料缺失的房屋鉴定

目前,我国不少城镇中仍存在一定数量设计文件和施工验收资料不全,甚至缺失便已投入使用的房屋建筑,这多是在设计和施工过程中缺少必要监管造成的。对于施工验收资料缺失而无法进行工程项目验收的房屋,需委托第三方检测机构进行施工质量检测,并在此基础上由相关单位对其施工质量是否合格进行评定。

我国《建筑工程施工质量验收统一标准》(GB 50300—2013)规定,结构工程验收合格的条件为:符合工程勘察、设计文件的要求和符合本标准和相关专业验收规范的规定。这也就意味着正常的施工质量验收应具有工程勘察、设计文件及完整的施工验收资料,包括实体检验符合有关规定。所以,对施工验收资料缺失的房屋结构鉴定,应包括建筑工程的基础和上部结构实体质量的检验。当对该房屋工程主控项目和一般项目的抽样检验合格;或虽有少数项目不合格,但已按国家现行施工质量验收规范的规定采取了技术措施予以整改;整改后检验合格的建筑工程可评为质量验收合格。

当实体质量检测结果不满足国家现行各专业施工质量验收规范的规定时,应进行结构可靠性鉴定与抗震鉴定。对于缺失有效工程勘察、设计文件的房屋,因其无法通过实体质量检测来判定是否符合设计要求,应直接进行可靠性鉴定和抗震鉴定。

施工验收资料缺失的房屋结构,其可靠性鉴定与抗震鉴定应符合下列要求:

①应依据调查、检测结果进行建筑结构可靠性和抗震性能分析,并考虑建筑物结构的缺陷和损伤现状对结构安全性、抗震性能及耐久性能的影响。

②当按《民标》的规定和要求对未经竣工验收的房屋进行安全性鉴定时,应以 a_u 级和 A_u 级为合格标准。

③应对结构体系、结构布置、结构抗震承载力、整体性构造等进行分析,给出抗震能力综合鉴定结果。

④当未经竣工验收房屋满足《民标》a_u 级和 A_u 级标准和抗震能力综合要求时,应予以验收;当不满足 a_u 级和 A_u 级标准或不满足抗震能力综合要求时,应进行加固处理,并应对加固处理部分重新进行施工质量验收和房屋结构安全性鉴定与抗震鉴定。需说明的是,部分学者认为,当加固处理是以整个房屋为对象,且完全按国家规定的建设程序执行(包括正常设计和正常施工),当加固部分的施工质量完全符合相关验收规范要求时,该房屋可直接验收并评定为合格。

当施工验收资料缺失的是施工图或有效的工程勘察、设计文件时,进行结构可靠性鉴定与抗震鉴定将存在较大困难。首先,在抽样检测时无法准确进行检测批次的划分;其次,存在隐蔽工程检测困难以致无法检测等问题,如桩身完整性检测等。在此情况下,由于技术或非技术原因,部分检测机构以房屋结构构件未受结构性改变、已安全使用多年且作用和环境等今后也不发生显著改变等为理由,依据《民标》5.1.4 条(本书第 6.2.2 节),仅通过构件外观完好程度就对所有构件的安全性等级直接进行评定,这是存在争议的。因为依据《民标》要求,在满足构件工作正常的同时,还需不怀疑其可靠性不足,而对于施工验收资料缺失的房屋结构构件,其可靠性是可能存在疑问的。

在《建筑结构可靠性设计统一标准》(GB 50068—2018)的附录 A 中,同样基于结构良好状态,允许同时满足下列要求的既有建筑结构,可依据结构的良好状态评定结构构件的承载力是否符合现行设计标准的规定。

①结构的体系符合大震不倒的设防规定。

②结构不存在爆炸和碰撞等偶然作用的影响。

③结构未出现影响结构使用性的变形、裂缝、位移、振动等。

④在评估使用年限内,结构上的作用和环境不会发生显著的变化。

同时,该标准也明确规定,由于村镇中的一些既有房屋和城市中的棚户房屋没有正规设计或没有按行业规则建造与施工,不具备进行可靠性评定的基础,不宜按附录 A 的原则和方法进行评定。之所以专门针对一些村镇既有房屋和城市棚户房屋提出这一要求,是因为这两类房屋整体上建设管理水平低和质量影响因素复杂,其安全隐患较大。

综上所述,当缺失有效的工程勘察、设计文件时,允许根据结构良好状态大大减小现场检测工作量,但应防止对规范的滥用。应根据具体项目情况开展必要的现场检测,尽可能收集更多的结构信息进行分析,必要时可以进行荷载试验。同时,鉴定结论可限定使用条件,如荷载控制、变形监测下的观察使用等。

现有技术条件下,施工验收资料缺失的房屋鉴定仍存在明显的困难和不足,特别是部分检测机构受利益驱动,存在丧失检测公正性的风险。因此,应追本溯源,加强设计和施工过程的监管,减少和避免施工验收资料缺失房屋的出现。

6.2 构件安全性鉴定评级

▶ 6.2.1 构件安全性鉴定评级原则

构件是子单元中可以进一步细分的基本鉴定单位,它可以是单件、组合件或一个片段,具体参见《民标》附录 B 或参考第 8.3.1 节危险房屋鉴定中的构件划分(除《民标》预制板以一块为一个构件外,其他划分均与《危标》相同)。

在构件安全性鉴定评级中,《民标》对于混凝土结构、钢结构、砌体结构以及木结构等 4 种不同类型材料的结构构件采用了统一分级原则。

1)安全性检查项目的分级原则

安全性检查项目分为两类:一是承载能力验算项目;二是承载状态调查实测项目。

(1)按承载能力验算结果评级的分级原则

结构构件的承载能力验算应在详细调查工程质量的基础上按现行设计规范进行,即要求其分级应以《统一标准》规定的可靠指标为基础来确定安全性等级的界限。

《统一标准》规定了两种质量界限,即设计要求质量和下限质量,前者为材料和构件的质量应达到或高于目标可靠指标。由于目标可靠指标是根据我国材料和构件性能统计参数的平均值校准得到的,而实际的材料和构件性能可能在此质量水平上下波动,其允许波动的下限即为下限质量。在《统一标准》中,下限质量可靠度是按目标可靠指标减 0.25 确定的,代表其失效概率运算值上升半个数量级。

基于以上考虑,并结合安全性分级的物理内涵,对承载能力检查项目采取下列分级原则:

a_u 级——符合现行规范对目标可靠指标 β_0 的要求,实物完好。验算表征为 $R/(\gamma_0 S) \geqslant 1$;分级标准表述为:安全性符合《民标》对 a_u 级的要求,不必采取措施。

b_u 级——略低于现行规范对目标可靠指标 β_0 的要求,但尚可达到或超过相当于工程质量下限的可靠度水平,可靠指标 $\beta > \beta_0 - 0.25$。此时,实物状况可能比 a_u 级稍差,但仍可继续使用。验算表征为 $1 > R/(\gamma_0 S) \geqslant 0.95$;分级标准表述为:安全性略低于《民标》对 a_u 级的要求,尚不显著影响承载,可不采取措施。

c_u 级——不符合现行规范对 β_0 的要求,其可靠指标下降已超过工程质量下限,但不超过 0.5,未达到随时有破坏可能的程度。因此,其可靠指标 β 的下浮可按构件的失效概率增大一个数量级估计,对承载能力有不容忽视的影响。验算表征为 $0.95 > R/(\gamma_0 S) \geqslant 0.9$;分级标准表述为:安全性不符合《民标》对 a_u 级的要求,显著影响构件承载,应采取措施。

d_u 级——严重不符合现行规范对 β_0 的要求,其可靠指标的下降已超过 0.5,这意味着失效概率大幅度提高,实物可能处于濒临危险的状态。验算表征为 $R/(\gamma_0 S) < 0.9$;分级标准表述为:安全性极不符合《民标》对 a_u 级的要求,已严重影响构件承载,必须立即采取措施(如临时支顶并停止使用等),才能防止事故的发生。

《民标》采用的上述承载能力验算结果评级方法体现了安全性鉴定分级与结构失效概率相联系的原则,并首先在我国的可靠性鉴定标准中得到了实际的应用,具有重要意义。

(2)按承载状态调查实测结果评级的分级原则

对建筑物进行安全性鉴定,除需验算其承载能力外,尚需通过调查实测,评估其承载状态的安全性,才能全面地做出鉴定结论。为此,要根据实际需要设置这类的检查项目,例如:

①结构构造(连接)的检查评定。合理的结构构造与正确的连接方式始终是结构可靠传力的最重要保证。大量工程鉴定经验表明,即使结构构件的承载能力验算结果符合安全性要求,但如果构造不当或连接欠妥,势必大大影响结构构件的正常承载,以致最终危及结构承载的安全,甚至使之丧失承载功能。

②不适于构件承载的位移或裂缝的检查评定。此类变形(或裂缝)已不属于承重结构使用性(适用性和耐久性)所考虑的问题范畴,此时结构构件虽未达到最大承载能力,但已彻底不能使用。

③结构的荷载试验。在荷载试验中,检验荷载的形式应与结构承受的主要作用情况基本一致,且除非相关方同意,检验荷载不宜大于荷载的设计值。由于受到各种条件限制,一般仅在必要而可能时才进行荷载试验。

对上述检查项目,采用了下列分级原则:

①当鉴定结果符合《民标》根据现行标准规范规定和已建成建筑物必须考虑的问题(如性能退化、环境条件改变等)所提出的安全性要求时,可评为 a_u 级。

②当鉴定结果遇到下列情况之一时,应降为 b_u 级:

a. 尚符合《民标》的安全性要求,但实物外观稍差,经鉴定人员认定,不宜评为 a_u 级者。

b. 虽略不符合《民标》的安全性要求,但符合原标准规范安全性要求,且外观状态正常者。

③当鉴定结果不符合《民标》对 a_u 级的安全性要求,且不能引用降为 b_u 级的条款时,应评为 c_u 级。

④当鉴定结果极不符合《民标》对 a_u 级的安全性要求时,应评为 d_u 级。此定语"极"的含义是指该鉴定对象的承载已处于临近破坏的状态,若不立即采取支顶等应急措施,可能危及生命财产安全。

在安全性鉴定中,c_u 级与 d_u 级的区别仅在于危险程度的不同,c_u 级意味着尚不至于立即发生危险,可有较充分的时间进行加固修复,而 d_u 级则意味着随时可能发生危险,必须立即采取支顶、卸载等应急措施。在此,对部分检查项目的评级标准,《民标》给予鉴定人员以灵活掌握处理的权限。

补充说明一点,《危险房屋鉴定标准》(JGJ 125)规定了混凝土结构、砌体结构、木结构以及钢结构构件危险性鉴定时,现场应重点检查的构件和部位,以及可能出现的损坏特征,这可以作为民用建筑和工业建筑构件承载状态调查的参考。

2)单个构件安全性等级的确定原则

可靠性鉴定被划分为安全性鉴定和使用性鉴定后,在安全性检查项目之间已无主次之分,每一安全性检查项目所对应的均是承载能力极限状态的具体标志之一。因此,应采用按最低等级项目确定单个构件安全性等级的定级原则,即所谓的"最小值原则"。

▶ 6.2.2　一般规定

1)承载能力验算

承载能力验算是安全性鉴定的重要内容,当验算结构或构件的承载能力时,应遵守下列规定:

①结构构件验算采用的结构分析方法,应符合国家现行设计规范的规定。

②结构构件验算使用的计算模型,应符合其实际受力与构造状况。

③结构上的作用应经调查或检测核实,并应按《民标》附录J的规定取值。

④结构构件作用效应的确定,应符合下列要求:

a.作用的组合、分项系数及组合值系数,应按现行《建筑结构荷载规范》(GB 50009)的规定执行。

b.当结构受到温度、变形等作用,且对其承载有显著影响时,应计入由之产生的附加内力。

⑤构件材料强度的标准值应根据结构的实际状态按下列原则确定:

a.若原设计文件有效,且不怀疑结构有严重的性能退化或设计、施工偏差,可采用原设计的标准值。

b.若调查表明实际情况不符合上款的要求,应按《民标》附录L的规定进行现场检测,并确定其标准值。

⑥结构或构件的几何参数应采用实测值,并应计入锈蚀、腐蚀、腐朽、虫蛀、风化、裂缝、缺陷、损伤以及施工偏差等的影响。

⑦当怀疑设计有错误时,应对原设计计算书、施工图或竣工图重新进行一次复核。

综上所述,安全性鉴定时的承载力验算应采用现行设计规范,并结合现场的检测结果确定荷载作用、材料强度以及截面尺寸等计算参数。

此外,需注意的是,安全性鉴定中的承载能力验算与结构承载能力设计是有明显不同的。在结构设计中,构件设计承载能力必须大于或等于现行设计规范要求,出于简化计算、不同内力计算方法或更大安全储备考虑等原因,设计承载能力往往不同程度地大于现行设计规范要求;而在安全性鉴定中,如非合同另有约定,只要采用的是规范允许方法,构件承载能力的验算仅需满足现行设计规范要求即可,不需要更多安全储备。

2)可不参与鉴定的构件

为减少现场检测工作量,将有限的人力、物力和财力用于最需要检查的部位,《民标》允许建筑物中的构件同时符合下列条件时,可不参与鉴定,而是根据其实际完好程度定为a_u级或b_u级。

①该构件未受结构性改变和修复、修理、用途或使用条件改变的影响。

②该构件未遭明显的损坏。

③该构件工作正常,且不怀疑其可靠性不足。

④在下一目标使用年限内,该构件所承受的作用和所处的环境,与过去相比不会发生显著变化。

如6.1.4节所述,在实际检测工作中应合理、谨慎地使用这一规定,不能滥用此规定而不进行必要的现场检测,特别是要正确把握第3条中“不怀疑其可靠性不足”的条件。此外尚应注意,构件所承受的作用和所处的环境不发生显著变化,并非指满足现行国家标准,如后续使用年限内,构件上的作用虽仍不超出规范限值,但较检测时间点可能显著增大时,就不满足可不参与鉴定的条件了。

3)随机抽样的最小构件数

当检查一种构件的材料由于与时间有关的环境效应或其他均匀作用的因素引起的性能变化时,可以采用随机抽样的方法。此时,从保证检测结果平均值应具有可以接受的最低精度出发,采用随机取样原理的现场受检构件的最低数量为5~10个,具体取样数由鉴定人员确定。至于每一构件上需取多少个试件或测点,才能确定出该构件材料强度的推定值,则应由现行各检测方法标准来确定。

▶ 6.2.3 混凝土结构构件

混凝土结构构件的安全性鉴定,应按承载能力、构造、不适于承载的位移或变形、裂缝或其他损伤等四个检查项目,分别评定每一受检构件的等级,并取其中最低一级作为该构件安全性等级。

1)承载能力

当混凝土结构构件的安全性按承载能力评定时,应按表6.5的规定分别评定每一验算项目的等级,然后取其中最低一级作为该构件承载能力的安全性等级。除说明外,本书中 R 和 S 分别为结构构件的抗力和作用效应,按第6.2.2节的要求确定;γ_0 为结构重要性系数,应按验算所依据的国家现行设计规范选择安全等级,并确定其取值。结构倾覆、滑移、疲劳的验算,应符合国家现行有关规范的规定。

表6.5 按承载能力评定的混凝土结构构件安全性等级

构件类别	安全性等级			
	a_u 级	b_u 级	c_u 级	d_u 级
主要构件及节点、连接	$R/(\gamma_0 S)\geq1.0$	$R/(\gamma_0 S)\geq0.95$	$R/(\gamma_0 S)\geq0.90$	$R/(\gamma_0 S)<0.90$
一般构件	$R/(\gamma_0 S)\geq1.0$	$R/(\gamma_0 S)\geq0.90$	$R/(\gamma_0 S)\geq0.85$	$R/(\gamma_0 S)<0.85$

【例题6.1】某矩形截面简支梁(主要)设计计算跨度6 m,混凝土强度等级C30,截面尺寸为200 mm×450 mm;纵筋采用HRB400级钢筋,上部为2⌀14,下部为3⌀22,钢筋保护层厚度为20 mm。该梁上作用均布荷载,恒载标准值为12 kN/m(含自重),活载标准值为10 kN/m。现场检测结果表明,该梁除下部实配纵筋为3⌀20与原设计不符外,其他均与原设计一致。试按承载能力评定该梁跨中安全性等级。

【解】首先需要明确承载能力等级是通过抗力效应比进行评定的,而不是实配钢筋面积与设计钢筋面积比。

$$S = \gamma_G S_G + \gamma_Q S_Q = (1.3\times12 + 1.5\times10)\times\frac{1}{8}\times6^2 = 137.7\ \text{kN}\cdot\text{m}^2$$

现场检测实配钢筋为:上部2⌀14,下部3⌀20。对于梁跨中正截面承载力计算:

$$a_s = 20 + \frac{1}{2}\times20 = 30\ \text{mm}, a'_s = 20 + \frac{1}{2}\times14 = 27\ \text{mm}; h_0 = 450 - 30 = 420\ \text{mm}$$

按双筋矩形截面计算跨中正面截面抗弯承载力 R:

$$R = 130.3\ \text{kN}\cdot\text{m}$$

抗力效应比:

$$\gamma_0 R/S = 1.0\times 130.3/137.7 = 0.946\approx 0.95$$

根据表6.5,该梁按跨中正截面抗弯承载力项目进行评定,其安全性等级为 b_u 级。

2)构造

混凝土结构构件应按表6.6规定分别评定每个构造检查项目的等级,然后取其中较低一级作为该构件构造的安全性等级。其中,应根据其实际完好程度确定为 a_u 级或 b_u 级;根据其实际严重程度确定为 c_u 级或 d_u 级。

表6.6　按构造评定的混凝土结构构件安全性等级

检查项目	a_u 级或 b_u 级	c_u 级或 d_u 级
结构构造	结构、构件的构造合理,符合国家现行相关规范要求	结构、构件的构造不当,或有明显缺陷,不符合国家现行相关规范要求
连接或节点构造	连接方式正确,构造符合国家现行相关规范要求,无缺陷,或仅有局部的表面缺陷,工作无异常	连接方式不当,构造有明显缺陷,已导致焊缝或螺栓等发生变形、滑移、局部拉脱、剪坏或裂缝
受力预埋件	构造合理,受力可靠,无变形、滑移、松动或其他损坏	构造有明显缺陷,已导致预埋件发生变形、滑移、松动或其他损坏

3)不适于承载的位移或变形

(1)受弯构件

对于混凝土桁架,当其挠度实测值大于计算跨度的1/400时,应进行承载力验算。验算时应考虑由位移产生的附加应力的影响,然后按其承载能力评定构件的安全性等级。若验算结果不低于 b_u 级,仍可定为 b_u 级;若验算结果低于 b_u 级,应根据其实际严重程度定为 c_u 级或 d_u 级。

其他受弯构件的挠度或施工偏差超限造成的侧向弯曲,应按表6.7的规定评级,表中 l_0 为计算跨度。

表6.7　除桁架外其他混凝土受弯构件不适于承载的变形的评定

检查项目	构件类别		c_u 级或 d_u 级
挠　度	主要受弯构件——主梁、托梁等		$>l_0/200$
	一般受弯构件	$l_0\leqslant 7$ m	$>l_0/120$,或 >47 mm
		7 m $<l_0\leqslant 9$ m	$>l_0/150$,或 >50 mm
		$l_0>9$ m	$>l_0/180$
侧向弯曲的矢高	预制屋面梁或深梁		$>l_0/400$

表6.7中的挠度限值采用双控方式,主要是为了避免在接近跨度 l_0 分界处算得的界限值出现突变。例如,若无50 mm的限制,将使 $l_0=9$m 和 $l_0=9.01$ m 的挠度界限值分别为60 mm

和 50.05 mm。这显然很不合理,容易引起相关方对鉴定结论的争议。

(2)柱顶水平位移

当柱顶水平位移(或倾斜)的实测值大于上部承重结构不适于承载的侧向位移的界限值时(详见表 6.19),应考虑其对该构件安全性的影响。若该位移与整个结构的侧向位移有关,则柱顶水平位移评定等级取上部承重结构子单元中不适于承载侧向位移的评定等级。若该柱顶水平位移只是孤立事件,则应在其承载能力验算中考虑此附加位移的影响。当验算结果不低于 b_u 级时,仍可定为 b_u 级;当验算结果低于 b_u 级时,应根据其实际严重程度定为 c_u 级或 d_u 级。若该位移尚在发展,应直接定为 d_u 级。

柱顶水平位移之所以划分为"与整个结构侧向位移有关"和"只是孤立事件"两种情况,主要是因为当属于前者情况时,被鉴定柱所在的上部承重结构有显著的侧向水平位移,柱承载能力验算需采用该结构考虑附加位移作用算得的内力;但若属于后者情况,则仍可采用正常的设计内力,仅需在截面验算中考虑位移所引起附加弯矩即可(简化方法应得到有效验证)。在实际鉴定工作中,部分鉴定人员未考虑附加位移或附加弯矩的影响,造成鉴定结论的争议。

4)裂缝或其他损伤

(1)不适于承载的裂缝

当混凝土结构构件出现表 6.8 所列的受力裂缝时,应视为不适于承载的裂缝,并根据其实际严重程度定为 c_u 级或 d_u 级。其中,剪切裂缝专指脆性更为明显、破坏后果更为严重的斜拉裂缝和斜压裂缝,应对其采取更严格的评级标准;高湿度环境是指露天环境、开敞式房屋易遭飘雨部位、经常受蒸汽或冷凝水作用的场所(如厨房、浴室、寒冷地区不保暖屋盖等),以及与土壤直接接触的部件等。表 6.8 中括号内的限值适用于热轧钢筋配筋的预应力混凝土构件;裂缝宽度均以表面测量值为准。

表 6.8 混凝土结构构件不适于承载的裂缝宽度的评定

检查项目	环境	构件类别		c_u 级或 d_u 级
受力主筋处的弯曲裂缝、一般弯剪裂缝和受拉裂缝宽度/mm	室内正常环境	钢筋混凝土	主要构件	>0.50
			一般构件	>0.70
		预应力混凝土	主要构件	>0.20(0.30)
			一般构件	>0.30(0.50)
	高湿度环境	钢筋混凝土	任何构件	>0.40
		预应力混凝土		>0.10(0.20)
剪切裂缝和受压裂缝/mm	任何环境	钢筋混凝土或预应力混凝土		出现裂缝

(2)非受力裂缝

非受力裂缝是指钢筋锈蚀以及温度、收缩等作用产生的裂缝。当混凝土结构构件出现下列情况之一的非受力裂缝时,将直接影响构件的承载能力,应视为不适于承载的裂缝,并应根据其实际严重程度评定为 c_u 级或 d_u 级。

①因主筋锈蚀(或腐蚀),导致混凝土产生沿主筋方向开裂、保护层脱落或掉角。

②因温度、收缩等作用产生的裂缝，其宽度已比表6.8规定的弯曲裂缝宽度值超过50%，且分析表明已显著影响结构的受力。

应按上述要求分别评定混凝土结构构件受力和非受力裂缝的等级，并取其中较低一级作为该构件的裂缝等级。

(3)其他损伤

当混凝土结构构件有较大范围损伤时，如施工不当引起的蜂窝、空洞、夹杂异物，以及外力因素引起的构件缺损等，则应根据其实际严重程度直接评定为 c_u 级或 d_u 级。

▶ 6.2.4 钢结构构件

钢结构构件的安全性鉴定，应按承载能力、构造、不适于承载的位移或变形等三个检查项目，分别评定每一受检构件的等级。与混凝土结构不同，钢结构的节点、连接更为重要，更具特殊性，在构造方法和设计方法上均有更严格的规定，应将其与构件一样作为基本鉴定单位独立进行安全性评定。钢结构节点、连接域的安全性鉴定，应按承载能力和构造两个检查项目，分别评定每一节点、连接域等级。对冷弯薄壁型钢结构、轻钢结构、钢桩以及地处有腐蚀性介质的工业区，或高湿、临海地区的钢结构，尚应以不适于承载的锈蚀作为检查项目评定其等级。

最后，取各检查项目中最低一级作为该构件或节点、连接的安全性等级。

1)承载能力

当钢结构构件的安全性按承载能力评定时，应按表6.9的规定，分别评定每一验算项目的等级，然后取其中最低一级作为该构件承载能力的安全性等级。当构件或连接出现脆性断裂、疲劳开裂或局部失稳变形迹象时，应直接评定为 d_u 级；节点、连接域的验算应包括其板件和连接的验算。

表6.9 按承载能力评定的钢结构构件安全性等级

构件类别	安全性等级			
	a_u 级	b_u 级	c_u 级	d_u 级
主要构件及节点、连接域	$R/(\gamma_0 S)\geqslant 1.0$	$R/(\gamma_0 S)\geqslant 0.95$	$R/(\gamma_0 S)\geqslant 0.90$	$R/(\gamma_0 S)<0.90$ 或当构件或连接出现脆性断裂、疲劳开裂或局部失稳变形迹象时
一般构件	$R/(\gamma_0 S)\geqslant 1.0$	$R/(\gamma_0 S)\geqslant 0.90$	$R/(\gamma_0 S)\geqslant 0.85$	$R/(\gamma_0 S)<0.85$ 或当构件或连接出现脆性断裂、疲劳开裂或局部失稳变形迹象时

2)构造

钢结构构件构造或节点连接构造不当，将引起过度应力集中、次应力以及失稳等，特别是节点连接构造出现严重问题，便会直接危及结构的安全。在任何情况下，构造的正确性与可靠性总是钢结构构件保持正常承载能力的最重要保证。考虑到钢结构构件构造与节点、连接构造在概念与形式上的不同，表6.10将节点、连接构造的评定内容单独列出，分别进行安全性评级。其中，应根据其实际完好程度确定为 a_u 级或 b_u 级，根据其实际严重程度确定为 c_u

级或 d_u 级。

需补充说明的是，构造缺陷还应包括施工遗留的缺陷，对焊缝是指夹渣、气泡、咬边、烧穿、漏焊、少焊、未焊透以及焊脚尺寸不足等；对铆钉或螺栓是指漏铆、漏栓、错位、错排及掉头等；其他施工遗留的缺陷应根据实际情况确定。节点、连接构造的局部表面缺陷包括焊缝表面质量稍差、焊缝尺寸稍有不足、连接板位置稍有偏差等；节点、连接构造的明显缺陷包括焊接部位有裂纹，部分螺栓或铆钉有松动、变形、断裂、脱落或节点板、连接板、铸件有裂纹或显著变形等。

表 6.10　按构造评定的钢结构构件安全性等级

检查项目	安全性等级	
	a_u 级或 b_u 级	c_u 级或 d_u 级
构件构造	构件组成形式、长细比或高跨比、宽厚比或高厚比等符合国家现行相关规范规定；无缺陷，或仅有局部表面缺陷；工作无异常	构件组成形式、长细比或高跨比、宽厚比或高厚比等不符合国家现行相关规范规定；存在明显缺陷，已影响或显著影响正常工作
节点、连接构造	节点构造、连接方式正确，符合国家现行相关规范规定；构造无缺陷或仅有局部的表面缺陷，工作无异常	节点构造、连接方式不当，构造有明显缺陷，不符合国家现行相关规范规定；构造有明显缺陷，已影响或显著影响正常工作

3)不适于承载的位移或变形

虽然民用建筑中的钢结构构件较少由于挠度过大而导致安全问题，但是当其他原因引起安全问题时，往往伴随挠度的异常发展。因此，通过对过大挠度的检查，以评估该构件是否适于继续承载，仍具有实用价值。

(1)受弯构件

对于钢桁架、屋架和托架的挠度，其安全性等级评定方法与混凝土结构桁架挠度相同，且当评定为 b_u 级时，宜附加观察使用一段时间的限制。此外，对于钢桁架顶点的侧向位移，当其实测值大于桁架高度的 1/200，且有可能发展时，应评定为 c_u 级或 d_u 级。

其他受弯构件的挠度、偏差造成的侧向弯曲，应按表 6.11 的规定评级。表中 l_0 为构件计算跨度，l_s 为网架短向计算跨度。

表 6.11　其他钢结构受弯构件不适于承载的变形的评定

检查项目	构件类别			c_u 级或 d_u 级
挠　度	主要构件	网架	屋盖的短向	$>l_s/250$，且可能发展
			楼盖的短向	$>l_s/200$，且可能发展
		主梁、托梁		$>l_0/200$
	一般构件	其他梁		$>l_0/150$
		檩条梁		$>l_0/100$
侧向弯曲的矢高	深梁			$>l_0/400$
	一般实腹梁			$>l_0/350$

(2)柱顶水平位移

钢结构构件柱顶水平位移或倾斜的安全性等级评定方法与混凝土结构构件相同。

(3)其他

对偏差超限或其他使用原因引起的柱、桁架受压弦杆的弯曲,当弯曲矢高实测值大于柱的自由长度的1/660时,应在承载能力的验算中考虑其所引起的附加弯矩的影响,并按钢结构构件承载能力相关规定评级。

对钢桁架中有整体弯曲变形,但无明显局部缺陷的双角钢受压腹杆,可根据其整体弯曲变形是否超出《民标》表5.3.4-2限值进行评级。

4)不适于承载的锈蚀

对冷弯薄壁型钢结构、轻钢结构、钢桩以及地处有腐蚀性介质的工业区,或高湿、临海地区的钢结构,其锈蚀速度将比正常情况下高出5~17倍,其造成的损害会很快超出耐久性试验所考虑的水平和范围。此时,由于已涉及安全问题,显然应视为“不适于承载的锈蚀”而进行检查和评定。当钢结构构件的安全性按不适于承载的锈蚀评定时,应按剩余的完好截面验算其承载能力,并同时考虑锈蚀产生的受力偏心效应。在按表6.12的规定评级时,表中t为锈蚀部位构件原截面的壁厚或钢板的板厚。

若构件的锈蚀达到一定深度,则其所造成的问题将不仅仅是单纯的截面削弱,而且还会引起钢材更深处的晶间断裂或穿透,相当于增加了应力集中的作用,显然要比单纯的截面减少更为严重,表6.12中的限值已考虑这方面的影响。

表6.12 钢结构构件不适于承载的锈蚀的评定

等级	评定标准
c_u	在结构的主要受力部位,构件截面平均锈蚀深度Δt大于$0.1t$,但不大于$0.15t$
d_u	在结构的主要受力部位,构件截面平均锈蚀深度Δt大于$0.15t$

5)其他

对于一些特殊的钢结构构件或连接节点,包括钢索构件、钢网架结构的焊接空心球节点和螺栓球节点、摩擦型高强度螺栓连接、大跨度钢结构支座节点以及橡胶支座等,在其进行安全性鉴定时,尚应考虑相关补充项目进行评级,具体可见《民标》第5.3.6—5.3.10条款。

▶ 6.2.5 砌体结构构件

砌体结构构件的安全性鉴定,应按承载能力、构造、不适于承载的位移和裂缝或其他损伤等四个检查项目,分别评定每一受检构件的等级,并取其中最低一级作为该构件的安全性等级。

1)承载能力

当砌体结构构件的安全性按承载能力评定时,应按表6.13的规定,分别评定每一验算项目的等级,然后取其中最低一级作为该构件承载能力的安全性等级。结构倾覆、滑移、漂浮的验算应符合国家现行有关规范的规定。

表 6.13　按承载能力评定的砌体构件安全性等级

构件类别	安全性等级			
	a_u 级	b_u 级	c_u 级	d_u 级
主要构件及连接	$R/(\gamma_0 S) \geq 1.0$	$R/(\gamma_0 S) \geq 0.95$	$R/(\gamma_0 S) \geq 0.90$	$R/(\gamma_0 S) < 0.90$
一般构件	$R/(\gamma_0 S) \geq 1.0$	$R/(\gamma_0 S) \geq 0.90$	$R/(\gamma_0 S) \geq 0.85$	$R/(\gamma_0 S) < 0.85$

部分老旧砌体结构建造时尚无设计规范可依,其构件的承载能力验算较为困难。针对这种情况,可在现场详细检测的基础上,组织有关专家对其验算方法进行论证。

2)构造

砌体结构由于构造和施工等原因,多数存在隐性缺陷,在墙、柱刚度不足时,由于意外的偏心、弯曲、裂缝等缺陷的共同作用,容易导致承载能力下降。为此,设计规范用高厚比限值来保证受压构件正常承载所必需的最低刚度。针对这一设计特点,在砌体结构构件的安全性鉴定等级评定时,应将墙、柱高厚比单独作为检查项目之一。

当砌体结构构件的安全性按构造及连接评定时,应按表 6.14 的规定,分别评定两个检查项目的等级,然后取其中较低一级作为该构件的构造安全性等级。其中,应根据其实际完好程度确定为 a_u 级或 b_u 级,根据其实际严重程度确定为 c_u 级或 d_u 级。此外,构造缺陷还包括施工遗留的缺陷,构件支承长度的检查与评定也应包含在“连接及构造”的项目中。

表 6.14　按连接及构造评定砌体结构构件安全性等级

检查项目	安全性等级	
	a_u 级或 b_u 级	c_u 级或 d_u 级
墙、柱的高厚比	符合国家现行相关规范的规定	不符合国家现行相关规范的规定,且已超过现行国家标准《砌体结构设计规范》(GB 50003)规定限值的 10%
连接及构造	连接及砌筑方式正确,构造符合国家现行相关规范规定,无缺陷或仅有局部的表面缺陷,工作无异常	连接及砌筑方式不当,构造有严重缺陷,已导致构件或连接部位开裂、变形、位移、松动,或已造成其他损坏

砌体的高厚比虽是影响墙、柱安全的因素之一,但其敏感性不如其他因素,不至于一旦超出允许值,便出现危及安全的情况。因此,在 b_u 级与 c_u 级界限的划分上略为放宽,以是否超过现行设计规范允许高厚比的 10% 为标准。

3)不适于承载的位移或变形

(1)墙、柱水平位移或倾斜

砌体结构中墙、柱水平位移或倾斜的安全性等级的评定方法与混凝土结构中柱顶水平位移或倾斜的安全性等级评定方法的原则相同。考虑到砌体结构受力与构造的复杂性,难以进行考虑附加位移作用的内力计算时,允许以上部承重结构子单元不适于承载的侧向位移界限值为基础,结合工程鉴定经验进行评级。

(2)柱墙弯曲

除带壁柱墙外,对偏差或使用原因造成的其他柱的弯曲,当其矢高实测值大于柱的自由长度的1/300时,应在其承载能力验算中计入附加弯矩的影响。若验算结果不低于b_u级,仍可定为b_u级;若验算结果低于b_u级,应根据其实际严重程度定为c_u级或d_u级。需注意的是,此处给出的“柱自由长度的1/300”只是验算的起点,而非评级界限。

(3)拱或壳体结构构件

砖拱、砖壳这类砌体构件不仅对位移和变形的作用十分敏感,而且承载能力很低,往往会在毫无先兆的情况下发生脆性破坏。因此,一经发现拱脚或壳的边梁出现水平位移,以及拱轴线或筒拱、扁壳的曲面发生变形,就可根据其实际严重程度评定为c_u级或d_u级。

4)不适于承载的裂缝

当承载能力严重不足时,砌体结构相应部位便会出现受力性裂缝。考虑到砌体属于脆性材料,当出现受力裂缝,即使裂缝宽度很小,也具有同样的危害性。因此,当砌体结构的承重构件出现下列受力裂缝时,应视为不适于承载的裂缝,并应根据其严重程度评为c_u级或d_u级。

①桁架、主梁支座下的墙、柱的端部或中部,出现沿块材断裂或贯通的竖向裂缝或斜裂缝。

②空旷房屋承重外墙的变截面处,出现水平裂缝或沿块材断裂的斜裂缝。

③砖砌过梁的跨中或支座出现裂缝;或虽未出现肉眼可见的裂缝,但发现其跨度范围内有集中荷载。

④筒拱、双曲筒拱、扁壳等的拱面、壳面,出现沿拱顶母线或对角线的裂缝。

⑤拱、壳支座附近或支承的墙体上出现沿块材断裂的斜裂缝。

⑥其他明显的受压、受弯或受剪裂缝。

5)非受力裂缝

砌体构件的非受力性裂缝,主要由温度、收缩变形以及地基不均匀沉降等因素引起,又称变形裂缝。过大的非受力裂缝破坏了砌体结构的整体性,恶化了其承载条件,进而危及构件安全。因此,当砌体结构构件出现下列非受力裂缝时,也应视为不适于承载的裂缝,并根据其实际严重程度评定为c_u级或d_u级。

①纵横墙连接处出现通长的竖向裂缝。当该裂缝连续贯通多个楼层甚至整个房屋时,危害更大。

②承重墙体墙身裂缝严重,且最大裂缝宽度已大于5 mm。

③独立柱已出现宽度大于1.5 mm的裂缝,或有断裂、错位迹象。

④其他显著影响结构整体性的裂缝。

6)其他

砌体结构构件还可能存在其他影响结构安全的损伤,如使用过程中在承重墙上人为开设洞口、剔凿预埋管线沟槽以及其他外力因素导致构件受损等。当砌体结构构件存在其他可能影响结构安全的损伤时,应根据其严重程度直接评定为c_u级或d_u级。

▶ 6.2.6 木结构构件

木结构构件的安全性鉴定,应按承载能力、构造、不适于承载的位移或变形、裂缝、危险性的腐朽和虫蛀等六个检查项目,分别评定每一受检构件等级,并应取其中最低一级作为该构件的安全性等级。

危险性的腐朽和虫蛀是木结构特有的检测项目,应按表6.15的规定评级;当封入墙、保护层内的木构件或其连接已受潮时,即使木材尚未腐朽,也应直接评定为 c_u 级。

表6.15 木结构构件的安全性按危险性腐蚀或虫蛀评定

检查项目		c_u 级或 d_u 级
表层腐朽	上部承重结构构件	截面上的腐朽面积大于原截面面积的5%,或按剩余截面验算不合格
	木桩	截面上的腐朽面积大于原截面面积的10%
心腐	任何构件	有心腐
虫蛀		有新蛀孔;或未见蛀孔,但敲击有空鼓音;或用仪器探测,内有蛀洞

木结构构件其他检测项目与前述其他结构形式类似,具体参见《民标》第5.5节。

6.3 子单元安全性鉴定评级

▶ 6.3.1 一般规定

《民标》根据结构设计中的专业分工、长期形成的习惯概念以及常用分析软件的可操作性等,将鉴定单元划分为地基基础、上部承重结构和围护系统承重部分三个子单元,又称子系统或分系统。当委托方不要求单独评定围护系统可靠性时,也可不将围护系统承重部分单独列为一个子单元,而将其安全性鉴定并入上部承重结构中,以简化鉴定工作。

各子单元相互关联、相互影响,是一个共同工作的整体。因此,当仅要求对某个子单元的安全性进行鉴定时,对该子单元与其他相邻子单元之间的交叉部位也应进行检查或检测,并在鉴定报告中提出处理意见。例如:在进行地基基础子单元鉴定时,也应同时检查上部结构有无沉降裂缝、变形和位移,特别是与基础相邻的底部楼层相关构件的反应。同理,当仅要求对建筑物某部分甚至某个构件的安全性进行鉴定时,也应同时检查或检测与该部分相邻的区域和交叉的部位。许多工程鉴定实例表明,当仅对建筑物某个部分进行鉴定时,必须处理好该部分与相邻部分之间的相关、交叉问题或边缘衔接问题,才能避免因就事论事而造成事故。

▶ 6.3.2 地基基础

1)地基基础检查项目

虽然影响地基基础安全性的因素很多,但其安全性检查项目均可以归结到地基变形,当地基变形观测资料不足,或检测、分析表明上部结构存在的问题系地基承载力不足引起的反应所致时,其安全性等级可由地基承载力项目替代地基变形项目进行评定。此外,对建造在斜坡场地的建筑物,还应增加边坡场地稳定性检查项目,此时除应执行《民标》的评级规定外,尚可参照现行《建筑边坡工程技术规范》(GB 50330)的有关规定进行鉴定。

由上可见,在地基基础子单元安全性鉴定中,并未强制要求对基础(或桩)进行安全性鉴定和评级。其中原因,一是考虑到基础的隐蔽性较强,存在不易检测等实际困难,如桩基检测采用的大开挖或切断桩与上部结构联系进行动、静荷载检测等,其工作量和费用均很大;二是基础与地基协同工作,可视为一个共同工作的系统进行综合鉴定。因此,只在必要情况下,如对基础构件的设计、施工质量存在明显怀疑时,才考虑进行局部开挖检查。如果单独鉴定基础(或桩)的安全性,则可按上部承重结构的有关规定进行。

综上所述,地基基础子单元安全性鉴定包括地基变形(或地基承载力)、斜坡场地稳定性两个检查项目,子单元的安全性等级应按检查项目中最低一级确定。

2)地基变形

一般情况下,地基基础子单元的安全性鉴定宜根据地基变形(建筑物沉降)检查项目确定,特别是当地基基础设计资料缺失时,该鉴定方法更具优势。

同时,考虑到当地基发生较大的沉降时,其上部结构必然会有所反应(如建筑物下陷、开裂和侧倾等),通过对这些宏观现象的检查、实测和分析,可以帮助判断地基的承载状态,并据以做出安全性评定。因此,当进行地基变形安全性等级评定时,应结合地基、桩基沉降观测资料,以及其不均匀沉降在上部结构中反应的检查结果进行鉴定评级。具体评级标准如下:

①A_u 级:不均匀沉降小于现行国家标准《建筑地基基础设计规范》(GB 50007)规定的允许沉降差;建筑物无沉降裂缝、变形或位移。

②B_u 级:不均匀沉降不大于现行国家标准《建筑地基基础设计规范》(GB 50007)规定的允许沉降差;且连续两个月地基沉降量小于每月 2 mm;建筑物的上部结构虽有轻微裂缝,但无发展迹象。

③C_u 级:不均匀沉降大于现行国家标准《建筑地基基础设计规范》(GB 50007)规定的允许沉降差;或连续两个月地基沉降量大于每月 2 mm;或建筑物上部结构砌体部分出现宽度大于 5 mm 的沉降裂缝,预制构件连接部位可能出现宽度大于 1 mm 的沉降裂缝,且沉降裂缝短期内无终止趋势。

④D_u 级:不均匀沉降远大于现行国家标准《建筑地基基础设计规范》(GB 50007)规定的允许沉降差;连续两个月地基沉降量大于每月 2 mm,且尚有变快趋势;或建筑物上部结构的沉降裂缝发展显著;砌体的裂缝宽度大于 10 mm;预制构件连接部位的裂缝宽度大于 3 mm;现浇结构个别部分也已开始出现沉降裂缝。

需要指出的是,已建成建筑物地基变形趋于稳定的时间是不同的,这与地基土类别等因素有关。对砂土地基,可认为在建筑物完工后,其最终沉降量便已基本完成;对低压缩性黏土地基,在建筑物完工时,其最终沉降量才完成不到 50%;至于高压缩性黏土或其他特殊性土,其所需的沉降持续时间则更长。因此,以上 4 款沉降标准仅适用于建成已 2 年以上且建于一般地基土上的建筑物;对于建造在高压缩性黏性土或其他特殊性土地基上的建筑物,此年限宜根据当地经验适当加长。

3)地基承载力

在已建成建筑物的地基安全性鉴定中,虽然采用按地基变形鉴定的方法较为可行,但它并不能完全取代按地基承载力鉴定的方法。如在某些鉴定项目中,当受时间或其他条件限制,无法获得前述要求的地基沉降观测资料,而又具备地基承载力安全性等级评定条件时,则可以采用地基承载力鉴定方法。多年来国内外的研究与实践也表明,若能根据建筑物的实际条件及地基土的种类,合理地选用或平行地使用原位测试方法、原状土室内物理力学性质试验方法和近位勘探方法等进行地基承载力检验,并对检验结果进行综合评价,同样可以使地基安全性鉴定取得可信的结论。

因此,《民标》规定当需对地基、桩基的承载力进行鉴定评级时,应以岩土工程勘察档案和有关检测资料为依据进行评定。若档案、资料不全,还应补充近位勘探点,进一步查明土层分布情况,并结合当地工程经验进行验算和评价。具体评级标准如下:

①当地基基础承载力符合现行国家标准《建筑地基基础设计规范》(GB 50007)的要求时,可根据建筑物的完好程度评为 A_u 级或 B_u 级。

②当地基基础承载力不符合现行国家标准《建筑地基基础设计规范》(GB 50007)的要求时,可根据建筑物开裂损伤的严重程度评定为 C_u 级或 D_u 级。

按地基承载力进行地基基础安全性等级评定时应注意三点,一是在没有十分必要的情况下,不可轻易开挖有残损的建筑物基槽,以防上部结构进一步恶化;二是根据上述各项检测结果,对地基承载力进行综合评价时,宜按稳健估计原则取值;三是若地基基础安全性已按地基变形做过评定,则无须再按地基承载力进行重复评定。

4)边坡场地稳定性

对建造在斜坡场地上的建筑物,其地基基础子单元安全性鉴定,尚应根据历史资料和实地勘察结果,对其斜坡场地稳定性进行评价。一方面,要取得工程地质勘察报告;另一方面,调查场地地基是否有滑动史,还要注意场区的环境状况,如近期山洪排泄有无变化、坡地树林有无形成"醉林"的态势(即向坡地一面倾斜)、附近有无新增的工程设施等。在边坡场地稳定性评价时,其调查的对象应覆盖整个场区。当地基基础的安全性按边坡场地稳定性项目评级时,应按下列标准评定:

①A_u 级:建筑场地地基稳定,无滑动迹象及滑动史。

②B_u 级:建筑场地地基在历史上曾有过局部滑动,经治理后已停止滑动,且近期评估表明,在一般情况下不会再滑动。

③C_u 级:建筑场地地基在历史上发生过滑动,目前虽已停止滑动,但若触动诱发因素,今后仍有可能再滑动。

④D_u 级:建筑场地地基在历史上发生过滑动,目前又有滑动或滑动迹象。

▶ 6.3.3 上部承重结构

1)上部承重结构检查项目

上部承重结构子单元安全性鉴定评级包括结构承载功能、结构整体性以及结构侧向位移三个检查项目。上部结构承载功能的安全性评级,当有条件采用较精确的方法评定时,应在详细调查的基础上,根据结构体系的类型及其空间作用程度,按国家现行标准规定的结构分析方法和结构实际的构造确定合理的计算模型,通过对结构作用效应分析和抗力分析,并结合工程鉴定经验进行评定。

一般情况下,应按上部结构承载功能和结构侧向位移的评级结果,取其中较低一级作为上部承重结构子单元的安全性等级。

2)上部承重结构安全性评定思路

(1)结构体系可靠性概念

在构件层次按承载能力验算结果评级时,《民标》根据《统一标准》给出了基于可靠度指标的明确等级划分。然而,上部承重结构与构件不同,其具有完整的系统特征与功能,需运用结构体系可靠性的概念和方法才能进行鉴定。迄今为止,结构体系可靠性理论研究尚不成熟,即使有些结构可以进行可靠度计算,但其结果却由于对实物特征作了过分简化而难以直接用于实际工程的鉴定。

结构可靠性理论在工程应用中的方式,可以随着目的和要求的不同而改变。对已建成建筑物进行可靠性鉴定,其主要目的在于以检查项目的评定结果作为对建筑物进行维修、加固、改造或拆除做出合理决策和进行科学管理的依据。考虑结构可靠性理论发展不完善的现状,在上部承重结构安全性评定中,可不要求计算的高精度,而是在众多随机因素和模糊量干扰的复杂情况下,能有一个简便可信的宏观判别工具即可。

长期的民用建筑鉴定经验表明,当上部承重结构子单元评定为“整体承载正常”“尚不显著影响整体承载”和“已影响整体承载”,即对应表6.2中A_u级、B_u级和C_u级时,除了作为主成分的构件分别为a_u级、b_u级和c_u级外,还可能不同程度地存在着较低等级的构件。这一普遍现象,不仅是长期鉴定经验的集中反映,也是有经验专家凭其直觉对结构体系目标可靠度所具有的一定调幅尺度的运用。研究表明,若以构件所评等级为基础,对上部承重结构进行系统分析,可建立一个包含少量低等级构件为特征的结构体系安全性等级的评定模式,以分级界限来替代调幅尺度的确定,这既引入了结构体系可靠性概念,又大大简化了上部承重结构的安全性鉴定工作。

(2)构件集概念

根据构件失效的连锁反应及其造成的危害程度,构件可以分为主要构件和一般构件。其中,主要构件指自身失效将导致其他构件失效,并危及承重结构系统安全工作的构件,如剪力墙、框架柱、主梁等;次要构件指其自身失效为孤立事件,不会导致其他构件失效的构件,如板、次梁等。

同种构件的集合则称为构件集,基于主要构件和次要构件的划分,构件集也划分为主要构件集和一般构件集。如一般情况下,在混凝土结构中,主要构件集可划分为框架柱、框架梁、剪力墙等;次要构件集可划分为次梁、板等。需要说明的是,在根据安全性相关参数划分构件集时,仅按构件的受力性质及其重要性划分种类,而不必按其几何尺寸等作进一步细分。例如:以楼盖主梁作为一种构件集即可,无须按跨度、截面大小和配筋再细分,对于构件集未进行细分而产生的影响,可通过现场抽样方案等进行综合考虑。

(3)代表层概念

在“构件集”概念的基础上可以建立构件集的分级模式,并确定每个等级允许出现的低一级构件百分比含量的界限值。但这一方法还只适用于单层结构,因为随着层数的增加,检测与评定的工作量越来越大,需要考虑的影响因素也越来越多,以致影响了其实用性。为了将该模式用于多、高层结构体系中,需引入“代表层”的概念,并以代表层评定结果来描述该多、高层结构的安全性。

经概率统计研究分析,当上部承重结构可视为由平面结构(楼、屋面层)组成的体系,且其构件工作不存在系统性因素的影响时,可在多、高层房屋的标准层中随机抽取$\sqrt{m}$层为代表层作为评定对象,其中 m 通常取为该鉴定单元房屋的层数。若$\sqrt{m}$为非整数,应多取一层;对一般单层房屋,宜以原设计的每一计算单元为一区,并应随机抽取$\sqrt{m}$区为代表区作为评定对象。在实际工程中,基于稳健取值的原则,除以上随机抽取的标准层外,尚应另增底层和顶层,以及高层建筑的转换层和避难层为代表层。上述所谓的标准层没有明确定义,但并非指结构设计完全相同的楼层,参照构件集的划分原则,一般情况下可将除底层、顶层、转换层、加强层和避难层等之外的普通楼层均视为标准层;代表层构件包括该层楼板及其下的梁、柱、墙等。

现有基于概率统计分析的代表层数量的计算理论并不完善,上述方法也只给出了代表层划分的基本原则和最小数量取值。由此可见,代表层的数量并非唯一,鉴定人员可以在上述原则基础上,结合具体工程情况进行确定。

(4)上部承重结构安全性分级模式

综上所述,以“构件集”和“代表层”概念为基础,以下列条件和要求为依据,建立构件集、代表层以及子单元的分级模式:

①在任一个等级的构件集内,若不存在系统性因素影响,其出现低于该等级的构件纯属随机事件,亦即其出现的量应是很小的,其分布应是无规律的,不致引起系统效应。

②在以某等级构件为主成分的构件集内出现的低等级构件,其等级仅允许比主成分的等级低一级。若低等级构件为鉴定时已处于破坏状态的 d_u 级构件或可能发生脆性破坏的 c_u 级构件,尚应单独考虑其对该构件集安全性可能造成的影响。

③利用系统分解原理,在每种构件集等级、代表层等级评定的基础上再评定上部结构承载功能的等级,然后结合该结构的上部结构承载功能、整体性和结构侧移等的等级进行综合评定,以使结构体系的计算分析得到简化。

④当采用理论分析结果为参照物时,应要求:按允许含有低等级构件的分级方案构成的某个等级结构体系,其失效概率运算值与全由该等级构件(不含低等级构件)组成的“基本体系”相比,应无显著的增大。

3)上部结构承载功能

上部结构承载功能安全性等级的评定,应从构件开始,依次到构件集、代表层,最后评定上部结构承载功能安全性等级。

(1)构件集

首先,按结构分析或构件校核所采用的计算模型,将代表层(或区)中的承重构件划分为若干主要构件集和一般构件集,然后分别进行评定。

①主要构件集。

在代表层(区)中,评定一种主要构件集的安全性等级时,可根据该种构件集内每一受检构件的评定结果,按表6.16的分级标准评级。需注意的是,应评定构件集内每一构件,而不仅是现场抽样检测构件。

表6.16 主要构件集安全性等级的评定

等级	多层及高层房屋	单层房屋
A_u	该构件集内,不含 c_u 级和 d_u 级,可含 b_u 级,但含量不多于25%	该构件集内,不含 c_u 级和 d_u 级,可含 b_u 级,但含量不多于30%
B_u	该构件集内,不含 d_u 级,可含 c_u 级,但含量不应多于15%	该构件集内,不含 d_u 级,可含 c_u 级,但含量不应多于20%
C_u	该构件集内,可含 c_u 级和 d_u 级;当仅含 c_u 级时,其含量不应多于40%;当仅含 d_u 级时,其含量不应多于10%;当同时含有 c_u 级和 d_u 级时,c_u 级含量不应多于25%;d_u 级含量不应多于3%	该构件集内,可含 c_u 级和 d_u 级;当仅含 c_u 级时,其含量不应多于50%;当仅含 d_u 级时,其含量不应多于15%;当同时含有 c_u 级和 d_u 级时,c_u 级含量不应多于30%;d_u 级含量不应多于5%
D_u	该构件集内,c_u 级或 d_u 级含量多于 C_u 级的规定数	该构件集内,c_u 级和 d_u 级含量多于 C_u 级的规定数

②一般构件集。

在代表层(或区)中,评定一种一般构件集的安全性等级时,可根据该种构件集内每一受检构件的评定结果,按表6.17的分级标准评级。

表6.17 一般构件集安全性等级的评定

等级	多层及高层房屋	单层房屋
A_u	该构件集内,不含 c_u 级和 d_u 级,可含 b_u 级,但含量不应多于30%	该构件集内,不含 c_u 级和 d_u 级,可含 b_u 级,但含量不应多于35%
B_u	该构件集内,不含 d_u 级;可含 c_u 级,但含量不应多于20%	该构件集内,不含 d_u 级;可含 c_u 级,但含量不应多于25%
C_u	该构件集内,可含 c_u 级和 d_u 级,但 c_u 级含量不应多于40%;d_u 级含量不应多于10%	该构件集内,可含 c_u 级和 d_u 级,但 c_u 级含量不应多于50%;d_u 级含量不应多于15%
D_u	该构件集内,c_u 级或 d_u 级含量多于 C_u 级的规定数	该构件集内,c_u 级和 d_u 级含量多于 C_u 级的规定数

(2)代表层

各代表层(区,以下同)的安全性等级,应按该代表层中各主要构件集中的最低等级确定。当代表层中一般构件集的最低等级比主要构件集最低等级低二级或三级时,该代表层所评的安全性等级应降一级或二级。

(3)上部结构承载功能评级

上部结构承载功能的安全性等级,可按下列规定确定:

①A_u 级:不含 C_u 级和 D_u 级代表层;可含 B_u 级,但含量不多于30%。

②B_u 级:不含 D_u 级代表层;可含 C_u 级,但含量不多于15%。

③C_u 级:可含 C_u 级和 D_u 级代表层;当仅含 C_u 级时,其含量不多于50%;当仅含 D_u 级时,其含量不多于10%;当同时含有 C_u 级和 D_u 级时,其 C_u 级含量不应多于25%,D_u 级含量不多于5%。

④D_u 级:其 C_u 级或 D_u 级代表层的含量多于 C_u 级的规定数。

由上可见,在某一承载功能等级的上部结构中,仍允许出现低一个等级的代表层。

4)结构整体性

结构整体性是由构件之间的锚固拉结系统、抗侧力(支撑)系统、圈梁系统等共同工作形成的。它们不仅是实现设计者关于结构工作状态和边界条件假设的重要保证,而且是保持结构空间刚度和整体稳定性的首要条件。离开了它们,便很难判断各个承重构件是否能正常传力,并协调一致地共同承受各种作用。但国内外对建筑物损坏和倒塌情况所做的调查与统计表明,由于在结构整体性构造方面设计考虑欠妥,或施工、使用不当所造成的安全问题,在各种安全性问题中占有不小的比重,应给予足够重视。

当评定结构整体性等级时,可按表6.18的规定,先评定其每一检查项目的等级。若各检查项目均不低于 B_u 级,可按占多数的等级确定;若仅一个检查项目低于 B_u 级,可根据实际情况定为 B_u 级或 C_u 级。每个项目评定结果取 A_u 级或 B_u 级,应根据其实际完好程度确定;取 C_u 级或 D_u 级,应根据其实际严重程度确定。

表6.18 结构整体牢固性等级的评定

检查项目	A_u 级或 B_u 级	C_u 级或 D_u 级
结构布置及构造	布置合理,形成完整的体系,且结构选型及传力路线设计正确,符合国家现行设计规范规定	布置不合理,存在薄弱环节,未形成完整的体系;或结构选型、传力路线设计不当,不符合国家现行设计规范规定,或结构产生明显振动
支撑系统或其他抗侧力系统的构造	构件长细比及连接构造符合国家现行设计规范规定,形成完整的支撑系统,无明显残损或施工缺陷,能传递各种侧向作用	构件长细比或连接构造不符合国家现行设计规范规定,未形成完整的支撑系统,或构件连接已失效或有严重缺陷,不能传递各种侧向作用
结构、构件间的联系	设计合理、无疏漏;锚固、拉结、连接方式正确、可靠,无松动变形或其他残损	设计不合理,多处疏漏;或锚固、拉结、连接不当,或已松动变形,或已残损
砌体结构中圈梁及构造柱的布置与构造	布置正确,截面尺寸、配筋及材料强度等符合国家现行设计规范规定,无裂缝或其他残损,能起封闭系统作用	布置不当,截面尺寸、配筋及材料强度不符合国家现行设计规范规定,已开裂,或有其他残损,或不能起封闭系统作用

这里需要强调的是,结构整体性的检查与评定,不仅现场工作量很大,而且每一部分功能的正常与否,均对保持结构体系的整体承载与传力起到举足轻重的作用。因此,应逐项进行彻底检查,才能对这个涉及建筑物整体安全性的问题作出确切的鉴定结论。

5)上部承重结构不适于承载的侧向位移

当已建成建筑物出现的侧向位移(或倾斜,以下同)过大时,将对上部承重结构的安全性产生显著的影响,故应将它列为上部承重结构子单元的检查项目之一。影响上部结构侧向位移的因素较多,其在上部承重结构中作用的特点也有不同,但目前通常以检测得到的总位移值作为鉴定的依据。现场检测的侧向总位移值可能由下列各成分组成:

①检测期间风荷载引起的静力侧移和对静态位置的脉动;

②过去某时段风荷载及其他水平作用(如地震)共同遗留的侧向残余变形;

③结构过大偏差造成的倾斜;

④不均匀沉降造成的倾斜。

需要说明的是,上述第4款与《民标》所指不同。根据《民标》条文说明,影响安全的地基不均匀沉降已划归地基基础子单元进行评定,因此第4款中应为“数值不大但很难从总位移中分离的不均匀沉降造成的倾斜”,即总位移应扣除基础沉降产生的侧向位移。本书之所以未采纳《民标》条文说明建议,而认为总位移应包括基础沉降产生的侧向位移,原因如下:首先,各种影响因素产生的侧向位移是共同对上部结构产生作用的,即基础沉降作用同样对上部结构产生内力,因此在上部承重结构安全性分析时理应考虑,这与地基基础安全性鉴定中已考虑沉降影响并不重叠和矛盾,因为鉴定对象不同。例如,当单独委托对上部承重结构子单元进行安全性鉴定时,若将现场检测得到的总侧向位移扣除显著不均匀沉降造成的倾斜影响,则可能造成评定错误。其次,从总位移中分离不均匀沉降造成的倾斜存在困难。

因此,对上部承重结构不适于承载的侧向位移,可根据其检测出总的侧向位移结果,按下列规定评级:

①当检测值已超出表6.19界限,且有部分构件(含连接、节点域,以下同)出现裂缝、变形或其他局部损坏迹象时,应根据实际严重程度定为C_u级或D_u级。

②当检测值虽已超出表6.19界限,但尚未发现上款所述情况时,应进一步进行计入该位移影响的结构内力计算分析,并按构件层次安全性评定的相关规定,验算各构件的承载能力。若验算结果均不低于b_u级,仍可将该结构定为B_u级,但宜附加观察使用一段时间的限制;若构件承载能力的验算结果有低于b_u级时,应定为C_u级。其中,对某些构造复杂的砌体结构,若进行考虑位移影响的计算分析有困难,也可直接按表6.19规定的界限值评级。表中H为结构顶点高度;H_i为第i层层间高度;墙包括带壁柱墙。

表6.19 各类结构不适于承载的侧向位移等级的评定

检查项目	结构类别			顶点位移	层间位移
				C_u级或D_u级	C_u级或D_u级
结构平面内的侧向位移	混凝土结构或钢结构	单层建筑		$>H/150$	—
		多层建筑		$>H/200$	$>H_i/150$
		高层建筑	框架	$>H/250$或>300 mm	$>H_i/150$
			框架剪力墙 框架筒体	$>H/300$或>400 mm	$>H_i/250$

续表

检查项目	结构类别				顶点位移	层间位移
					C_u 级或 D_u 级	C_u 级或 D_u 级
结构平面内的侧向位移	砌体结构	单层建筑	墙	$H\leqslant7$ m	$>H/250$	—
				$H>7$ m	$>H/300$	—
			柱	$H\leqslant7$ m	$>H/300$	—
				$H>7$ m	$>H/330$	—
		多层建筑	墙	$H\leqslant10$ m	$>H/300$	$>H_i/300$
				$H>10$ m	$>H/330$	
			柱	$H\leqslant10$ m	$>H/330$	$>H_i/330$
单层排架平面外侧倾					$>H/350$	—

6)上部承重结构子单元

在上部结构安全性评定思路和分级模式的基础上,同时考虑低等级构件可能出现的不利分布、组合和可能产生的系统效应,以及民用建筑安全的社会敏感性和重要性,上部承重结构子单元的安全性等级应按下列原则确定:

①一般情况下,应按上部结构承载功能和结构侧向位移检查项目的评级结果,取其中较低一级作为上部承重结构子单元的安全性等级。

②当上部承重结构按上款评为 B_u 级,但若发现各主要构件集所含的 c_u 级构件(或其节点、连接域)处于下列情况之一时,宜将所评等级降为 C_u 级:

a. 出现 c_u 级构件交汇的节点连接;

b. 不止一个 c_u 级存在于人群密集场所或其他破坏后果严重的部位。

③当上部承重结构按第 1 款评为 C_u 级,但若发现其主要构件集有下列情况之一时,宜将所评等级降为 D_u 级。

a. 多层或高层房屋中,其底层柱集为 C_u 级;

b. 多层或高层房屋的底层,或任一空旷层,或框支剪力墙结构的框架层的柱集为 D_u 级;

c. 在人群密集场所或其他破坏后果严重部位,出现不止一个 d_u 级构件;

d. 任何种类房屋中,有 50% 以上的构件为 c_u 级。

④当上部承重结构按第 1 款评为 A_u 级或 B_u 级,而结构整体性等级为 C_u 级或 D_u 级时,应将所评的上部承重结构安全性等级降为 C_u 级。

⑤当上部承重结构在按以上规定作了调整后仍为 A_u 级或 B_u 级,但若发现被评为 C_u 级或 D_u 级的一般构件集,已被设计成参与支撑系统或其他抗侧力系统工作,或已在抗震加固中,加强了其与主要构件集的锚固时,应将上部承重结构所评的安全性等级降为 C_u 级。

7)其他

①对检测、评估认为可能存在整体稳定性问题的大跨度结构,应根据实际检测结果建立计算模型,采用可行的结构分析方法进行整体稳定性验算。若验算结果尚能满足设计要求,

仍可评为 B_u 级；若验算结果不满足设计要求，应根据其严重程度评定为 C_u 级或 D_u 级，并应参与上部承重结构安全性等级评定。

②当建筑物受到振动作用引起使用者对结构安全表示担心，或振动引起的结构构件损伤已可通过目测判定时，应按《民标》附录 M 的规定进行检测与评定。若评定结果对结构安全性有影响，应将上部承重结构安全性鉴定所评等级降低一级，且不应高于 C_u 级。

▶ 6.3.4 围护系统的承重部分

1）围护系统承重部分的定义

与《工标》不同，《民标》中未给出建筑围护系统的明确定义，在安全性鉴定中也未给出围护系统的承重部分评级时的检查项目。

在《建筑工程建筑面积计算规范》（GB/T 50353—2013）中，建筑围护系统包括围护结构和围护设施两部分。围护结构是指围合建筑空间的墙体、门、窗等；围护设施是指为保障安全而设置的栏杆、栏板等围挡。结合《民标》可靠性鉴定的需求，可定义围护系统为建筑物及其房间各面的围护物，包括屋面、吊顶、内外墙、女儿墙、地面、门窗、栏杆（板）等。在安全性鉴定中，围护系统的承重部分是指围护系统内的承重结构或构件，涉及的具体部位可以包括自承重的内外填充墙、女儿墙、门窗的承重部分（如建筑幕墙的面板和支承结构体系）、吊顶的承重结构（如悬挂系统、龙骨支承）以及栏杆（板）等，填充墙内的过梁、雨棚等构件也可以包括在围护系统的承重部分之内。

围护系统的承重部分与上部承重结构虽为两个子单元，但有时两者的划分并不十分明确。因此，若不要求单独评定围护系统可靠性或安全性，通常将围护系统承重部分安全性鉴定并入上部承重结构中；若委托方要求单独评定围护系统可靠性或安全性，可与委托方对上述建议的围护系统承重部分的具体部位做进一步明确。

本书第 7 章工业建筑围护结构系统的细分检查项目可作为民用建筑的参考。

2）围护系统承重部分安全性评级

围护系统承重部分的安全性，应在该系统专设的和参与该系统工作的各种承重构件的安全性评级的基础上，根据该部分结构承载功能等级和结构整体性等级的评定结果进行确定。

围护系统承重部分安全性等级的评定过程中，其构件、构件集、计算单元或代表层、结构承载功能以及结构整体性的评级方法均与第 6.3.3 节上部承重结构对应部分相同。

围护系统承重部分的安全性等级，可根据其结构承载功能以及结构整体性的评定结果，按下列原则确定：

①当仅有 A_u 级和 B_u 级时，按占多数级别确定。

②当含有 C_u 级或 D_u 级时，可按下列规定评级：

a. 当 C_u 级或 D_u 级属于结构承载功能问题时，按最低等级确定；

b. 当 C_u 级或 D_u 级属于结构整体性问题时，可定为 C_u 级。

③围护系统承重部分评定的安全性等级，不得高于上部承重结构的等级。例如，当围护系统承重部分按前两款规定评定为 B_u 级，而上部承重结构的等级为 C_u 级时，则应按本款规定将围护系统承重部分安全性等级调整为 C_u 级。这是因为围护系统承重部分本属上部承重

结构的一个组成部分,且依附于上部承重结构,只是为了某些需要,才单列作为一个子单元进行评定,因此其所评安全等级不能高于上部承重结构的等级。

6.4 构件使用性鉴定评级

6.4.1 构件使用性鉴定评级原则

使用性鉴定虽不涉及安全问题,但这并不意味着其鉴定要求就低于安全性鉴定。因为使用性鉴定结论是作为对构件进行维修、耐久性维护处理或功能改造的主要依据。倘若鉴定结论不实,其经济后果也是很严重的,故必须予以重视。在构件使用性鉴定评级中,《民标》对于混凝土结构、钢结构、砌体结构及木结构4种不同类型材料的结构构件同样采用了统一分级原则。

1)使用性检查项目的分级原则

使用性检查项目分为两类:一是验算项目;二是调查实测项目。

使用性检查项目的分级原则如下:

(1)使用状态验算项目评级原则

使用性鉴定以现场的调查、检测结果为基本依据,但必要时尚应在此基础上,有针对性地按正常使用极限状态的要求对结构进行计算分析与验算。具体可见第6.4.2节中"正常使用极限状态验算"部分。

(2)使用状态调查实测项目评级原则

长期以来国内外对建筑结构正常使用极限状态的研究很不充分,致使现行的正常使用性准则与建筑物各种功能的联系十分松散,无论据以进行设计或鉴定,均难以取得满意的结果。在这种情况下,只能从实用的目的出发,逐步地解决已建成建筑物使用性的鉴定评级问题。《民标》修订组在广泛进行调查实测与分析的基础上,参考日、美等国专家的观点,提出如下分级方案:

①根据不同的检测标志(如位移、裂缝、锈蚀等),分别选择下列量值之一作为划分 a_s 级与 b_s 级的界限:

a. 偏差允许值或其同量级的议定值;

b. 构件性能检验合格值或其同量级的议定值;

c. 当无上述量值可依时,选用经过验证的经验值。

②以现行设计规范规定的限值(或允许值)作为划分 b_s 级与 c_s 级的界限。

需要说明的是,该方案之所以将现行设计规范规定的限值作为实测项目划分 b_s 级与 c_s 级的界限,是因为在一次现场检测中,恰好遇到作用(荷载)与抗力均处于现行设计规范规定的两极情况,其可能性极小,可视为小概率事件。换言之,通常情况下,除专门的荷载试验外,现场实际作用(荷载)小于设计规范规定值,构件抗力大于设计规范规定值。此时,若检测结果已达到现行设计规范规定的限值,则说明该项功能已略有下降。因此,将现行设计规范规定的限值作为划分 b_s 级与 c_s 级的检测界限,通常情况下应该是合适的。

此外,上述分级方案以偏差允许值作为挠度的 a_s 级界限偏于严格,在实施中可能会遇到困难。结合以往经验,提出以挠度检测值 w 与计算值 w_0 及现行设计规范限值 w_d 的比较结果,按下列原则划分 a_s 级与 b_s 级的界限:

a.若 $w<w_0$,且 $w<w_d$,可评为 a_s 级。

b.若 $w_0 \leqslant w \leqslant w_d$,则评为 b_s 级。

c.若 $w>w_d$,应评为 c_s 级。

2)单个构件使用性等级的评定原则

单个构件使用性等级的确定,取决于其检查项目所评定的等级。当检查项目不止一个时,便存在着如何定级的问题。对此,采用了以检查项目中的最低等级作为构件使用性等级的评定原则。因为就单个构件的鉴定结果而言,其检查项目所评定的等级不外乎以下三种情况:

①同为某个等级,该等级即是构件等级。

②只有 a_s 级和 b_s 级,则以较低者作为构件等级。

③有 c_s 级,则取 c_s 级为构件等级来描述其功能状态为宜。

► 6.4.2 一般规定

1)正常使用极限状态验算

当遇到下列情况之一时,尚应在调查、检测基础上,有针对性地按正常使用极限状态的要求,对结构的主要构件进行计算分析与验算。

①检测结果需与计算值进行比较。

②检测只能取得部分数据,需通过计算分析进行鉴定。

③为改变建筑物用途、使用条件或使用要求而进行的鉴定。

对被鉴定的结构构件进行计算和验算,除应符合现行设计规范和第6.2.2节承载能力验算的规定外,尚应遵守下列规定:

①对于构件材料的弹性模量、剪变模量和泊松比等物理性能指标,可根据鉴定确认的材料品种和强度等级,按现行设计规范规定的数值采用。

②验算结果应按现行标准、规范规定的限值进行评级。若验算合格,可根据其实际完好程度评为 a_s 级或 b_s 级;若验算不合格,应定为 c_s 级。

③若验算结果与观察不符,应进一步检查设计和施工方面可能存在的差错。

2)可不参与鉴定的构件

与构件安全性鉴定一样,为减少现场检测工作量,将有限的人力、物力和财力用于最需要检查的部位,当同时符合下列条件时,构件的使用性等级可根据实际工作情况直接评为 a_s 级或 b_s 级。

①经详细检查,未发现构件有明显的变形、缺陷、损伤、腐蚀,也没有累积损伤问题。

②经过长时间的使用,构件状态仍然良好或基本良好,能够满足下一目标使用年限内的正常使用要求。

③在下一目标使用年限内,构件上的作用和环境条件与过去相比不会发生显著变化。

▶ 6.4.3 混凝土结构构件

混凝土结构构件的使用性鉴定,应按位移或变形、裂缝、缺陷和损伤四个检查项目,分别评定每一受检构件的等级,并取其中最低一级作为该构件使用性等级。混凝土结构构件碳化深度的测定结果主要用于鉴定分析,如预报或评估钢筋锈蚀的发展情况,不参与评级。若构件主筋已处于碳化区内,则应在鉴定报告中指出,并应结合其他项目的检测结果提出处理的建议。

1)位移或变形

(1)受弯构件挠度

当混凝土桁架和其他受弯构件的使用性按其挠度检测结果评定时,宜按下列规定评级:

①若检测值小于计算值及国家现行设计规范限值,可评为 a_s 级。

②若检测值大于或等于计算值,但不大于国家现行设计规范限值,可评为 b_s 级。

③若检测值大于国家现行设计规范限值,应评为 c_s 级。

在一般结构的鉴定中,对检测值小于现行设计规范限值的情况,允许不经计算,直接根据其完好程度评为 a_s 级或 b_s 级。

(2)柱顶水平位移

当混凝土柱的使用性需要按其柱顶水平位移或倾斜检测结果评定时,应按下列原则评级:

①若该位移的出现与整个结构有关,则该柱顶水平位移等级取上部承重结构子单元侧向位移使用性的评定等级,具体评定方法见第6.5.2节。例如由地基不均匀沉降引起的整体倾斜,由于这类位移通常在建筑物使用期间发生,故易造成毗邻的非承重构件和建筑装修的开裂或局部破损。

②若该位移的出现只是孤立事件,可根据其检测结果直接评级。评级所需的位移限值,可按表6.27所列的层间位移限值乘以1.1的系数确定。这类柱顶水平位移与整个结构及毗邻构件无关,如主要由施工或安装偏差引起的个别墙、柱或局部楼层的倾斜即属此类情况。这类位移通常在施工阶段发生,在使用阶段已趋稳定,故在承重构件中会产生一些附加内力,但不常导致非承重构件和建筑装修的开裂或局部破损。

2)裂缝

当钢筋混凝土结构构件的使用性按其裂缝宽度检测结果评定时,应遵守下列规定:

①当有计算值时:

a.若检测值小于计算值及国家现行设计规范限值时,可评为 a_s 级。

b.若检测值大于或等于计算值,但不大于国家现行设计规范限值时,可评为 b_s 级。

c.若检测值大于国家现行设计规范限值时,应评为 c_s 级。

②若无计算值时,钢筋混凝土构件应按表6.20的规定评级,预应力混凝土构件应按《民标》表6.2.4-2的规定评级。表中,对拱架和屋面梁,应分别按屋架和主梁评定;裂缝宽度以表面量测的数值为准。

③对沿主筋方向出现的锈迹或细裂缝,应直接评为 c_s 级。

④若一根构件同时出现两种或两种以上的裂缝,应分别评级,并取其中最低一级作为该构件的裂缝等级。

表 6.20　钢筋混凝土构件裂缝宽度等级的评定

<table>
<tr><th rowspan="2">检查项目</th><th rowspan="2">环境类别和作用等级</th><th rowspan="2" colspan="2">构件种类</th><th colspan="3">裂缝评定标准</th></tr>
<tr><th>a_s 级</th><th>b_s 级</th><th>c_s 级</th></tr>
<tr><td rowspan="6">受力主筋处的弯曲裂缝或弯剪裂缝宽度/mm</td><td rowspan="3">Ⅰ-A</td><td rowspan="2">主要构件</td><td>屋架、托架</td><td>≤0.15</td><td>≤0.20</td><td>>0.20</td></tr>
<tr><td>主梁、托梁</td><td>≤0.20</td><td>≤0.30</td><td>>0.30</td></tr>
<tr><td colspan="2">一般构件</td><td>≤0.25</td><td>≤0.40</td><td>>0.40</td></tr>
<tr><td>Ⅰ-B、Ⅰ-C</td><td colspan="2">任何构件</td><td>≤0.15</td><td>≤0.20</td><td>>0.20</td></tr>
<tr><td>Ⅱ</td><td colspan="2">任何构件</td><td>≤0.10</td><td>≤0.15</td><td>>0.15</td></tr>
<tr><td>Ⅲ、Ⅳ</td><td colspan="2">任何构件</td><td>无肉眼可见的裂缝</td><td>≤0.10</td><td>>0.10</td></tr>
</table>

3)缺陷和损伤

混凝土构件缺陷和损伤项目应按表 6.21 的规定评级。

表 6.21　混凝土构件缺陷和损伤等级的评定

检查项目	a_s 级	b_s 级	c_s 级
缺陷	无明显缺陷	局部有缺陷,但缺陷深度小于钢筋保护层厚度	有较大范围的缺陷,或局部的严重缺陷,且缺陷深度大于钢筋保护层厚度
钢筋锈蚀损伤	无锈蚀现象	探测表明有可能锈蚀	已出现沿主筋方向的锈蚀裂缝,或明显的锈迹
混凝土腐蚀损伤	无腐蚀损伤	表面有轻度腐蚀损伤	有明显腐蚀损伤

▶ 6.4.4　钢结构构件

钢结构构件的使用性鉴定,应按位移或变形、缺陷和锈蚀或腐蚀三个检查项目,分别评定每一受检构件等级,并以其中最低一级作为该构件的使用性等级。考虑柔细的受拉构件在自重作用下可能产生过大的变形和晃动,从而不仅影响外观,甚至还会妨碍相关部位的正常工作,因此对钢结构受拉构件,尚应增加长细比作为检查项目参与上述评级。

1)位移或变形

(1)受弯构件挠度

当钢桁架和其他受弯构件的使用性按其挠度检测结果评定时,应按下列规定评级:

①若检测值小于计算值及国家现行设计规范限值,可评为 a_s 级。

②若检测值大于或等于计算值,但不大于国家现行设计规范限值,可评为 b_s 级。

③若检测值大于国家现行设计规范限值,可评为 c_s 级。

在一般构件的鉴定中,对检测值小于国家现行设计规范限值的情况,可直接根据其完好

程度定为 a_s 级或 b_s 级。

(2)柱顶水平位移(倾斜)

钢结构构件柱顶水平位移或倾斜的使用性等级评定方法与混凝土结构构件基本相同。唯一区别在于第二类位移,即该位移的出现只是孤立事件时,评级所需的位移限值直接按表6.28所列的层间位移限值确定,而不必乘以1.1的增大系数。这是因为第二类位移主要是由施工或安装偏差引起的个别构件倾斜,而钢柱对偏差产生的效应比较敏感,即使其鉴定仅涉及正常使用性问题,也应给予重视。

2)缺陷和损伤

当钢结构构件的使用性按其缺陷(含偏差)和损伤的检测结果评定时,应按表6.22的规定评级。

表6.22 钢结构构件缺陷和损伤等级的评定

检查项目	a_s 级	b_s 级	c_s 级
桁架、屋架不垂直度	不大于桁架高度的1/250,且不大于15 mm	略大于 a_s 级允许值,尚不影响使用	大于 a_s 级允许值,已影响使用
受压构件平面内的弯曲矢高	不大于构件自由长度的1/1 000,且不大于10 mm	不大于构件自由长度的1/660	大于构件自由长度的1/660
实腹梁侧向弯曲矢高	不大于构件计算跨度的1/660	不大于构件跨度的1/500	大于构件跨度的1/500
其他缺陷或损伤	无明显缺陷或损伤	局部有表面缺陷或损伤,尚不影响正常使用	有较大范围缺陷或损伤,且已影响正常使用

3)受拉构件长细比

当钢结构受拉构件的使用性按其长细比的检测结果评定时,应按表6.23的规定评级。其中,评定结果取 a_s 级或 b_s 级,可根据其实际完好程度确定;当钢结构受拉构件的长细比虽略大于 b_s 级的限值,但若该构件的下垂矢高尚不影响其正常使用时,仍可定为 b_s 级;张紧的圆钢拉杆的长细比不受本表限制。

表6.23 钢结构受拉构件长细比等级的评定

构件类别		a_s 级或 b_s 级	c_s 级
重要受拉构件	桁架拉杆	≤350	>350
	网架支座附近处拉杆	≤300	>300
一般受拉构件		≤400	>400

4)防火涂层

考虑到民用建筑钢结构防火的重要性,将防火涂层质量的检查与评定纳入钢结构构件使用性鉴定范畴。当钢结构构件使用性按防火涂层的检测结果评定时,应按表6.24的规定评级。需要指出的是,对防火涂层的检查应逐根构件进行,不得疏漏,只有这样才能有效发挥防火涂层的作用。

表 6.24 钢结构构件防火涂层等级的评定

基本项目	a_s 级	b_s 级	c_s 级
外观质量	涂膜无空鼓、开裂、脱落、霉变、粉化等现象	涂膜局部开裂,薄型涂料涂层裂纹宽度不大于0.5 mm;厚型涂料涂层裂纹宽度不大于1.0 mm;边缘局部脱落;对防火性能无明显影响	涂膜开裂,薄型涂料涂层裂纹宽度大于0.5 mm;厚型涂料涂层裂纹宽度大于1.0 mm;重点防火区域涂层局部脱落;对结构防火性能产生明显影响
涂层附着力	涂层完整	涂层完整程度达到70%	涂层完整程度低于70%
涂膜厚度	厚度符合设计或国家现行规范规定	厚度小于设计要求,但小于设计厚度的测点数不大于10%,且测点处实测厚度不小于设计厚度的90%;厚涂型防火涂料涂膜,厚度小于设计厚度的面积不大于20%,且最薄处厚度不小于设计厚度的85%,厚度不足部位的连续长度不大于1 m,并在5 m范围内无类似情况	达不到 b_s 级的要求

▶ 6.4.5 砌体结构构件

砌体结构构件的使用性鉴定,应按位移、非受力裂缝、腐蚀三个检查项目,分别评定每一受检构件等级,并取其中最低一级作为该构件的使用性等级。

在使用性鉴定检查项目中只考虑了非受力引起的裂缝(也称变形裂缝),这是因为砌体结构失效模式多为脆性破坏,一旦出现受力裂缝,不论其宽度大小均将影响安全,故应将受力裂缝全部列入安全性检查评定。

1)墙、柱顶点水平位移(倾斜)

砌体结构中墙、柱水平位移或倾斜的使用性等级评定方法与混凝土结构柱顶水平位移或倾斜的评定方法相同,具体详见第6.4.3节。对配筋砌体柱和组合砌体柱位移限值问题,研究认为,就抵抗水平位移能力而言,配筋砌体较为接近普通砌体,宜按砌体结构评定;对于组合砌体墙、柱,若其形式(如钢筋混凝土围套型)及构造合理,则具有钢筋混凝土结构的特点,可按混凝土墙、柱评定。

2)非受力裂缝

使用性鉴定检查项目中只考虑非受力裂缝,这是指由温度、收缩、变形和地基不均匀沉降等引起的裂缝。需要注意的是,较严重的非受力裂缝已在安全性鉴定中考虑,而轻度的非受力裂缝是砌体结构中的常见现象,通常它们只对有较高使用要求的房屋造成需要修缮的问题。因此在使用性鉴定中,有必要征求业主或用户的意见,以做出恰当的结论。例如,钢筋混凝土圈梁与砌体之间的温度裂缝,一般并不影响正常使用,且一旦出现,也很难消除。在这种情况下,若业主和用户也认为无碍其使用,即使已略为超出 b_s 级界限,也可考虑评为 b_s 级;或是仍评为 c_s 级,但说明可以暂不采取措施。

当砌体结构构件的使用性按其非受力裂缝检测结果评定时,应按表 6.25 的规定评级。对无肉眼可见裂缝的柱,可根据其实际完好程度取 a_s 级或 b_s 级。

表 6.25　砌体结构构件非受力裂缝等级的评定

检查项目	构件类别	a_s 级	b_s 级	c_s 级
非受力裂缝宽度/mm	墙及带壁柱墙	无肉眼可见裂缝	≤1.5	>1.5
	柱	无肉眼可见裂缝	无肉眼可见裂缝	出现肉眼可见裂缝

3)腐蚀

砌体构件经过多年使用后,在环境作用下一般均会发生程度不同的风化、粉化、泛霜以及冻融等腐蚀性损伤。

风化(weathering)原是指由于长期的风吹、日晒、雨水冲刷和生物的影响,地表岩石等受到破坏或分解;粉化(efflorescence)原是指含结晶水的化合物失去结晶水。在一般情况下,并未严格区分风化与粉化,而是将它们统称为风化。对砖砌体结构而言,风化作用主要分为两类:其一为物理风化,包括冻胀、盐化结晶膨胀;其二为化学风化,包括氧化、水解、碳酸化、水化、溶解等过程。

当砌体结构构件的使用性按其腐蚀,包括风化和粉化的检测结果评定时,应按表 6.26 的规定评级。

表 6.26　砌体结构构件腐蚀等级的评定

<table>
<tr><th colspan="2">检查部位</th><th>a_s 级</th><th>b_s 级</th><th>c_s 级</th></tr>
<tr><td rowspan="2">块材</td><td>实心砖</td><td rowspan="2">无腐蚀现象</td><td>小范围出现腐蚀现象,最大腐蚀深度不大于 6 mm,且无发展趋势</td><td>较大范围出现腐蚀现象或最大腐蚀深度大于 6 mm,或腐蚀有发展趋势</td></tr>
<tr><td>多孔砖
空心砖
小砌块</td><td>小范围出现腐蚀现象,最大腐蚀深度不大于 3 mm,且无发展趋势</td><td>较大范围出现腐蚀现象或最大腐蚀深度大于 3 mm,或腐蚀有发展趋势</td></tr>
<tr><td colspan="2">砂浆层</td><td>无腐蚀现象</td><td>小范围出现腐蚀现象,最大腐蚀深度不大于 10 mm,且无发展趋势</td><td>较大范围出现腐蚀现象或最大腐蚀深度大于 10 mm,或腐蚀有发展趋势</td></tr>
<tr><td colspan="2">砌体内部钢筋</td><td>无锈蚀现象</td><td>有锈蚀可能或有轻微锈蚀现象</td><td>明显锈蚀或锈蚀有发展趋势</td></tr>
</table>

▶ 6.4.6　木结构构件

木结构构件的使用性鉴定,应按位移、干缩裂缝和初期腐朽三个检查项目的检测结果,分别评定每一受检构件等级,并取其中最低一级作为该构件的安全性等级。

6.5 子单元使用性鉴定评级

在民用建筑使用性的第二层次鉴定评级中，采用了与安全性鉴定评级相对应的层次，即同样按地基基础、上部承重结构和围护系统划分为3个子单元，并分别进行评定。当仅要求对某个子单元的使用性进行鉴定时，该子单元与其他相邻子单元之间的交叉部位，也应进行检查；当发现存在使用性问题，应在鉴定报告中提出处理意见；当需按正常使用极限状态的要求对被鉴定结构进行验算时，其所采用的分析方法和基本数据，应符合前文第6.4.2节的相关要求。

► 6.5.1 地基基础

地基基础属隐蔽工程，在建筑物已建成情况下，检查尤为困难。因此，与地基基础安全性鉴定类似，非不得已不进行直接检查，即只在必要时才开挖基础进行检查（例如，地下水成分有改变，或周围土壤受腐蚀等）。

在工程鉴定实践中，一般通过观测上部承重结构和围护系统的工作状态及其所产生的影响正常使用的问题来间接判断地基基础的使用性是否满足设计要求。地基基础子单元使用性等级评级规定如下：

①当上部承重结构和围护系统的使用性检查未发现问题，或所发现问题与地基基础无关时，可根据实际情况评定为A_s级或B_s级。

②当上部承重结构和围护系统所发现的问题与地基基础有关时，可根据上部承重结构和围护系统所评的等级，取其中较低一级作为地基基础使用性等级。

地基基础使用性不良所造成的问题主要是导致上部承重结构和围护系统不能正常使用，因此，根据它们是否受到损害以及损坏程度所评的等级，显然也可以描述地基基础的使用功能及其存在问题的轻重程度。在这种情况下，两者同取某个使用性等级，不仅容易为人们所接受，也便于对有关问题进行处理。需要强调的是，上述原则是以上部承重结构和围护系统所发生的问题与地基基础有关为前提，否则另当别论。

► 6.5.2 上部承重结构

1）上部承重结构检查项目

基于安全性鉴定相同的评估模式，上部承重结构子单元使用性鉴定评级包括上部结构使用功能和结构侧向位移两个检查项目。当建筑物的使用要求对振动有限制时，还应评估振动的影响。

2）上部结构使用功能

上部结构使用功能等级评定与上部结构承载功能安全性等级评定一样，是从单个构件开始，到构件集、代表层（计算单元）、上部结构使用功能逐层次评定的。其中，构件集和代表层的定义与安全性鉴定评级中相同。

(1)构件集

对于单层房屋,以计算单元中每种构件集为评定对象;对于多层和高层房屋,以代表层中每种构件集为评定对象。在计算单元或代表层中,评定一种构件集的使用性等级时,应根据该层该种构件中每一受检构件的评定结果,按下列规定评级:

①A_s 级:该构件集内,不含 c_s 级构件,可含 b_s 级构件,但含量不多于35%。

②B_s 级:该构件集内,可含 c_s 级构件,但含量不多于25%。

③C_s 级:该构件集内,c_s 级含量多于 B_s 级的规定数。

其中,每种构件集的评级,在确定各级百分比含量的限值时,对主要构件集取下限;对一般构件集取偏上限或上限,但应在检测之前确定所采用的限值。需说明的是,《民标》在此并未区分上限和下限,本书建议将以上条款中的限值作为上限,降低5%~10%作为下限采用。

(2)代表层

《民标》未给出代表层使用性等级的评定方法,参照代表层安全性等级评定的原则,建议按该代表层中各主要构件集中的最低等级确定。当代表层中一般构件集的最低等级比主要构件集最低等级低两级时,该代表层所评的使用性等级应降一级。

(3)上部结构使用功能等级评定

上部结构使用功能的等级,应根据计算单元或代表层所评的等级,按下列规定进行确定:

①A_s 级:不含 C_s 级的计算单元或代表层;可含 B_s 级,但含量不宜多于30%。

②B_s 级:可含 C_s 级的计算单元或代表层,但含量不多于20%。

③C_s 级:在该计算单元或代表层中,C_s 级含量多于 B_s 级的规定值。

3)侧向位移

上部承重结构的侧向位移过大时,即使尚未达到影响建筑物安全的程度,也会对建筑物的使用功能造成值得关注的后果。例如,使填充墙等非承重构件或各种装修产生裂纹或其他局部破损;设备管道受损、电梯轨道变形;房屋用户、住户感到不适,甚至引起不安等。因此,将侧向位移列为上部承重结构使用性鉴定的检查项目之一进行检测、验算和评定是必要的。

当上部承重结构的使用性需考虑侧向位移的影响时,可采用检测或计算分析的方法进行鉴定。在等级划分时,以相当于施工允许偏差或同量级的经验值,作为确定 A_s 级与 B_s 级的界限;以相当于现行设计规范规定的位移限值,作为确定 B_s 级与 C_s 级的界限。具体评级规定如下:

①对检测取得的主要由综合因素引起的侧向位移,应按表6.27的规定评定每一测点的等级,并按下列原则分别确定结构顶点和层间的位移等级。

a.对结构顶点位移,按各测点中占多数的等级确定。

b.对层间位移,按各测点最低的等级确定。

根据以上两项评定结果,取其中较低等级作为上部承重结构侧向位移使用性等级。

②当检测有困难时,允许在现场取得与结构有关参数的基础上,采用计算分析方法进行鉴定。若计算的侧向位移不超过表6.27中的 B_s 级界限,可根据该上部承重结构的完好程度评为 A_s 级或 B_s 级;当计算的侧向位移值已超出表6.27中 B_s 级的界限时,则应定为 C_s 级。

表 6.27 结构的侧向位移限值

检查项目	结构类别		位移限值		
			A_s 级	B_s 级	C_s 级
钢筋混凝土结构或钢结构的侧向位移	多层框架	层 间	$\leqslant H_i/500$	$\leqslant H_i/400$	$>H_i/400$
		结构顶点	$\leqslant H/600$	$\leqslant H/500$	$>H/500$
	高层框架	层 间	$\leqslant H_i/600$	$\leqslant H_i/500$	$>H_i/500$
		结构顶点	$\leqslant H/700$	$\leqslant H/600$	$>H/600$
	框架-剪力墙 框架-筒体	层 间	$\leqslant H_i/800$	$\leqslant H_i/700$	$>H_i/700$
		结构顶点	$\leqslant H/900$	$\leqslant H/800$	$>H/800$
	筒中筒 剪力墙	层 间	$\leqslant H_i/950$	$\leqslant H_i/850$	$>H_i/850$
		结构顶点	$\leqslant H/1\ 100$	$\leqslant H/900$	$>H/900$
砌体结构侧向位移	以墙承重的多层房屋	层间	$\leqslant H_i/550$	$\leqslant H_i/450$	$>H_i/450$
		结构顶点	$\leqslant H/650$	$\leqslant H/550$	$>H/550$
	以柱承重的多层房屋	层间	$\leqslant H_i/600$	$\leqslant H_i/500$	$>H_i/500$
		结构顶点	$\leqslant H/700$	$\leqslant H/600$	$>H/600$

注:表中 H 为结构顶点高度;H_i 为第 i 层的层间高度。

4)上部承重结构子单元

根据结构体系可靠性鉴定模式,上部承重结构的使用性等级应根据上部结构使用功能和结构侧向位移所评等级,取其中较低等级作为其使用性等级。对大跨度或高层建筑以及其他对振动敏感的柔性低阻尼的房屋,尚应按《民标》的相关规定,考虑振动对上部承重结构使用功能的影响。

► 6.5.3 围护系统

1)围护系统检查项目

围护系统子单元使用性鉴定评级的检查项目包括围护系统使用功能和承重部分使用性两个。

(1)围护系统使用功能

当评定围护系统使用功能时,应按表 6.28 规定的检查项目及其评定标准逐项评级,并按下列原则确定围护系统的使用功能等级:

①一般情况下,可取其中最低等级作为围护系统的使用功能等级。

②当鉴定的房屋对表中各检查项目的要求有主次之分时,也可取主要项目中的最低等级作为围护系统使用功能等级。

③当按上款主要项目所评的等级为 A_s 级或 B_s 级,但有多于一个次要项目为 C_s 级时,应将所评等级降为 C_s 级。

表6.28 围护系统使用功能等级的评定

检查项目	A_s级	B_s级	C_s级
屋面防水	防水构造及排水设施完好，无老化、渗漏及排水不畅的迹象	构造、设施基本完好，或略有老化迹象，但尚不渗漏及积水	构造、设施不当或已损坏，或有渗漏，或积水
吊顶	构造合理，外观完好，建筑功能符合设计要求	构造稍有缺陷，或有轻微变形或裂纹，或建筑功能略低于设计要求	构造不当或已损坏，或建筑功能不符合设计要求，或出现有碍外观的下垂
非承重内墙	构造合理，与主体结构有可靠联系，无可见变形，面层完好，建筑功能符合设计要求	略低于A_s级要求，但尚不显著影响其使用功能	已开裂、变形，或已破损，或使用功能不符合设计要求
外　墙	墙体及其面层外观完好，无开裂、变形；墙脚无潮湿迹象；墙厚符合节能要求	略低于A_s级要求，但尚不显著影响其使用功能	不符合A_s级要求，且已显著影响其使用功能
门　窗	外观完好，密封性符合设计要求，无剪切变形迹象，开闭或推动自如	略低于A_s级要求，但尚不显著影响其使用功能	门窗构件或其连接已损坏，或密封性差，或有剪切变形，已显著影响其使用功能
地下防水	完好，且防水功能符合设计要求	基本完好，局部可能有潮湿迹象，但尚不渗漏	有不同程度损坏或有渗漏
其他防护设　施	完好，且防护功能符合设计要求	有轻微缺陷，但尚不显著影响其防护功能	有损坏，或防护功能不符合设计要求

民用建筑围护系统种类繁多、构造复杂，若逐个设置检查项目，则难以概括齐全。因此，表6.28按使用功能的要求将其划分为7个检查项目。鉴定时，可根据委托方的要求，只评其中一至几项；也可逐项评定，经综合后确定该围护系统的使用功能等级。这里需要指出的是，有些防护设施并不完全属于围护系统，其所以归入围护系统进行鉴定，是因为它们的设置、安装、修理和更新往往要对相关的围护构件造成损害，在围护系统使用功能的鉴定中不可避免地要涉及这类问题。

(2)承重部分使用性

当评定围护系统承重部分的使用性时，应按上部承重结构子单元相同的标准评定每种构件集的等级，并取其中最低等级作为该系统承重部分使用性等级。若委托方仅需要鉴定围护系统的使用功能，则其承重部分的使用性鉴定可归入上部承重结构子单元。

2)围护系统使用性等级

围护系统的使用性等级，应根据其使用功能和承重部分使用性的评定结果，按较低的等级确定。

6.6 鉴定单元安全性及使用性评级

鉴定单元安全性和使用性评级的目的及其结果主要都是用于宏观管理。

► 6.6.1 鉴定单元安全性评级

1)鉴定单元安全性评级检查项目

民用建筑鉴定单元的安全性鉴定评级,应根据地基基础、上部承重结构和围护系统承重部分三个子单元的安全性等级,以及与整幢建筑有关的其他安全问题进行评定。之所以还需要考虑与整幢建筑有关的其他安全问题,是因为建筑物所遭遇的险情,不完全都是由自身问题引起的,如直接受到近邻危房、滑坡体的威胁等,故对外界安全隐患同样需要进行评估和处理。

2)鉴定单元安全性评级方法

鉴定单元的安全性等级,应根据各子单元安全性等级的评定结果,按下列原则确定:

①一般情况下,应根据地基基础和上部承重结构的评定结果,按其中较低等级确定。

②当鉴定单元的安全性等级按上款评为 A_{su} 级或 B_{su} 级,但围护系统承重部分的等级为 C_u 级或 D_u 级时,可根据实际情况将鉴定单元所评等级降低一级或二级,但最后所定的等级不得低于 C_{su} 级。

③建筑物处于有危房的建筑群中,且直接受到其威胁;或建筑物朝一方向倾斜,且速度开始变快时,可直接评为 D_{su} 级。本款所列两项内容,均涉及紧急情况,但不可能覆盖工程中的全部危急险情,鉴定人员可参照此款举一反三采取应急措施进行处理。此外,对危房造成危害的判断,除应考虑其坍塌可能波及的范围和由之造成的次生破坏外,还应考虑拆除危房对毗邻建筑物可能产生的损坏作用。

► 6.6.2 鉴定单元使用性评级

1)鉴定单元使用性评级检查项目

民用建筑鉴定单元的使用性鉴定评级,应根据地基基础、上部承重结构和围护系统的使用性等级,以及与整幢建筑有关的其他使用功能问题进行评定。如第 6.5.1 节所述,因地基基础的使用性,除了基础本身的耐久性问题外,几乎均反映在上部承重结构和围护系统的有关部位上,并取与它们相同的等级,因此,在实际工程中,只要能确认基础的耐久性不存在问题,则鉴定工作将得到简化。

2)鉴定单元使用性评级方法

鉴定单元的使用性等级,应根据各子单元使用性等级的评定结果,按下列原则确定:

①按 3 个子单元中最低的等级确定。

②当鉴定单元的使用性等级按上一款评为 A_{ss} 级或 B_{ss} 级时,若遇到房屋内外装修已大部分老化、残损或房屋管道、设备已需全部更新两种情况之一时,宜将所评等级降为 C_{ss} 级。

6.7 民用建筑可靠性评级

1)可靠性评级检查项目

民用建筑的可靠性鉴定,应按表6.1划分的层次,以其安全性和使用性的鉴定结果为依据逐层进行,在每一层次中包括对应层次的安全性和使用性两个项目。

2)可靠性鉴定的评级方法

当不要求给出可靠性等级时,民用建筑各层次的可靠性,宜采取直接列出其安全性等级和使用性等级的形式予以表示。这种评级方法的优点是直观,又便于不熟悉可靠性概念的人理解鉴定结论的含义,所以较容易为人接受。

当需要给出民用建筑各层次的可靠性等级时,可根据其安全性和正常使用性的评定结果,按下列原则确定:

①当该层次安全性等级低于 b_u 级、B_u 级或 B_{su}级时,应按安全性等级确定。分析表明,当鉴定对象的安全性等级低于 b_u 级、B_u 级或 B_{su}级时,均需通过采取措施才能得以修复。在这种情况下,其使用性一般是不可能满足要求的,即使有些功能还能维持,但也是要受到加固的影响。因此,以安全性等级作为可靠性等级的规定是合适的。

②除上款情形外,可按安全性等级和正常使用性等级中较低的一个等级确定。如此,当安全性等级在 a_u 级、A_u 级或 A_{su}级的情况下,对民用建筑最重要的是要考虑其使用性是否满足要求。此时,宜以使用性的评定结果来描述可靠性,即宜取使用性等级作为可靠性等级,而使用性最低等级是 c_u 级、C_u 级或 C_{su}级。

③当考虑鉴定对象的重要性或特殊性时,允许对上述第2款的评定结果作不大于一级的调整。

【例题6.2】某6层现浇钢筋混凝土框架结构办公楼,于2015年竣工投入使用。底层室内地坪标高为±0.000 m,底层建筑层高4.2 m,其他各层建筑层高均为3.6 m,各层结构布置相同。基础为柱下钢筋混凝土独立基础,地基为中压缩性土。房屋安全检查发现,1层楼盖(楼面标高4.200 m)的①轴线Ⓐ~Ⓑ轴跨梁和Ⓐ轴线①~②轴跨梁出现裂缝,如图6.2所示。因怀疑①×Ⓐ轴(①轴线交Ⓐ轴线)柱产生不均匀沉降,业主委托检测机构按《民标》对该房屋进行安全性鉴定评级。具体内容包括:

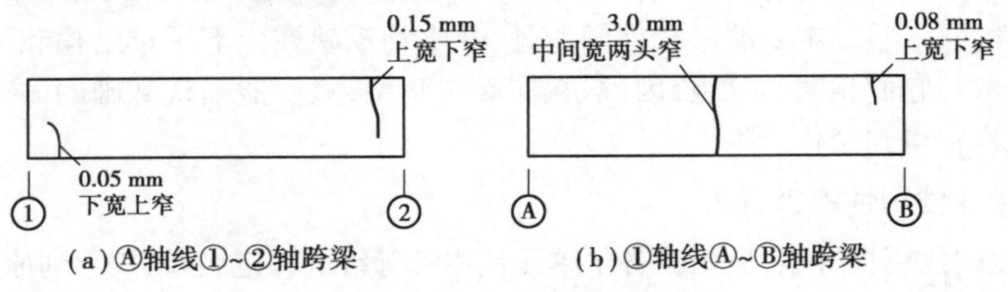

图6.2 梁侧裂缝分布图

(1)确定地基基础安全性等级;

(2)选取上部承重结构代表层;

(3)确定代表层安全性等级;

(4)确定上部承重结构安全性等级;

(5)确定该楼安全性等级。

备注:(1)第2层(楼面标高7.800 m)构件的抗力效应比$R/\gamma_0 S$如图6.3所示,其他楼层构件的抗力效应比均大于1.0;

(2)①×Ⓐ柱经3个月沉降监测表明,初始不均匀沉降为7 mm(高差测量结果),此后第1个月为2.3 mm,第2个月为2.1 mm,第3个月为1.2 mm(均为下沉);房屋其他柱基础未见不均匀沉降。

(3)房屋整体牢固性良好,无明显侧向位移;已有裂缝无发展迹象;未见其他异常现象。

(4)无须对围护系统的承重部分单独评级。

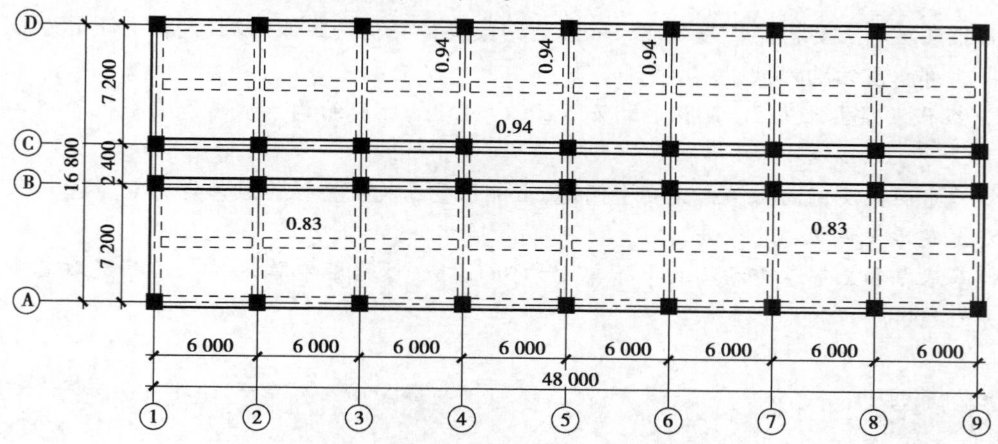

图6.3　第2层(7.800 m标高)构件的抗力效应比计算结果

【**解**】1)地基基础评级

不均匀沉降总量:7+2.3+2.1+1.2=12.6 mm,《建筑地基基础设计规范》(GB 50007—2011)规定的允许沉降差为$0.002l=0.002\times 6\ 000=12$ mm,不均匀沉降12.6 mm略大于规范允许值12 mm;虽第1、2月连续两个月地基沉降量大于每月2 mm,但第3月小于2 mm;上部结构出现个别轻微沉降裂缝(如Ⓐ轴线①~②轴跨梁裂缝),但无发展迹象。(①轴线Ⓐ~Ⓑ轴跨梁跨中裂缝虽宽,但不属于沉降裂缝)。

地基基础评级为C_u级。

2)选取代表层

框架总层数6层,$\sqrt{6}=2.45$,取整数为3层,再增加底层和顶层,代表层总数为5层。

3)代表层评级

(1)1层(4.800 m标高)安全性评级:

该层仅Ⓐ轴线①~②轴跨梁和①轴线Ⓐ~Ⓑ轴跨梁出现裂缝,其他均未见安全隐患,故只需对框架梁主要构件集的裂缝检查项目进行评级。

①Ⓐ轴线①~②轴跨梁。其裂缝检查项目仅有不适于承载的弯曲裂缝,裂缝宽度小于0.5 mm,评为b_u级;该构件即评定为b_u级。

②①轴线Ⓐ~Ⓑ轴跨梁。其梁端为不适于承载的弯曲裂缝,裂缝宽度小于0.5 mm,评为

b_u 级;跨中非受力裂缝宽度 3 mm,超出弯曲裂缝宽度 50%(0.75 mm),评为 c_u 级;该构件即评定为 c_u 级。

框架梁构件集评定:构件总数 59,c_u 级构件占比 1/59 = 1.7% < 15%,框架梁构件集评定为 B_u 级;代表层也为 B_u 级。

(2)2 层(7.800 m 标高)安全性评级:

该层部分框架梁和次梁承载能力不满足设计要求,其他均未见安全隐患。故只需对框架梁主要构件集和次梁一般构件集的承载能力检查项目进行评级。

①框架梁构件集。c_u 级构件占比 4/59 = 6.8% < 15%,框架梁主要构件集评定为 B_u 级。

②次梁构件集。次梁总数为 16,d_u 级构件占比 2/16 = 12.5% > 10%,次梁一般构件集评定为 D_u 级。

③代表层。主要构件集为 B_u 级,一般构件集较主要构件集低两级,代表层评定为 C_u 级。

4)上部承重结构评级

C_u 级代表层占比 1/5 = 20%。50% > 20% > 15%,上部结构承载功能安全性等级评定为 C_u 级。

结构牢固性及侧向位移未见安全问题,上部承重结构安全性等级评定为 C_u 级。

5)鉴定单元评级

地基基础和上部承重结构两个子单元均为 C_u 级,该楼鉴定单元安全性等级取其中较低级仍为 C_u 级。

习　题

6.1　《民标》适用范围如何?哪些情况下应进行民用建筑可靠性鉴定?

6.2　民用建筑可靠性鉴定中鉴定单元、子单元、构件的含义是什么?

6.3　民用建筑可靠性鉴定评级的层次、等级划分以及工作步骤和内容如何?

6.4　民用建筑可靠性鉴定中主要构件、一般构件、构件集的含义是什么?

6.5　在《民标》按承载能力验算结果评级的分级原则中,是如何体现该鉴定方法的概率意义的?

6.6　为什么在确定单个构件安全性等级时采用按最低等级项目确定的定级原则,即“最小值原则”?

6.7　多层砌体结构安全性鉴定现场检测项目通常包括哪些?

6.8　混凝土结构构件不适于承载的受力裂缝和非受力裂缝的主要种类有哪些?

6.9　地基基础子单元的安全性鉴定评级中,为何不再将基础单列为一个检测项目?

6.10　对上部承重结构不适于承载的侧向位移,根据其检测结果应如何评级?

6.11　简述上部承重结构子单元的安全性鉴定评级方法和步骤。

6.12　上部承重结构子单元评级时为什么要评定结构的整体性?

6.13　某办公楼于 2008 年设计建造完成并投入使用,为 5 层全现浇钢筋混凝土框架结构,底层室内地坪标高为 ±0.000 m,各层建筑层高均为 3.6 m,各层结构布置相同。因安全性统一检查，现业主委托按《民标》对该房屋上部承重结构进行安全性鉴定和评级（本次鉴定委托不包括抗震鉴定部分）。其具体内容包括：

（1）选取代表层；

（2）确定1层（3.600 m标高）的安全性等级；

（3）确定顶层（18.000 m标高）的安全性等级；

（4）确定上部承重结构承载功能的安全性等级；

（5）确定上部承重结构的安全性等级。

备注：（1）经现场调查、检测和验算，第1层、顶层构件的抗力效应比 $R/\gamma_0 S$ 如图6.4和图6.5所示。其他楼层构件的抗力效应比均大于1.0；

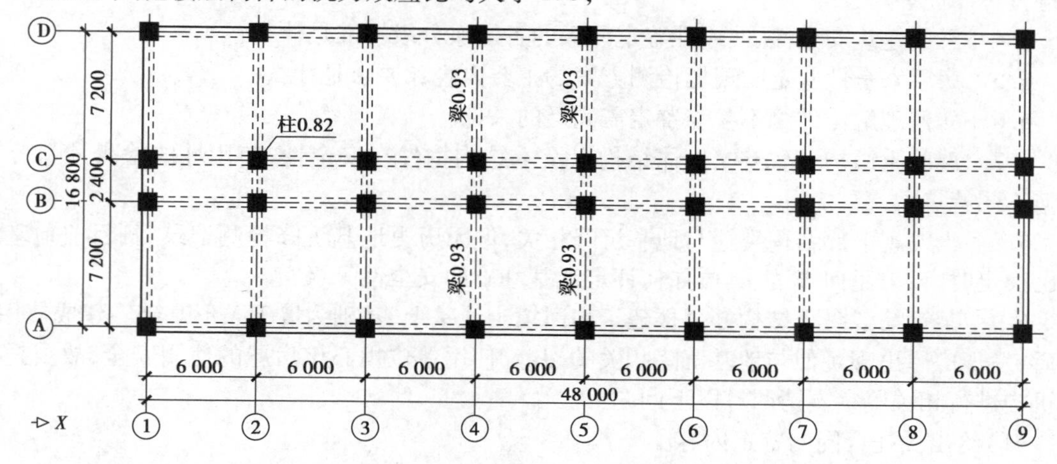

图6.4　第1层（3.600 m标高）构件的抗力效应比计算结果

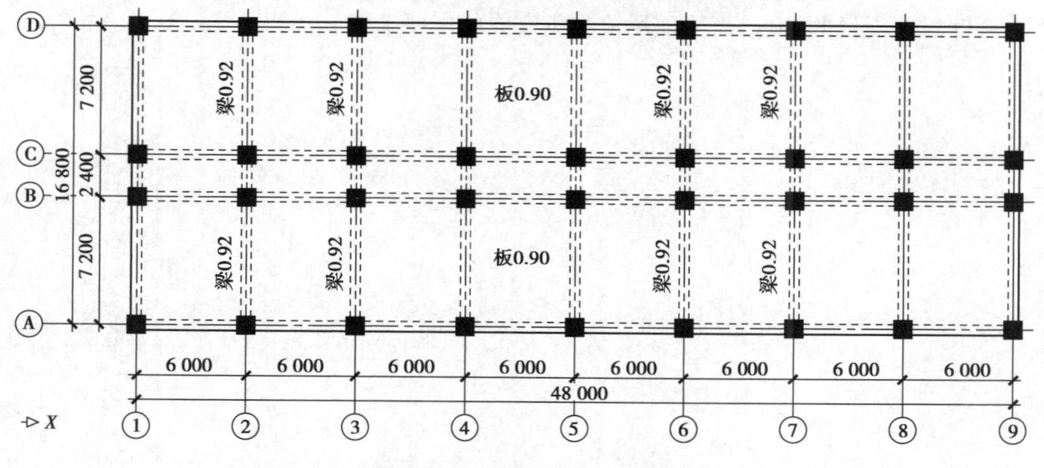

图6.5　顶层（18.000 m标高）构件的抗力效应比计算结果

（2）顶点的最大侧向位移为22.5 mm（相对于±0.000 m标高）；

（3）现场调查和检测结果表明，房屋地基基础未见异常；房屋整体牢固性良好，构件裂缝、变形、构造等均满足规范要求，未见异常。

思考题

6.1　如何理解《民标》是概率极限状态鉴定法?

6.2　重庆主城区抗震设防烈度为6度,根据《民标》要求,其民用建筑可靠性鉴定及评级时是否应考虑抗震?如需考虑,在具体鉴定工作中如何处理?

6.3　如何理解《民标》要求建筑物在改造或增容、改建或扩建以及延长设计使用年限前应进行可靠性鉴定?

6.4　民用建筑安全性、使用性鉴定评级的各层次分级标准是什么?

6.5　房屋安全性鉴定的现场检测方案的主要内容和要求是什么?

6.6　如何理解构件可不参与鉴定需满足的条件?

6.7　混凝土结构、钢结构、砌体结构以及木结构构件在安全性、使用性的检查项目方面有何不同特点?

6.8　当发现上部结构裂缝与地基沉降相关,但无历史地基沉降检测记录,且目前地基沉降已稳定时,该采用何方法、具体如何评定地基基础的安全性等级?

6.9　某钢筋混凝土结构办公楼建于高回填土地基上,基础为墙下条形基础。建成使用5年后,发现房屋出现疑似与地基沉降相关的裂缝,使用单位担心该房屋的使用安全,故委托检测机构进行相关鉴定。请回答以下问题:

(1)给出委托合同的鉴定内容。

(2)针对该项目的特点,简述初步调查时应收集的主要资料。

(3)针对该项目的特点,简述现场检测应完成的主要工作。

工业建筑可靠性鉴定

【本章基本内容】

本章以工业建(构)筑物为对象,以《工业建筑可靠性鉴定标准》(GB 50144—2019)为主要依据,系统介绍工业建(构)筑物结构可靠性鉴定的基础知识。主要内容包括:工业建(构)筑物鉴定的基本程序和工作内容,安全性、使用性、可靠性鉴定的层次、等级划分和具体的评定方法等。

【学习目标】

(1)**了解**:工业建(构)筑物可靠性鉴定的委托、调查、检测方案、现场查勘和检测、内部作业、鉴定报告等的主要内容。

(2)**熟悉**:工业建(构)筑物可靠性鉴定的基本程序和基础理论。

(3)**掌握**:工业建(构)筑物安全性、使用性、可靠性鉴定的工作内容、基本步骤和具体方法。

7.1 基本规定

工业建筑工程是建筑工程的重要组成部分,包括各种工业厂房工程、工业配套建筑工程和附属建筑工程、工业构筑物工程及其他工业建筑工程。与民用建筑相比,工业建筑在结构体系、房屋层数(高度)、环境条件和使用荷载等多方面均具有不同特点。工业建筑可靠性鉴定是为了加强既有工业建筑结构的安全管理,对其存在的缺陷和损伤、遭受事故或灾害、达到设计使用年限、改变用途和使用条件等问题进行鉴定,并提出安全适用、经济合理的处理措施。可靠性鉴定对工业建筑的安全使用和维修改造具有重要的意义。

▶ 7.1.1 鉴定标准及其适用范围和条件

1)国家标准《工业建筑可靠性鉴定标准》(GB 50144—2019)

国家标准《工业建筑可靠性鉴定标准》(GB 50144—2019,以下简称《工标》),于2019年6月19日发布,2019年12月1日正式实施,替代原国家标准《工业建筑可靠性鉴定标准》(GB 50144—2009)。《工标》定义的既有工业建筑为“已建成的,为工业生产服务的建筑物和构筑物”,适用于以混凝土结构、钢结构、砌体结构为承重结构的单层和多层厂房等工业建筑物(不含木结构);以及烟囱、钢筋混凝土冷却塔、贮仓、通廊、管道支架、水池、锅炉钢结构支架和除尘器结构等工业构筑物。需要特别说明的是,《工标》针对已经建成的既有工业建筑,当工程施工质量不符合要求需要进行检测鉴定时,该标准只作为检测鉴定的技术依据,不能代替相关的施工质量验收规范进行工程施工质量验收。

工业建筑可靠性鉴定包括安全性鉴定和使用性鉴定。安全性鉴定是指对既有工业建筑的结构承载能力和结构整体稳定性所进行的调查、检测、验算、分析和评定等技术活动。使用性鉴定是指对工业建筑使用功能的适用性和耐久性所进行的调查、检测、验算、分析和评定等技术活动。可靠性鉴定则是指对既有工业建筑的安全性、使用性所进行的调查、检测、验算、分析和评定等技术活动。

除专门说明外,本章所述鉴定均指工业建(构)筑物可靠性鉴定,鉴定依据均为《工标》。工业建筑、民用建筑的可靠性鉴定分别采用《工标》和《民标》,这既因为两类建筑的使用性质不同,也与我国行政管理模式和规范编制的历史传承有关。

2)适用条件

①在下列情况下,《工标》给出强制性要求,应进行可靠性鉴定:a. 达到设计使用年限拟继续使用时;b. 使用用途或环境改变时;c. 进行结构改造或扩建时;d. 遭受灾害或事故后;e. 存在较严重的质量缺陷或者出现较严重的腐蚀、损伤、变形时。

上述5种情况具有一个共同特点,即当任意情况发生时,将明显改变原结构设计设定的初始条件,这无疑对结构的正常和安全使用造成影响或隐患,应进行可靠性鉴定。

②在下列情况下,宜进行可靠性鉴定:a. 使用维护中需要进行常规检测鉴定时;b. 需要进行较大规模维修时;c. 其他需要掌握结构可靠性水平时。

与前面强制性要求不同,在这三种情况下,并不存在明显改变原结构设计设定的初始条件的问题。只是考虑工业建筑在经过一段较长时间的使用后,在进行使用维护的常规检查或进行较大规模维修时,为保证结构在设计使用年限内的正常和安全使用,可通过可靠性鉴定掌握结构现阶段的可靠性水平是否仍然满足要求。

③在下列情况下,可进行专项鉴定:a. 结构进行维修改造有专门要求时;b. 结构存在耐久性损伤影响其耐久年限时;c. 结构存在疲劳问题影响其疲劳寿命时;d. 结构存在明显振动影响时;e. 结构需要进行长期监测。

对于结构存在的某些方面的突出问题或委托方特别关注的某些方面的问题,包括结构剩余耐久年限评估问题等,可就这些问题采用比常规的可靠性鉴定更深入、更细致、更有针对性的专项鉴定来解决。由此可见,专项鉴定内容本属于可靠性鉴定的一部分,只是对该部分内容专门委托,进行深化鉴定。专项鉴定不仅限于上述5种情况。

④在下列情况下,可仅进行安全性鉴定:a. 各种应急鉴定;b. 国家法规规定的安全性鉴定;c. 临时性建筑需延长使用期限。

这里的应急鉴定是指为应对突发事件,在接到预警通知时,对建筑物进行的以消除安全隐患为目标的紧急检查和鉴定;同时也指突发事件发生后,对建筑物的破坏程度及其危险性进行的以排险为目标的紧急检查和鉴定。突发事件包括各种自然灾害和事故灾害。

⑤对比《工标》与《民标》可以发现,两者确定可靠性鉴定适用条件的基本原则是一致的,即当房屋的原设计条件已经或将要发生明显改变,出现安全性、使用性不满足设计要求的可能或隐患时,则应进行可靠性鉴定。不同点在于:a.《工标》对工业建筑的原设计条件已经或将要发生明显改变时,采用强制条款要求必须进行可靠性鉴定;b.《工标》并未对何种情况下应进行使用性鉴定提出专门要求。这是因为,从分析大量工业建筑工程技术鉴定项目来看,其中95%以上的鉴定项目是以解决安全性问题为主,并注重适用性和耐久性问题;只有不到5%的工程项目仅为了解决结构的裂缝或变形等使用性问题进行鉴定。这个分析结果是由工业生产的使用要求及工业建筑的荷载、使用环境、结构类型等条件决定的。因此,《工标》未专门提出使用性鉴定的适用条件,使用性鉴定可以包含在可靠性鉴定中,也可以专项鉴定的形式进行委托,如结构剩余耐久年限评估的专项鉴定等。

3)鉴定对象

工业建筑的鉴定对象可以是整体或相对独立的鉴定单元,也可是结构系统或结构构件。相对独立的鉴定单元是指根据工业建筑的结构体系、构造特点或工艺布置等不同所划分的可以独立进行可靠性评定的区段。每个区段称为一个鉴定单元,如通常按建筑物的变形缝所划分的一个或多个区段作为一个或多个鉴定单元。鉴定单元由结构系统组成,结构系统类似于《民标》中的子单元,包括地基基础、上部承重结构和围护结构等,结构系统之下还有子系统,如屋盖、柱子、吊车梁等子系统;结构构件是指各类承重结构的一个组成部分或单个结构构件。

4)工业建筑可靠性鉴定与国家现行有关标准的关系

与民用建筑可靠性鉴定相同,工业建筑的可靠性鉴定除应执行《工标》外,尚应符合国家现行有关标准的规定。该规定主要指抗震设防区、特殊地基土地区、特殊环境中和灾害后的工业建筑可靠性鉴定,尚应执行国家现行有关标准的规定,才能做出全面而正确的鉴定。

①抗震设防区系指抗震设防烈度不低于6度的地区。由于《中国地震动参数区划图》(GB 18306—2015)适当提高了我国整体抗震设防要求,取消了不设防区域,即各地区抗震设防烈度均已不低于6度。因此,对于工业建筑进行可靠性鉴定,均应与现行《建筑抗震鉴定标准》(GB 50023)、《构筑物抗震鉴定标准》(GB 50117)的抗震鉴定结合进行,鉴定后的处理措施也应与抗震加固措施同时提出。工业建筑可靠性鉴定与抗震鉴定的相关关系问题与民用建筑可靠性鉴定相同,具体可见第6.2.1节相关介绍。

②特殊地基土地区是指湿陷性黄土、膨胀岩土、多年冻土等需要特殊处理的地基土地区。如修建在湿陷性黄土地区的工业建筑,鉴定与处理应结合现行《湿陷性黄土地区建筑规范》

(GB 50025)的有关规定进行;修建在膨胀土地区的工业建筑,鉴定与处理应结合现行《膨胀土地区建筑技术规范》(GB 50112)的有关规定进行等。

③特殊环境主要指有腐蚀性介质环境和高温、高湿环境等。如工业建筑处于有腐蚀性介质的使用环境,鉴定与处理应结合现行《工业建筑防腐蚀设计标准》(GB/T 50046)的有关规定进行。民用建筑可靠性鉴定中虽然同样存在特殊环境问题,但显然在工业建筑可靠性鉴定中更为突出,也更应重视。

④灾害后主要指火灾、风灾或爆炸后等。如工业建筑火灾后,可靠性鉴定与处理应结合有关火灾后建筑结构鉴定标准的规定进行,目前有《火灾后建筑结构鉴定标准》(CECS 252)可供参考。

▶ 7.1.2 鉴定程序及其内容

1)鉴定程序

工业建筑可靠性鉴定宜按图7.1规定的程序进行。

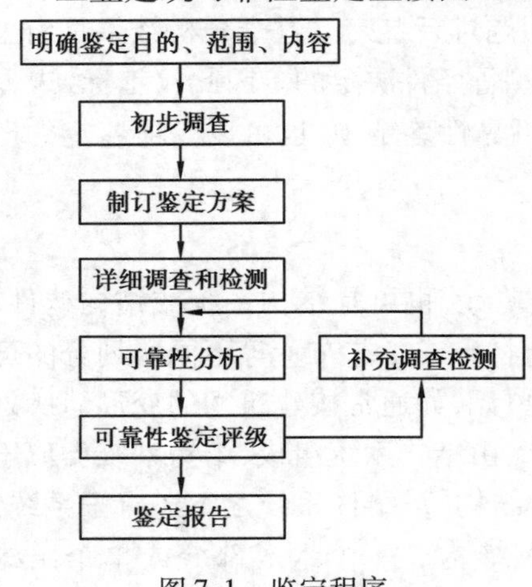

图7.1 鉴定程序

对比第6章民用建筑可靠性鉴定程序可见,两者并无本质差异,仅在表述层面和个别步骤的先后顺序上存在不同。如《工标》鉴定程序中首先明确“鉴定目的、范围和内容”,并未明确给出“委托”的时间节点;而《民标》则将“委托”作为鉴定程序的出发点,然后进行“初步调查”和“确定鉴定目的、范围和内容”等。实际上,可靠性鉴定的“委托”可以视为一个过程,从委托单位提出初步的鉴定目的、范围和内容开始,鉴定单位通过初步调查后,与委托单位协商明确最终的鉴定目的、范围和内容,并签订“委托书”结束。这一过程也是合同评审的过程,对保证委托双方的权益和鉴定工作的顺利进行具有重要意义。

2)初步调查

与民用建筑相同,工业建筑可靠性鉴定的初步调查包括查阅原设计施工资料、调查工业建筑的历史情况和考察现场三个主要部分,具体详见第6.2.2节相关内容。需注意的是,在初步调查中应注意工业建筑与民用建筑的不同特点,应关注工业厂房中的支撑系统、吊车荷载和各类生产设备等,特别是对比较复杂或工艺不熟悉的工程项目更要做好初步调查工作。

在初步调查的基础上,结合鉴定目的、范围、内容制订鉴定方案,具体包括鉴定依据、详细调查和检测内容、检测方法、工作进度计划及需委托方完成的准备配合工作等。制订鉴定方案时,不仅要看到部分鉴定项目具有分类的通用性,更应重视每一个项目的特殊性,从而确定检测鉴定的重点、难点和关键环节。

3)详细调查

详细调查包括以下几个方面:

①调查结构上的作用和环境中的不利因素。

②检查结构布置和构造、支撑系统、结构构件及连接情况。

③检测结构材料的实际性能和构件的几何参数,还可通过荷载试验检验结构或构件的实际性能。

④调查或测量地基的变形,检查地基变形对上部承重结构、围护结构系统及吊车运行等的影响。还可开挖基础检查,补充勘察或进行现场地基承载能力试验。

⑤检测上部承重结构或构件、支撑杆件及其连接存在的缺陷和损伤、裂缝、变形或偏差、腐蚀、老化等。

⑥检查围护结构系统的安全状况和使用功能。

⑦检查构筑物特殊功能结构系统的安全状况和使用功能。

⑧上部承重结构整体或局部有明显振动时,应测试结构或构件的动力反应和动力特性。

由以上内容可见,工业建筑可靠性鉴定的详细调查更加强调了工业建筑的一些特点,如支撑系统、吊车运行、特殊功能结构形式的构筑物以及更为普遍的振动问题等。

4)可靠性分析

可靠性分析应根据详细调查和检测结果,对建筑的结构构件、结构系统、鉴定单元进行结构分析、验算与评定。可靠性分析分为两个部分:

①结构分析、结构或构件的校核分析。对结构进行作用效应分析和结构抗力及其他性能分析,以及对结构或构件按承载能力极限状态和正常使用极限状态进行校核分析。

②结构所存在问题的原因和影响分析。分析结构或构件的缺陷和损伤等问题产生的原因,以及对结构性能的影响。

5)可靠性鉴定的层次、等级划分

(1)构件、结构系统和鉴定单元

工业建筑可根据其结构体系、构造特点、工艺布置等的不同划分为可以独立进行可靠性评定的区段,每一区段定义为一鉴定单元。鉴定单元又可根据建筑结构的不同使用功能划分为多个结构系统,这是细分的鉴定单位,对工业建筑物一般可按地基基础、上部承重结构、围护结构划分为三个结构系统;对工业构筑物还包括其特殊功能结构系统。

结构系统又可以进一步细分为子系统,直至构件。构件是基本鉴定单位,指承受各种作用的单个结构构件,或承重结构的一个组成部分,单个构件应包括构件本身及其连接、节点。工业建筑构件划分与第 8.3.1 节危险房屋鉴定单个构件的划分原则是一致的,即以计算单元进行划分,这一计算单元小至一块板、一根梁、一根柱或一个独立基础等,大至一榀桁架、拱架或承重结构的一个组成部分。具体而言,工业建筑构件应按《工标》附录 A 划分或参考第 8.4.1节危险房屋鉴定中的构件划分(除《工标》预制板以一块为一个构件、组合楼板和轻型屋面以一个柱间为一个构件外,其他划分均与《危准》相同)。

同种构件可以组成一构件集,根据构件集在系统中的重要程度不同,区分为重要构件集和次要构件集,工业建筑中的重要构件、次要构件等同于民用建筑中的主要构件、一般构件。在工业建筑中,重要构件一般指屋架、大型屋面板、托架、屋面梁、无梁楼盖、吊车梁(吊车桁架)、承重墙、带壁砖柱墙、独立砖柱以及普通梁、柱等;次要构件指普通楼屋面板、过梁、墙架以及非承重墙等。

(2)安全性、使用性和可靠性鉴定的层次、等级划分

可靠性鉴定评级由安全性和使用性鉴定评级组成,分别按构件、结构系统和鉴定单元各分三个层次。在各层次中,安全性分为四级,使用性分为三级、可靠性分为四级,并应按表 7.1 规定的检查项目和步骤,从第一层开始,逐层进行评定。其中,首先,根据构件各检查项目评定结果,确定单个构件等级;然后,根据结构系统各检查项目及各构件集、平面计算单元的评定结果,确定结构系统等级;最后,根据各结构系统的评定结果,确定鉴定单元等级。

表 7.1　工业建筑可靠性鉴定评级的层次、等级划分及项目内容

<table>
<tr><td>层次</td><td>Ⅰ</td><td colspan="3">Ⅱ</td><td>Ⅲ</td></tr>
<tr><td>层名</td><td>鉴定单元</td><td colspan="3">结构系统</td><td>构件</td></tr>
<tr><td rowspan="11">可靠性鉴定</td><td>一、二、三、四</td><td rowspan="6">安全性评定</td><td colspan="2">A、B、C、D</td><td>a、b、c、d</td></tr>
<tr><td rowspan="10">建筑物整体或某一区段</td><td rowspan="2">地基基础</td><td>地基变形
斜坡稳定性</td><td rowspan="5">承载能力
构造和连接</td></tr>
<tr><td>承载功能</td></tr>
<tr><td rowspan="2">上部承重结构</td><td>整体性</td></tr>
<tr><td>承载功能</td></tr>
<tr><td>围护结构</td><td>承载功能
构造连接</td></tr>
<tr><td rowspan="5">使用性评定</td><td colspan="2">A、B、C</td><td>a、b、c</td></tr>
<tr><td>地基基础</td><td>影响上部结构正常使用的地基变形</td><td rowspan="4">变形或偏差
裂缝
缺陷和损伤
腐蚀
老化</td></tr>
<tr><td rowspan="2">上部承重结构</td><td>使用状况
使用功能</td></tr>
<tr><td>位移或变形</td></tr>
<tr><td>围护系统</td><td>使用状况
使用功能</td></tr>
</table>

注:①工业建筑结构整体或局部有明显不利影响的振动、耐久性损伤、腐蚀、变形时,应考虑其对上部承重结构安全性、使用性的影响进行评定。

②构筑物由于结构形式多样,其特殊功能结构系统可靠性评定应按《工标》第 9 章的规定进行,但应符合本表的评级层次和分级原则。

▶ 7.1.3　鉴定评级标准

工业建筑构件、结构系统和鉴定单元三个层次的安全性、使用性和可靠性鉴定评级标准,与第 6 章民用建筑构件、子单元和鉴定单元三个层次的评级标准和处理措施大同小异。本书在表 7.2 ~ 表 7.4 中给出安全性评级标准,表中涉及的构件、结构系统和鉴定单元的具体评级方法和量化指标将在后续章节详细介绍,使用性和可靠性评级标准则可详见《工标》。

需要注意的是,在安全性、使用性和可靠性评定时,《民标》依据的是其定义的“本标准”;而《工标》依据的则是国家现行标准。

表 7.2 构件的安全性评级标准

级别	分级标准	是否采取措施
a 级	符合国家现行标准的安全性要求,安全	不必采取措施
b 级	略低于国家现行标准的安全性要求,不影响安全	可不采取措施
c 级	不符合国家现行标准的安全性要求,影响安全	应采取措施
d 级	极不符合国家现行标准的安全性要求,已严重影响安全	必须立即采取措施

表 7.3 结构系统的安全性评级标准

级别	分级标准	是否采取措施
A 级	符合国家现行标准的安全性要求,不影响整体安全	不必采取措施或有个别次要构件宜采取适当措施
B 级	略低于国家现行标准的安全性要求,尚不明显影响整体安全	可不采取措施或有极少数构件应采取措施
C 级	不符合国家现行标准的安全性要求,影响整体安全	应采取措施或有极少数构件应立即采取措施
D 级	极不符合国家现行标准的安全性要求,已严重影响整体安全	必须立即采取措施

表 7.4 鉴定单元的安全性评级标准

级别	分级标准	是否采取措施
一级	符合国家现行标准的安全性要求,不影响整体安全	可不采取措施或有极少数次要构件宜采取适当措施
二级	略低于国家现行标准的安全性要求,尚不明显影响整体安全	可有极少数构件应采取措施
三级	不符合国家现行标准的安全性要求,影响整体安全	应采取措施,可能有极少数构件应立即采取措施
四级	极不符合国家现行标准的安全性要求,已严重影响整体安全	必须立即采取措施

7.2 使用条件的调查和检测

1)结构上的作用

根据《统一标准》,结构上的作用包括永久荷载、可变荷载和偶然作用。在调查和检测过程中,应注意工业建筑一些自身特点。

①固定设备自重为永久作用,移动的工艺设备及配件自重为可变荷载。设备荷载的调查,除应查阅设备和物料运输荷载资料,了解工艺和实际使用情况和传力点外,尚应考虑设备检修和生产不正常时物料和设备的堆积荷载。设备振动对结构影响较大时,应了解设备的扰力特性及其他相关影响因素,必要时应进行测试。

②屋面、楼面、平台的积灰荷载应调查积灰范围、厚度分布、积灰速度和清灰制度等,测试积灰厚度和干、湿重度,并应结合调查情况确定积灰荷载标准值。

③吊车荷载为可变作用,其调查和检测应符合下列规定:a. 当吊车运行正常、吊车梁系统无损坏时,可按工艺和委托方提供的吊车荷载直接采用;b. 当吊车运行异常、吊车梁系统有损坏,或无吊车资料,或对已有资料有怀疑时,应根据实际状况和鉴定要求对吊车荷载进行专项调查和检测。

④有高温热源的工业建筑,应检测受高温热源影响结构构件的表面温度,记录最高温度、高温持续时间和高温分布范围。

2)作用标准值

①经调查符合现行《建筑结构荷载规范》(GB 50009)规定取值者,应按标准选用。

②结构上的作用与现行《建筑结构荷载规范》(GB 50009)规定取值偏差较大者,应按实际情况确定。

③现行《建筑结构荷载规范》(GB 50009)未作规定或按实际情况难以直接选用时,可根据现行《工程结构可靠性设计统一标准》(GB 50153)、《建筑结构可靠性设计统一标准》(GB 50068)的有关规定确定。

3)工业建筑使用环境

(1)调查项目

工业建筑的使用环境可按表 7.5 所列的项目进行调查。

表 7.5 工业建筑使用环境调查

项次	使用环境	调查项目
1	气象条件	大气温湿度、降水量、霜冻期、风向风速、土壤冻结等
2	地理环境	地形、地貌、工程地质;建筑方位、周围建筑等
3	工作环境	结构与构件所处局部环境、温度、湿度、构件表面温度、侵蚀介质种类与浓度、干湿交替、冻融交替情况等

(2)环境类别和作用等级

工业建筑所处的环境类别和作用等级,可依据表 7.6 的规定进行调查。

表 7.6 环境类别和作用等级

环境类别		作用等级	环境条件	说明和结构构件示例
Ⅰ	一般环境	A	室内正常干燥环境	室内正常环境,低湿度环境中的室内构件
		B	露天环境、室内潮湿环境	一般露天环境、室内潮湿环境
		C	干湿交替环境	频繁与水或冷凝水接触的室内外构件

续表

环境类别		作用等级	环境条件	说明和结构构件示例
Ⅱ	冻融环境	C	轻度	微冻地区混凝土高度饱水;严寒和寒冷地区混凝土中度饱水,无盐环境
		D	中度	微冻地区盐冻;严寒和寒冷地区混凝土高度饱水,无盐环境;混凝土中度饱水,有盐环境
		E	重度	严寒和寒冷地区的盐冻环境;混凝土高度饱水,有盐环境
Ⅲ	海洋氧化物环境	C	水下区和土中区	桥墩、基础
		D	大气区(轻度盐雾)	涨潮岸线 100 ~ 300 m 陆上室外靠海构件、桥梁上部构件
		E	大气区(重度盐雾);非热带潮汐区、浪溅区	涨潮岸线 100 m 以内陆上室外靠海构件、桥梁上部构件、桥墩、码头
		F	炎热地区潮汐区、浪溅区	桥墩、码头
Ⅳ	其他氯化物环境	C	轻度	受除冰盐雾轻度作用混凝土构件
		D	中度	受除冰盐水溶液轻度溅射作用混凝土构件
		E	重度	直接处在含氯离子的生产环境中或先天掺有超标氯盐的混凝土构件
Ⅴ	化学腐蚀环境	C	轻度(气体、液体、固体)	一般大气污染环境;汽车或机车废气;弱腐蚀液体、固体
		D	中度(气体、液体、固体)	酸雨 pH 值 >4.5;中等腐蚀气体、液体、固体
		E	重度(气体、液体、固体)	酸雨 pH 值≤4.5;强腐蚀气体、液体、固体

注:表中化学腐蚀环境,可根据工业建筑鉴定的需要,按现行国家标准《工业建筑防腐蚀设计标准》(GB/T 50046)或《岩土工程勘察规范》(GB 50021)进一步详细确定环境类别和环境作用等级。

7.3 结构分析和校核

1)两种极限状态

基于《统一标准》,在结构或构件的分析与校核中采用的是极限状态分析方法。对于持久状况,结构或构件校核应进行承载能力极限状态和正常使用极限状态的校核分析;对于短暂状况(例如检修期、偶然作用等),除应进行承载能力极限状态的校核分析外,还可根据需要决定是否进行正常使用极限状态校核分析。承载能力极限状态的校核是将截面内力与结构抗力相比较,以验证结构或构件是否安全可靠;正常使用极限状态的校核是将变形和裂缝与规定的限值相比较,以验证结构或构件能否正常使用。

2)方法标准

在结构构件分析与校核中,除专门说明外,应符合国家现行设计规范的规定,如《混凝土结构设计规范》(GB 50010)、《钢结构设计标准》(GB 50017)和《砌体结构设计规范》(GB 50003)等。在受力复杂或国家现行设计规范没有明确规定时,可根据国家现行设计规范规定的原则进行。如需采用过期规范,则属于方法偏离,检测机构应有质量控制文件规定,经技术判断和批准,并征得客户同意。

3)荷载或作用

结构构件上荷载或作用取值的基本原则是应符合实际情况和相关规范要求。在现场调查、检测和核实的基础上,当符合现行《建筑结构荷载规范》(GB 50009)的规定时,应按规范选用;当现行《建筑结构荷载规范》(GB 50009)未作规定或按实际情况难以直接选用时,可根据现行《建筑结构可靠性设计统一标准》(GB 50068)有关的原则和规定确定;作用效应的分项系数和组合系数应按现行《建筑结构荷载规范》(GB 50009)的规定确定。补充说明一点,当调查结果表明实际荷载或作用大于现行规范取值时,首先应明确其不符合现行规范要求,并分析超载对结构可靠性的影响。

考虑到既有建筑的目标使用年限通常比新建建筑的结构设计使用年限短,而风荷载和雪荷载取值是随着时间参数变化的,按照不同期间内具有相同安全概率的原则,应对风荷载和雪荷载的荷载分项系数进行适当折减。《工标》对后续使用年限为10年、20年以及30~50年的既有建筑,上述折减系数分别取0.9、0.95和1.0。楼面活荷载是依据工艺条件和实际使用情况确定的,随时间变化小,因此对于楼面活荷载无须折减。

4)结构构件材料强度的取值问题

材料强度的标准值,应根据结构构件的实际状况和已获得的检测数据按下列原则取值:当材料的种类和性能符合原设计要求时,可取原设计值;当材料的种类和性能与原设计不符或材料性能已显著退化时,应根据实测数据按现行国家有关检测技术标准的规定确定,例如《建筑结构检测技术标准》(GB/T 50344)、《回弹法检测混凝土抗压强度技术规程》(JGJ/T 23)等。

5)载荷试验

当结构分析条件不充分(如缺失设计施工图和竣工资料)时,可通过结构构件的载荷试验验证其承载性能和使用性能。结构构件的载荷试验应按现行专门标准进行,例如《建筑结构检测技术标准》(GB/T 50344)、《混凝土结构试验方法标准》(GB 50152)等。当没有结构试验方法标准可依据时,可参照国外标准或按自行设计的方法进行检验,但在使用前,应按质量控制程序进行方法确认,以保证该标准方法满足检验需求。

6)其他

结构或构件的几何参数应取实测值,并考虑结构实际的变形、偏差以及裂缝、缺陷、损伤、腐蚀、老化等因素的影响。其中,严重腐蚀的影响有两个方面:一是使构件截面积减少;二是腐蚀降低材料的性能(如韧性)。补充说明一点,当结构或构件的几何参数检验合格,且无对结构构件的受力性能或安装使用性能有决定性影响的严重缺陷时,可采用原设计值进行结构分析和校核。

7.4 构件的鉴定评级

▶ 7.4.1 一般规定

单个构件的鉴定评级包括对其安全性等级和使用性等级的评定,并可以在安全性等级和使用性等级评定结果的基础上对其可靠性等级进行评定。

1)构件安全性等级评定原则

(1)承载能力评定等级标准

与《民标》采用概率极限状态鉴定法不同,《工标》承载能力评定更多基于工程实践,其b级、c级、d级的抗力效应比也较《民标》要求略低。原《工业厂房可靠性鉴定标准》(GB 144—1990)中结构构件承载能力评定等级标准是根据我国当时的整体国力和工业建筑的实际,在大量工程实践总结和工程倒塌事故统计分析、可靠度校核分析、尺度控制以及专家意见调查的基础上制定的,在一定程度上反映了我国当时标准规范和实际工程结构可以接受的可靠度水准。后续标准《工业建筑可靠性鉴定标准》(GB 50144—2008)是在2000年系列设计规范的基础上,结合我国工业建筑的历史和现实情况,在保持原分级原则不变的情况下,对《工业厂房可靠性鉴定标准》(GB 144—1990)各等级的可靠性标准进行了适当提高。经过7年的使用,未见鉴定评级的明显失误。需说明的是,在承载能力评定时,钢结构较混凝土结构、砌体结构要求更加严格。

在总结1990年和2008年两代鉴定标准可靠指标分级原则的基础上,依据《工程结构可靠性设计统一标准》(GB 50153—2008)中规定的"既有结构的可靠性评定应保证结构性能的前提下,尽可能减少工程处置量"原则和国际标准《结构设计基础——既有结构的评定》(ISO 13822—2010)提出的"最小结构处理"原则,提出新的可靠指标分级标准,调低了抗力作用效应比分级标准c、d级的界限。

(2)构件安全性等级评定

①构件的安全性等级应通过承载能力、构造和连接两个项目分析评定。承载能力、构造和连接对于构件的安全性同等重要,不能仅评定其中一个项目就给出评定结果,应取其中较低等级作为构件的安全性等级。承载能力项目的校核可通过计算或试验确定,即对于荷载效应进行检验就是承载能力项目的评定。满足构造和连接要求是保证构件预期承载能力的前提条件,构造和连接不满足要求时,意味着承载能力的降低;当国家有关标准有预埋件和构造连接的承载能力计算方法时,应分别按其构件承载能力评级标准进行等级评定。

②当已确定构件处于危险状态时,构件的安全性等级应评定为d级。

③当构件的变形过大、裂缝过宽、腐蚀以及缺陷和损伤严重时,应考虑其不利情况对构件安全性评级的影响。与《民标》不同,《工标》未将不适于承载的位移或变形、裂缝和其他损伤等作为单独的检查项目。

④构件的安全性等级通过载荷试验评定时,应根据试验目的和检验结果、构件的实际状况和使用条件,按现行《建筑结构检测技术标准》(GB/T 50344)等的规定评定。

在上述评定原则下,混凝土结构、钢结构、砌体结构构件的安全性等级分别按第 7.4.2 ~ 7.4.4 节的具体规定评定。除专门说明外,评定结果取 a 级或 b 级,可根据其实际完好程度确定;评定结果取 c 级或 d 级,可根据其实际严重程度确定。

2)构件使用性等级评定原则

①同时符合下列条件时,构件的使用性等级可根据实际使用状况直接评定为 a 级或 b 级:

a. 经详细检查未发现构件有明显的变形、缺陷、损伤、腐蚀、裂缝、老化,也没有累积损伤问题,构件状态良好或基本良好。

b. 在目标使用年限内,构件上的作用和环境条件与过去相比不会发生明显变化;构件有足够的耐久性,能够满足正常使用要求。

②构件的使用性等级应通过裂缝、变形或偏差、缺陷和损伤、腐蚀、老化等项目分析评定。

③当构件的变形过大、裂缝过宽、腐蚀以及缺陷和损伤严重时,其使用性等级应评为 c 级。

④构件的使用性等级也可通过载荷试验进行评定。此时,应根据试验目的和检验结果、构件的实际状况和使用条件,按现行《建筑结构检测技术标准》(GB/T 50344)等的规定进行评定。

在上述原则下,混凝土结构、钢结构、砌体结构构件的使用性等级分别按第 7.4.2 ~7.4.4 节的具体规定评定。

3)构件可靠性等级评定原则

①当构件的使用性等级为 a 级或 b 级时,应按安全性等级确定。

②当构件的使用性等级为 c 级、安全性等级不低于 b 级时,宜定为 c 级。

③位于生产工艺流程关键部位的构件,可按安全性等级和使用性等级中的较低者确定。

这个综合评定的原则体现了结构可靠性鉴定以安全性为主,并注重正常使用性这一总原则。其中,当构件的安全性不存在问题或不至于造成问题(a 级或 b 级),而构件的使用性存在问题(使用性等级为 c 级),也需要进行修复处理使其可正常使用,可靠性等级宜定为 c 级;对位于生产工艺流程关键部位的构件,考虑生产和使用上的高要求,可以安全性等级和使用性等级中较低等级直接确定,或对第 1 款评定结果按此进行调整。

▶ 7.4.2 混凝土结构构件

1)安全性等级评定

混凝土构件的安全性等级应按承载能力、构造和连接两个项目评定,并应取其中较低等级作为构件的安全性等级。

(1)承载能力

混凝土构件的承载能力项目应按表 7.7 的规定评定等级。当构件出现受压及斜压裂缝时,视其严重程度,承载能力项目直接评为 c 级或 d 级;当出现过宽的受拉裂缝、变形过大、严重的缺陷损伤及腐蚀情况时,尚应根据实际不利情况确定其对承载能力评级的影响,且承载能力项目评定等级不应高于 b 级。

表 7.7 混凝土构件承载能力评定等级

构件种类		评定标准			
		a	b	c	d
重要构件	$R/(\gamma_0 S)$	≥1.0	<1.0 ≥0.90	<0.90 ≥0.83	<0.83
次要构件	$R/(\gamma_0 S)$	≥1.0	<1.0 ≥0.87	<0.87 ≥0.80	<0.80

(2)构造和连接

混凝土构件的构造和连接项目包括构件构造、黏结锚固或预埋件、连接节点的焊缝或螺栓等,其构件构造要求一般包括最小配筋率、最小配箍率、最低强度等级及箍筋间距等。然后根据对构件安全使用的影响按表 7.8 的规定评定等级,并取其中较低一级作为该构件构造和连接项目的评定等级。

表 7.8 混凝土构件构造和连接的评定等级

检查项目	a 级或 b 级	c 级或 d 级
构件构造	结构构件的构造合理,符合或基本符合国家现行标准规定;无缺陷或仅有局部表面缺陷;工作无异常	结构构件的构造不合理,不符合国家现行标准规定;存在明显缺陷,已影响或显著影响正常工作
黏结锚固或预埋件	黏结锚固或预埋件的锚板和锚筋构造合理、受力可靠,符合或基本符合国家现行标准规定,经检查无变形或位移等异常情况	黏结锚固或预埋件的构造有缺陷,构造不合理,不符合国家现行标准规定;锚板有变形或锚板、锚筋与混凝土之间有滑移、拔脱现象,已影响或显著影响正常工作
连接节点的焊缝或螺栓	连接节点的焊缝或螺栓连接方式正确,构造符合或基本符合国家现行标准规定和使用要求;无缺陷或仅有局部表面缺陷,工作异常	节点焊缝或螺栓连接方式不当,不符合国家现行标准要求;有局部拉脱、剪断、破损或滑移现象,已影响或显著影响正常工作

2)使用性等级评定

混凝土构件的使用性等级应按裂缝、变形、缺陷和损伤、腐蚀四个项目评定,并取其中的最低等级作为构件的使用性等级。

(1)裂缝

①混凝土构件的受力裂缝宽度可按表 7.9 和表 7.10 的规定评定等级。表中受力裂缝通常是指受拉、受弯及大偏压构件的受拉区主筋处的裂缝;当混凝土构件中出现剪力引起的斜裂缝时,应进行承载力分析,根据具体情况参考表 7.9 和表 7.10 从严掌握;当出现受压裂缝时,如轴压、偏压、斜压等,表明构件已处于危险状态,应引起特别重视。

②混凝土构件因钢筋锈蚀产生的沿筋裂缝在腐蚀项目中评定;其他非受力裂缝,如温度、收缩裂缝等,应查明原因,并根据裂缝对结构的影响进行评定。

表 7.9　混凝土构件受力裂缝宽度评定等级

环境类别与作用等级	构件种类与工作条件		裂缝宽度/mm		
			a	b	c
Ⅰ-A	室内正常环境	次要构件	≤0.3	>0.3,≤0.4	>0.4
		重要构件	≤0.2	>0.2,≤0.3	>0.3
Ⅰ-B,Ⅰ-C,Ⅱ-C	露天或室内高湿度环境,干湿交替环境		≤0.2	>0.2,≤0.3	>0.3
Ⅱ-D,Ⅱ-E,Ⅲ,Ⅳ,Ⅴ	使用除冰盐环境,滨海室外环境		≤0.1	>0.1,≤0.2	>0.2

表 7.10　采用钢绞线、热处理钢筋、预应力钢丝配筋的预应力混凝土构件受力裂缝宽度评定等级

环境类别与作用等级	构件种类与工作条件		裂缝宽度/mm		
			a	b	c
Ⅰ-A	室内正常环境	次要构件	≤0.02	>0.02,≤0.10	>0.10
		重要构件	无裂缝	≤0.05	>0.05
Ⅰ-B,Ⅰ-C,Ⅱ-C	露天或室内高湿度环境、干湿交替环境		无裂缝	≤0.02	>0.02
Ⅱ-D,Ⅱ-E,Ⅲ,Ⅳ,Ⅴ	使用除冰盐环境、滨海室外环境		无裂缝	—	有裂缝

在表 7.9 和表 7.10 中,裂缝宽度符合现行设计规范要求的构件,评为 a 级。但考虑到表中的裂缝宽度为现场检测时的裂缝宽度,实际作用荷载不一定达到设计规定的验算荷载,因而在表 7.9 中对处于环境条件较恶劣的Ⅲ、Ⅳ类环境中的构件,其 a 级标准相对严于现行《混凝土结构设计规范》(GB 50010);而对设计规范中裂缝控制等级为二级但处于Ⅰ类 A 级室内正常环境下的结构构件,因其在荷载效应标准组合计算时允许出现拉应力,在短期内可能出现很微小的裂缝,因而结构构件裂缝宽度适当放宽。当现场裂缝检测较困难,或者检测时的荷载作用差异较大时,也可通过裂缝宽度验算,根据裂缝计算结果及工程经验综合判断后进行裂缝项目评定。

(2)变形

混凝土构件的变形项目应按表 7.11 评定等级,表中所列为作用效应标准组合并考虑荷载的长期作用影响的挠度值,应减去或加上制作反拱或下挠值;l_0 为构件的计算跨度。对挠度有较高要求的构件,可按《混凝土结构设计规范》(GB 50010)的规定从严把握。

表 7.11　混凝土构件变形评定等级

构件类别		a	c	c
单层厂房托架、屋架		$\leq l_0/500$	$>l_0/500, \leq l_0/450$	$>l_0/450$
多层框架主梁		$\leq l_0/400$	$>l_0/400, \leq l_0/350$	$>l_0/350$
屋盖、楼盖及楼梯构件	$l_0>9$ m	$\leq l_0/300$	$>l_0/300, \leq l_0/250$	$>l_0/250$
	7 m$\leq l_0 \leq$9 m	$\leq l_0/250$	$>l_0/250, \leq l_0/200$	$>l_0/200$
	$l_0<7$ m	$\leq l_0/200$	$>l_0/200, \leq l_0/175$	$>l_0/175$
吊车梁	电动吊车	$\leq l_0/600$	$>l_0/600, \leq l_0/500$	$>l_0/500$
	手动吊车	$\leq l_0/500$	$>l_0/500, \leq l_0/450$	$>l_0/450$

混凝土构件的变形受其荷载、跨度、截面形式、截面高度及配筋率等多方面因素的影响；相对变形的限值则与使用要求及构件的重要程度相关。在上述混凝土构件变形分级标准中，a 级是按照国家现行有关规范的要求提出的；b 级和 c 级是分析受弯梁因荷载变化引起构件变形时钢筋应力的递增及承载能力降低间的关系，并结合工程及鉴定经验确定的。

(3)缺陷和损伤

混凝土构件的缺陷和损伤会影响构件的正常使用，严重时会影响构件承载能力。根据其严重程度，混凝土构件缺陷和损伤项目应按表 7.12 评定等级。表中缺陷一般指构件外观存在的缺陷，当施工质量较差或有特殊要求时，尚应包括构件内部可能存在的缺陷；表中的损伤主要指机械磨损或碰撞等引起的损伤。

表 7.12　混凝土构件缺陷和损伤评定等级

评定等级	a	b	c
缺陷和损伤	完好	局部有缺陷和损伤，缺损深度小于保护层厚度	有较大范围的缺陷和损伤，或者局部有严重的缺陷和损伤，缺损深度大于保护层厚度

(4)腐蚀

混凝土构件腐蚀项目包括钢筋锈蚀和混凝土腐蚀，应按表 7.13 的规定评定，并取钢筋锈蚀和混凝土腐蚀评定结果中的较低等级。对于墙板类和梁柱构件中的钢筋，当钢筋锈蚀状况符合表中 b 级标准时，钢筋截面锈蚀损伤不应大于 5%，否则应评为 c 级；当大型屋面板纵肋出现明显锈胀裂缝或板底钢筋锈断、明显下挠时，使用性评为 c 级，安全性评为 c 级或 d 级。

表 7.13　混凝土构件腐蚀评定等级

评定等级	a	b	c
钢筋锈蚀	无锈蚀现象	有锈蚀可能和轻微锈蚀现象	外观有沿筋裂缝或明显锈迹
混凝土腐蚀	无腐蚀损伤	表面有轻度腐蚀损伤	表面有明显腐蚀损伤

当出现钢筋锈蚀和混凝土腐蚀时，会影响混凝土构件的使用性。因钢筋锈蚀而导致构件表面出现沿钢筋纵向裂缝时，钢筋已发生中、轻度锈蚀，影响结构性能。如果周围使用环境处于不利条件，情况将迅速劣化。因此，对具有上述裂缝的构件，将影响其长期的正常使用性，可根据具体情况进行处理。混凝土开裂时钢筋的锈蚀程度因钢筋所处位置、钢筋类型和直径的不同而差别很大，如光圆钢筋较螺纹钢筋质量损失率大、箍筋较角部纵筋质量损失率大、直径越小质量损失率越大。

▶ 7.4.3　钢结构构件

1)安全性等级评定

钢构件的安全性等级应按承载能力(含构件连接的承载能力)、构造两个项目评定，并应取其中较低等级作为构件的安全性等级。

(1)承载能力

①钢结构构件承载能力分级。

钢构件的承载能力项目应按表 7.14 的规定评定等级。构件抗力应结合实际的材料性能、缺陷损伤、腐蚀、过大变形和偏差等因素对承载能力进行分析论证后确定。

表 7.14　钢构件承载能力评定等级

构件种类		评定标准			
		a	b	c	d
重要构件、连接	$R/(\gamma_0 S)$	≥1.0	<1.0 ≥0.95	<0.95 ≥0.88	<0.88
次要构件	$R/(\gamma_0 S)$	≥1.0	<1.0 ≥0.92	<0.92 ≥0.85	<0.85

吊车梁的疲劳强度与静力承载能力相比有很大不同，即使验算结果表明疲劳强度不足，但对于比较新的吊车梁来说，在一定的期限内可以是安全的；相反，对于已经出现疲劳损伤或者已使用很长年限的吊车梁，不论验算结果如何，都有可能存在安全隐患。所以表 7.14 不适用于吊车梁疲劳性能的评级，而应根据疲劳强度验算结果、已使用的年限和吊车梁系统的损伤程度进行评级，具体详见《工标》附录 D。

②钢材材料性能对承载能力的影响。

若承重构件的钢材符合建造当年钢结构设计标准和相应产品标准的要求，说明当时的材料选用和产品质量是合格的，且经过多年使用没有出现问题，在构件使用条件没有发生变化时，应该认为材料是可靠的。如果构件的使用条件发生根本的改变，比如承受静载的构件改成承受动载、保温厂房改成非保温厂房、所承受的荷载有较大的增加等，这相当于用旧构件建造一个新结构，在这种情况下材料还应符合现行规范标准的要求。如果材料达不到上述要求，应进行专门论证，在确定承载能力和评级时应考虑其不利影响。如果仅仅是材料强度不满足要求而其他性能指标均满足要求时，可按拉伸试验结果确定的设计强度计算承载能力并进行评级；当其他性能指标不满足要求时，说明采用的材料存在问题，无论承载能力计算结果如何，都不应评为 a 级；如果材料性能特别恶劣，如非正常生产的劣质钢材，应直接评为 d 级。钢材产品的质量包括力学性能、化学成分、冶炼方法、尺寸外形偏差等。

上述要求同样适用于连接材料和紧固件。

③腐蚀对承载能力的影响。

腐蚀对钢材屈服强度和极限强度的影响不明显，但对其延性影响较大。在评定钢构件承载能力安全等级时，应按如下要求考虑腐蚀对钢材性能和截面损失的影响：

a. 对于普通钢结构，当腐蚀损伤量不超过初始厚度的 10% 且剩余厚度大于 5 mm 时，可不考虑腐蚀对钢材强度的影响；当腐蚀损伤量超过初始厚度的 10% 或剩余厚度不大于 5 mm 时，钢材强度应乘以 0.8 的折减系数。对于冷弯薄壁钢结构，当截面腐蚀大于 5% 时，钢材强度应乘以 0.8 的折减系数。

b. 强度和整体稳定性验算时，钢构件截面积和截面模量的取值应考虑腐蚀对截面的削弱。

对薄壁构件来说，腐蚀后材料劣化范围相对很大，很容易出现脆性破坏，实际工程中已出现多次由于薄壁构件锈蚀变脆造成的人身伤亡事故。因此建议，由厚度小于 4 mm 的钢板、壁厚小于 4 mm 的型钢和壁厚小于 3 mm 的钢管制作的构件，防腐层有较大面积破坏且出现锈蚀迹象时,应评为c级;有较大面积锈蚀且有局部锈透或紧固件锈断时,应评为d级。

④弯曲变形对承载能力的影响。

工业厂房钢屋架等桁架结构,经过长期使用后会发生各类杆件弯曲现象,其中尤以腹杆最普遍。对钢桁架中有整体弯曲缺陷但无明显局部缺陷的双角钢受压腹杆,当其整体弯曲超过表7.15的限值时,可根据其对承载能力影响的严重程度,评为c级或d级。

表7.15 双角钢受压腹杆双向弯曲缺陷的容许限值

所受轴压力设计值与无缺陷时的抗压承载能力之比	双向弯曲的限值							
	方向	弯曲矢高与杆件长度之比						
1.0	平面外	1/400	1/500	1/700	1/800	—	—	—
	平面内	0	1/1 000	1/900	1/800	—	—	—
0.9	平面外	1/250	1/300	1/400	1/500	1/600	1/700	1/800
	平面内	0	1/1 000	1/750	1/650	1/600	1/550	1/500
0.8	平面外	1/150	1/200	1/250	1/300	1/400	1/500	1/800
	平面内	0	1/1 000	1/600	1/550	1/450	1/400	1/350
0.7	平面外	1/100	1/150	1/200	1/250	1/300	1/400	1/800
	平面内	0	1/750	1/450	1/350	1/300	1/250	1/250
0.6	平面外	1/100	1/150	1/200	1/300	1/500	1/700	1/800
	平面内	0	1/300	1/250	1/200	1/180	1/170	1/170

(2)构造

钢结构构件的构造项目包括构件构造和节点、连接构造,应根据其对构件安全使用的影响按表7.16的规定评定等级,然后取其中较低等级作为该构件构造项目的评定等级。

表7.16 钢结构构件构造的评定等级

检查项目	a级或b级	c级或d级
构件构造	构件组成形式、长细比或高跨比、宽厚比或高厚比等符合或基本符合国家现行标准规定;无缺陷或仅有局部表面缺陷;工作无异常	构件组成形式、长细比或高跨比、宽厚比或高厚比等不符合国家现行标准规定;存在明显缺陷,已影响或显著影响正常工作
节点、连接构造	节点、连接方式正确,符合或基本符合国家现行标准规定;无缺陷或仅有局部的表面缺陷,如焊缝表面质量稍差、焊缝尺寸稍有不足、连接板位置稍有偏差等;但工作无异常	节点、连接方式不当,不符合国家现行标准规定,构造有明显缺陷;如焊接部位有裂纹;部分螺栓或铆钉有松动、变形、断裂、脱落或节点板、连接板、铸件有裂纹或显著变形;已影响或显著影响正常工作

缺陷是设计和施工阶段在结构上产生的问题,凡是不满足相关设计规范和施工质量验收规范的问题都属于缺陷,包括构造错误、尺寸偏差、焊缝和螺栓的连接质量等。其中,施工遗

留的缺陷,对焊缝系指夹渣、气泡、咬边、烧穿、漏焊、少焊、未焊透以及焊脚尺寸不足等;对铆钉或螺栓系指漏铆、漏栓、错位、错排及掉头等。损伤是使用阶段在结构上产生的问题,如碰撞或事故引起的结构构件变形和断裂、人为切割造成构件缺失或产生缺口、人为增加多余焊接造成材料劣化和应力集中、受冲击振动或反复荷载作用造成的焊缝开裂、疲劳裂缝、螺栓和铆钉松动脱落等。明显的缺陷或损伤会影响构件的承载能力,如果能在承载能力验算中计及其不利影响,就可以按承载能力进行评级;如果不能在承载能力验算中考虑其不利影响,应根据缺陷或损伤的危害程度直接评为 c 级或 d 级。

2)使用性等级评定

钢构件的使用性等级应按变形、偏差、一般构造和腐蚀四个项目进行评定,并应取其中最低等级作为构件的使用性等级。

(1)变形

钢构件变形是指荷载作用下构件的弹性变形,一般为梁、板等受弯构件的挠度或局部变形。当该变形满足国家现行相关标准规定和设计要求时应评为 a 级,不满足时则应根据对正常使用的影响程度评为 b 级或 c 级。

构件变形影响正常使用性,主要是指可能导致设备不能正常运行、非结构构件受损以及让人感到不安全等。因此,在评定构件变形项目的等级时应特别注意是否真的影响正常使用,如果不影响正常使用,即使超过规范中所列容许值,也可以评为 b 级。

对于框架柱柱顶水平位移和层间相对位移、吊车梁或吊车桁架顶面处柱子的水平位移等,因属于框架结构的水平位移,而放到上部承重结构中给出评级规定。

(2)偏差

钢构件的偏差包括施工过程中产生的偏差和使用过程中出现的永久性变形,当该偏差满足国家现行相关标准规定时应评为 a 级,不满足时则应根据对正常使用的影响程度评为 b 级或 c 级。之所以将使用过程中出现的永久性变形归入偏差项目进行评定,是因为它与施工过程中的偏差性质相同。

钢构件的偏差具体所指项目可参见国家现行相关施工验收规范和产品标准,并按这些规范标准确定是否满足要求。现行施工验收规范如《钢结构工程施工质量验收标准》GB 50205、《冷弯薄壁型钢结构技术规程》(GB 50018)等,产品标准如《热轧型钢》(GB/T 706)、《热轧钢板和钢带的尺寸、外形、重量及允许偏差》(GB/T 709)等。

与构件变形项目评定相似,偏差项目的评定也要特别注意是否真的影响正常使用,不影响正常使用的可评较高等级。当偏差较大有可能导致承载能力降低时,则应按承载能力评级。

(3)一般构造

与钢构件正常使用性有关的一般构造要求,当满足现行相关标准规定时应评为 a 级,不满足时应根据对正常使用的影响程度评为 b 级或 c 级。

在此,一般构造要求具体是指拉杆长细比、螺栓最大间距、最小板厚、型钢最小截面等。限制拉杆长细比是要防止出现过大的振动;螺栓间距过大容易造成板与板之间的锈蚀;板厚太小、型钢截面太小对锈蚀、碰撞、磨损敏感,存在耐久性问题。在现行国家标准《钢结构设计标准》(GB 50017)中,对基本构件的构造有具体的要求。

(4)腐蚀和防腐

钢构件的腐蚀和防腐措施影响结构的耐久性,腐蚀和防腐项目应按表 7.17 的规定评定等级。

表 7.17 钢构件腐朽和防腐评定等级

评定等级	评定标准
a	防腐措施完备且无腐蚀
b	轻微腐蚀,或防腐措施不完备
c	大面积腐蚀,或防腐措施已失效

▶ 7.4.4 砌体结构构件

1)安全性等级评定

砌体构件的安全性等级应按承载能力、构造和连接两个项目评定,并应取其中的较低等级作为构件的安全性等级。

(1)承载能力

砌体构件的承载能力项目应按表 7.18 的规定评定等级。当砌体构件出现受压、受弯、受剪、受拉等受力裂缝时,应按第 7.4.1 节“构件安全性等级评定原则”的有关规定分析其对承载能力的影响,且承载能力项目评定等级不应高于 b 级。当构件截面严重削弱时,承载能力项目评定等级不应高于 c 级。

表 7.18 砌体构件承载能力评定等级

构件种类		评定标准			
		a	b	c	d
重要构件	$R/(\gamma_0 S)$	≥1.0	<1.0,≥0.90	<0.90,≥0.83	<0.83
次要构件	$R/(\gamma_0 S)$	≥1.0	<1.0,≥0.87	<0.87,≥0.80	<0.80

(2)构造和连接

砌体构件的构造与连接项目应按表 7.19 的规定评定等级。

表 7.19 砌体构件构造和连接项目评定等级

评定等级	评定标准
a	墙、柱高厚比不大于国家现行标准允许值,构造和连接符合国家现行标准的规定
b	墙、柱高厚比大于国家现行标准允许值,但不超过 10%;或构造和连接局部不符合国家现行标准的规定,但不影响构件的安全使用
c	墙、柱高厚比大于国家现行标准允许值,但不超过 20%;或构造和连接不符合国家现行标准的规定,已影响构件的安全使用
d	墙、柱高厚比大于国家现行标准允许值,且超过 20%;或构造和连接严重不符合国家现行标准的规定,已危及构件的安全

对于砌体构件而言,涉及构件安全性的构造和连接项目主要包括墙、柱的高厚比,墙与柱、墙与梁或柱、纵墙与横墙之间的连接方式和状态,墙、柱的砌筑方式等。工程实践表明,当墙、柱高厚比过大,或墙、柱、梁的连接构造失当时,同样可能出现工程安全问题,甚至发生倒塌事故。

2)使用性等级评定

砌体构件的使用性等级应按裂缝、缺陷和损伤、老化三个项目评定,应取其中的最低等级作为构件的使用性等级。

(1)裂缝

砌体构件的裂缝项目应按表 7.20 的规定评定等级,裂缝项目的等级应取各类裂缝评定结果中的最低等级。该表适用于砖砌体构件,其他砌体构件也可按本表评定。墙包括带壁柱墙;对砌体构件的裂缝有严格要求的工业建筑,表中的裂缝宽度限值可乘以 0.4。

表 7.20　砌体构件裂缝评定等级

类型 \ 评定等级		a	b	c
变形裂缝、温度裂缝	独立柱	无裂缝	—	有裂缝
	墙	无裂缝	小范围开裂,最大裂缝宽度不大于 1.5 mm,且无发展趋势	较大范围开裂,或最大裂缝宽度大于 1.5 mm,或裂缝有继续发展的趋势
受力裂缝		无裂缝	—	有裂缝

砌体结构材料脆性明显,对于独立柱的变形、温度裂缝以及各类构件的受力裂缝,一旦出现则具危害性,故均按两级来评定:无裂缝时,评定为 a 级;一旦出现裂缝,均评定为 c 级。

(2)缺陷和损伤

缺陷是设计和施工阶段在结构上产生的问题,砌体构件在施工过程中可能存在灰缝不匀、竖缝缺浆、水平灰缝厚度和竖向灰缝宽度过大或过小、砂浆饱满度不足以及《砌体结构工程施工质量验收规范》(GB 50203)中控制的其他质量缺陷;损伤是使用阶段在结构上产生的问题,砌体构件损伤是指使用过程中可能出现开裂、老化以外的撞伤、烧伤、高温灼伤等其他损伤。缺陷或损伤都会影响构件的使用性;严重时甚至影响安全,应在构件安全性评级中予以考虑。

当砌体构件无缺陷和损伤时应评为 a 级;有小缺陷和轻微损伤,尚不明显影响正常使用时评为 b 级;当缺陷和损伤对正常使用有明显影响时评为 c 级。缺陷和损伤项目的等级应取各种缺陷、损伤评定结果中的较低等级。

(3)老化

砌体构件的老化项目即为砌体的腐蚀现象。腐蚀是与开裂、撞伤、烧伤等性质不同的损伤,包括块材的风化、砂浆的粉化、砌体内构造钢筋以及配筋砌体中受力钢筋的锈蚀。

砌体构件的老化项目应根据砌体构件的材料类型,按表 7.21 的规定评定等级。该表适用于砖砌体和其他砌体构件,老化项目的等级应取各材料评定结果中的最低等级。

表 7.21 砌体构件老化评定等级

评定等级 类型	a	b	c
块材	无风化现象	小范围出现风化现象,最大风化深度不大于 5 mm,且无发展趋势,不明显影响使用功能	较大范围出现风化现象,或最大腐蚀深度大于 5 mm,或风化有发展趋势,或明显影响使用功能
砂浆	无粉化现象	小范围出现粉化现象,且最大粉化深度不大于 10 mm,且无发展趋势,不明显影响使用功能	非小范围出现粉化现象,或最大腐蚀深度大于 10 mm,或粉化有发展趋势,或明显影响使用功能
钢筋	无锈蚀现象	出现锈蚀现象,但锈蚀钢筋的截面损失率不大于 5%,尚不明显影响使用功能	锈蚀钢筋的截面损失率大于 5%,或锈蚀有发展趋势,或明显影响使用功能

7.5 结构系统的鉴定评级

▶ 7.5.1 一般规定

1)结构系统的划分

工业建筑物可划分为地基基础、上部承重结构和围护结构三个结构系统,结构系统鉴定评级包括安全性、使用性和可靠性等级评定。在构件鉴定评级的基础上,结构系统安全性和使用性等级可按第 7.5.2—7.5.4 节进行评定,进而完成结构系统可靠性等级评定。

2)结构系统可靠性等级评定原则

①当结构系统的使用性等级为 A 级或 B 级时,应按安全性等级确定。

②当结构系统的使用性等级为 C 级、安全性等级不低于 B 级时,宜评为 C 级。

③位于生产工艺流程重要区域的结构系统,可按安全性等级和使用性等级中的较低等级确定。这一评定原则与构件可靠性评定原则是一致的,体现了可靠性评级中以安全性为主,并注重正常使用性的基本原则。同时,对位于生产工艺流程重要区域的结构系统,充分考虑到生产和使用上的高要求以及对人员安全和生产的影响,其可靠性评级可以安全性等级和使用性等级中的较低等级直接确定。

3)子系统鉴定评级

工业建筑各结构系统又可以划分为多个子系统,如上部承重结构子系统包括屋盖系统、柱系统、吊车梁系统等,子系统的安全性、使用性和可靠性等级可以参照结构系统的评定方法单独评定。

7.5.2 地基基础

1)地基基础安全性等级评定

(1)评定原则

①宜根据地基变形观测资料和工业建筑现状进行评定,需要时也可按地基基础的承载能力进行评定。

②建在斜坡场地环境下的工业建筑,应检测评定边坡场地的稳定性及其对工业建筑安全性的影响。

③建在回填土、特殊土等场地上的工业建筑,应根据特殊土力学性能、特点按相应标准进行评定。

④对有大面积地面荷载或软弱地基上的工业建筑,应评价地面荷载、相邻建筑以及循环工作荷载引起的附加变形或桩基侧移对工业建筑安全使用的影响。

⑤当工业建筑附近新建施工、开挖、堆填载荷,地下工程侧穿、下穿、场地地下水、土压力等与设计工况有较大改变时,应考虑其改变产生的不利影响。

综上所述,与民用建筑地基基础子单元安全性鉴定类似,工业建筑地基基础结构系统安全性鉴定也包含地基变形(包括上部结构反应)和承载能力两个项目,且出于同样的考虑,首选采用地基变形项目进行评定。当地基变形观测资料不足或结构存在的问题怀疑是由地基基础承载力不足所致时,其等级评定可按承载力项目进行。工业建筑地基基础的安全性等级,应根据地基变形项目和承载能力项目的评定结果按较低等级确定。

在进行斜坡场地环境的工业建筑评定时,边坡的抗滑稳定计算可采用瑞典圆弧法和改进的条分法,对场地的检测评价可参照《建筑边坡工程技术规范》(GB 50330)的有关规定。

此外,大面积地面荷载以及周边新建建筑施工、开挖、堆填载荷等对建筑地基产生附加变形或桩基侧移的影响应充分重视。2009 年 6 月 27 日 5 时 30 分,上海市闵行区在建的"莲花河畔景苑"7 号楼(13 层)向南整体倾覆,致使 1 名工人死亡。经鉴定,该事故主要原因是:紧贴该楼北侧短期内堆土过高,最高处达 10 m 左右;同时,紧邻大楼南侧的地下车库正在开挖,开挖深度 4.6 m。大楼两侧的土压力差使土体产生水平位移,而过大水平力超过桩基的抗侧能力,最终导致桩基断裂、房屋整体倾覆。倒塌现场见图 7.2,倒塌事故原因示意见图 7.3。

图 7.2 倒塌现场

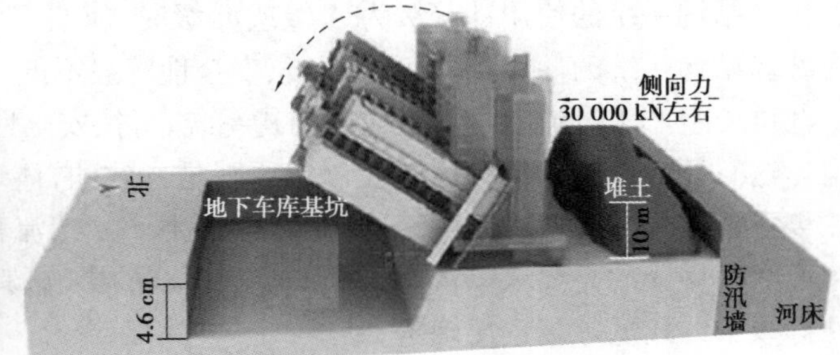

图 7.3 楼房倒塌事故原因示意图(图片来源于网络)

(2)地基变形

当地基基础的安全性按地基变形观测资料和工业建筑现状的检测结果评定时,应按下列规定评级:

A 级:地基变形小于现行国家标准《建筑地基基础设计规范》(GB 50007)规定的允许值,沉降速率小于0.01 mm/d,工业建筑使用状况良好,无沉降裂缝、变形或位移,吊车等机械设备运行正常。

B 级:地基变形不大于现行国家标准《建筑地基基础设计规范》(GB 50007)规定的允许值,沉降速率不大于0.05 mm/d,半年内的沉降量小于5 mm,工业建筑有轻微沉降裂缝出现,但无进一步发展趋势,沉降对吊车等机械设备的正常运行基本没有影响。

C 级:地基变形大于现行国家标准《建筑地基基础设计规范》(GB 50007)规定的允许值,沉降速率大于0.05 mm/d,工业建筑的沉降裂缝有进一步发展趋势,沉降已影响吊车等机械设备的正常运行,但尚有调整余地。

D 级:地基变形大于现行国家标准《建筑地基基础设计规范》(GB 50007)规定的允许值,沉降速率大于0.05 mm/d,工业建筑的沉降裂缝发展显著,沉降已导致吊车等机械设备不能正常运行。

观测资料和理论研究表明,当沉降速率小于每天0.01 mm 时,从工程意义上可以认为地基沉降进入了稳定变形阶段,地基一般不会再因后续变形而产生明显的差异沉降。但对建在深厚软弱覆盖层上的建(构)筑物,地基变形速率的控制标准需要根据建筑结构和设备对变形的敏感程度进行专门研究。

(3)地基基础承载能力

当地基基础的安全性按承载能力项目评定时,应按下列规定评级:

A 级:地基基础的承载能力满足现行国家标准《建筑地基基础设计规范》(GB 50007)规定的要求,建筑完好无损。

B 级:地基基础的承载能力略低于现行国家标准《建筑地基基础设计规范》(GB 50007)规定的要求,建筑局部有与地基基础相关轻微的损伤。

C 级:地基基础的承载能力不满足现行国家标准《建筑地基基础设计规范》(GB 50007)规定的要求,建筑有与地基基础相关的开裂损伤。

D 级:地基基础的承载能力不满足现行国家标准《建筑地基基础设计规范》(GB 50007)规定的要求,建筑有与地基基础相关的严重开裂损伤。

地基承载力依据已有的或现场补充的工程地质勘察资料确定,应注意考虑基础埋深、宽度以及建筑荷载长期作用的影响;基础可通过局部开挖检测,分析验算其受冲切、受剪、抗弯和局部承压的能力。在按上述规定分级标准进行评定时,将地基和基础视为一个共同工作的系统,综合地基和基础的检测分析结果确定其承载功能,并考虑与地基基础问题相关的建构筑物实际开裂损伤状况及工程经验,

基础隐蔽性强,无论是浅基础还是深基础,均存在较大的检测难度。有鉴于此,《工业建筑可靠性鉴定标准》(GB 50144—2008)就已取消了《工业厂房可靠性鉴定标准》(GBJ 144—1990)中按百分比评定基础的相关条款,但并未完全放弃对局部开挖的要求,这与《民标》存在一定差异。

2)地基基础使用性等级评定

地基基础的使用性等级,宜根据上部承重结构和围护结构使用状况按下列规定评定:

A 级:上部承重结构和围护结构的使用状况良好,或所出现的问题与地基基础无关。

B 级:上部承重结构和围护结构的使用状况基本正常,结构或连接因地础基础变形有个别损伤。

C 级:上部承重结构和围护结构的使用状况不完全正常,结构或连接因地基变形有局部或大面积损伤。

▶ 7.5.3 上部承重结构

1)上部承重结构安全性等级评定

(1)评定原则

上部承重结构的安全性等级,应按承载功能和结构整体性两个项目评定,并取其中较低的评定等级作为上部承重结构的安全性等级,必要时应考虑过大水平位移或明显振动对该结构系统或其中部分结构安全性的影响。之所以考虑过大水平位移或明显振动对该结构安全性的影响,是因为这些因素除了会对结构的使用性能造成影响外,还会对结构或构件的内力造成影响,从而影响对上部结构承载功能最终的评定。

当仅需对上部承重结构的某个子系统进行安全性等级评定时,也可根据该子系统在上部承重结构系统中的重要性及作用,按下述相关规定评定其安全性等级。

(2)上部承重结构承载功能

上部承重结构承载功能的评定等级,当有条件采用较精确的方法评定时,应在详细调查的基础上,根据结构体系的类型及空间作用,按国家现行标准的规定确定合理的计算模型,通过结构作用效应分析和结构抗力分析,并结合该体系以往的承载状况和工程经验确定。结构抗力分析时尚应考虑结构及构件的变形、损伤和材料劣化对结构承载能力的影响。

以下分别讨论单层厂房和多层厂房承载功能等级的具体评定方法。其中,单层厂房上部承重结构中的“计算单元”、多层厂房中的“子结构”,分别对应《民标》单层房屋上部承重结构中的“区”、多高层房屋中的“代表层”,其评定思路和步骤也类似;不同点在于所有“计算单元”和“子结构”均应评定。

①单层厂房。当单层厂房上部承重结构是由平面排架、平面框架或框排架组成的结构体系时,其承载功能的等级可按下列规定近似评定:

a. 根据结构布置和荷载分布,将上部承重结构分为若干平面排架、平面框架或框排架计算单元。

b. 将平面计算单元中的每种构件,如屋面板、屋架、柱、吊车梁等,按构件的集合及其重要性区分为重要构件集或次要构件集。平面计算单元中每种构件集的安全性等级,可按表 7.22 的规定评定,当工艺流程和结构体系的关键部位存在 c 级、d 级构件时,根据其失效后果的影响程度,可直接将该种构件集评定为 C 级或 D 级。

表 7.22 构件集的安全性评定等级

集合类别	评定等级	评定标准
重要构件集	A 级	不含 c 级、d 级构件,含 b 级构件且不多于 30%
	B 级	不含 d 级构件,含 c 级构件且不多于 20%
	C 级	含 d 级构件且少于 10%
	D 级	含 d 级构件且不少于 10%

续表

集合类别	评定等级	评定标准
次要构件集	A级	不含c级、d级构件,含b级构件且不多于35%
	B级	不含d级构件,含c级构件且不多于25%
	C级	含d级构件且少于20%
	D级	含d级构件且不少于20%

c.各平面计算单元的安全性等级,宜按该平面计算单元内各重要构件集中的最低等级确定。当次要构件集的最低安全性等级比重要构件集的最低安全性等级低两级或三级时,其安全性等级可按重要构件集的最低安全性等级降一级或降两级确定。

d.上部承重结构承载功能的等级可按表7.23规定评定。

表7.23 上部承重结构承载功能评定等级

评定等级	评定标准
A	不含C级和D级平面计算单元,含B级平面计算单元且不多于30%
B	不含D级平面计算单元,平面计算单元不含d级构件,且C级平面计算单元不多于10%
C	可含D级平面计算单元且少于5%
D	含D级平面计算单元且不少于5%

②多层层厂房。以单层厂房上部承重结构的评级规定为基础,多层厂房上部承重结构承载功能的等级可按下列规定评定:

a.沿厂房的高度方向将厂房划分为若干单层子结构,宜以每层楼板及其下部相连的柱、梁为一个子结构。子结构上的作用除应考虑本子结构直接承受的作用,尚应考虑其上部各子结构传到本子结构上的荷载作用。

b.每个子结构宜按单层厂房上部承重结构的承载功能等级的评定方法进行评定。

c.整个多层厂房的上部承重结构承载功能的评定等级可按子结构中的最低等级确定。

在不违背结构构成原则的情况下,允许采用其他的方法来划分子结构进行相应的评定。

(3)结构整体性

结构整体性等级应按表7.24评定,并取各评定项目中的较低等级作为结构整体性的评定等级。其中,根据其实际完好程度评为A级或B级,根据其实际严重程度评为C级或D级。

在表7.24中,整体性构造、连接是指建筑总高度、层高、高宽比、变形缝设置,砌体结构圈梁和构造柱设置、构造和连接等。

需要注意的是,在结构整体性等级的评定中,无论是结构布置和构造项目,还是支撑系统或其他抗侧力系统项目,均注重对结构或系统是否布置合理、传力体系是否完整、传力路径是否明确等的评定,这在相关规范中可能没有详细具体的规定,因此要求鉴定人员具有扎实的专业理论基础和丰富的工程经验。

表7.24 结构整体性评定等级

评定等级	A或B	C或D
结构布置和构造	结构布置合理,体系完整;传力路径明确或基本明确;结构形式和构件选型、整体性构造和连接等符合或基本符合国家现行标准的规定,满足安全要求或不影响安全	结构布置不合理,体系不完整;传力路径不明确或不当;结构形式和构件选型、整体性构造和连接等不符合或严重不符合国家现行标准的规定,影响安全或严重影响安全
支撑系统或其他抗侧力系统	支撑系统或其他抗侧力系统布置合理,传力体系完整,能有效传递各种侧向作用;支撑杆件长细比及节点构造符合或基本符合现行国家标准的规定,无明显缺陷或损伤	支撑系统或其他抗侧力系统布置不合理,传力体系不完整,不能有效传递各种侧向作用;支撑杆件长细比及节点构造不符合或严重不符合现行国家标准的规定,有明显缺陷或损坏

2)上部承重结构使用性等级评定

(1)评定原则

上部承重结构的使用性等级应按上部承重结构使用状况和结构水平位移两个项目评定,并取其中较低的评定等级作为上部承重结构的使用性等级,尚应考虑振动对该结构系统或其中部分结构正常使用性的影响。

当仅需要对上部承重结构的某个子系统进行使用性等级评定时,也可根据该子系统在上部承重结构系统中的重要性及作用,仍按下述使用状况和结构水平位移评定该子系统的使用性等级。

(2)使用状况

使用状况项目的等级评定分别按单层厂房和多层厂房给出具体评定方法。当鉴定评级中需要考虑明显振动对上部承重结构整体或局部的影响时,可按《工标》附录F"振动对上部承重结构影响的鉴定"的规定进行评定。评定结果对结构的正常使用性有影响时,则应在使用状况的评定等级中予以考虑。

以下分别讨论单层厂房和多层厂房使用状况等级的具体评定方法。

①单层厂房。

当单层厂房中无吊车或采用轻级工作制吊车时,其上部承重结构使用状况的等级可按屋盖系统和柱系统两个子系统的较低等级确定;其他情况下,使用状况的等级可按屋盖系统、柱系统、吊车梁系统三个子系统中的最低使用性等级确定。每个子系统的使用性等级应根据其所含构件使用性等级,按表7.25的规定评定。其中屋盖系统、吊车梁系统包含相关构件和附属设施(如吊车检修平台、走道板爬梯等)。

表7.25 单层厂房子系统的使用性评定等级

评定等级	评定标准
A	不含c级构件,可含b级构件且少于35%
B	含b级构件不少于35%或含c级构件且不多于25%
C	含c级构件且多于25%

②多层厂房。

多层厂房上部承重结构使用状况的评定等级,可按多层厂房上部承重结构承载功能评定时规定的原则和方法划分若干单层子结构,每个单层子结构使用状况的等级可按单层厂房的相关规定评定,整个多层厂房上部承重结构使用状况的评定等级按表 7.26 的规定评定。

表 7.26　多层厂房上部承重结构使用状况评定等级

评定等级	评定标准
A	不含 C 级子结构,含 B 级子结构且不多于 30%
B	含 B 级子结构且多于 30% 或含 C 级子结构且不多于 20%
C	含 C 级子结构且多于 20%

(3)结构水平位移

上部承重结构的使用性等级按结构水平位移影响评定时,可采用检测或计算分析的方法。当该水平位移满足国家现行相关标准限值要求时应评为 A 级;超过国家现行相关标准限值要求时,则应根据是否明显影响正常使用评为 B 级或 C 级。

如上部承重结构安全性等级评定原则所述,当水平位移过大时(即达到 C 级标准的严重情况),会对结构产生不可忽略的附加内力,此时除了对其使用状况评级外,还应考虑水平位移对结构承载功能的影响,对结构进行承载能力验算或结合工程经验进行分析,并根据验算分析结果参与相关结构的承载功能的等级评定。需说明的是,所谓考虑水平位移对结构承载功能影响的验算,是指应进行计入该位移影响的结构内力计算分析。

工业厂房建筑结构形式种类较多,《工标》在条文说明中给出了主要结构形式的侧向(水平)位移限值,以供评定参考。

▶　7.5.4　围护结构系统

1)围护结构系统分类

工业建筑物的围护结构系统构成复杂、种类繁多,《工标》将其总体划分为围护结构和建筑功能配件两大类,并给出了具体内容。

(1)围护结构

围护结构包括墙架(主要是钢墙架)、墙梁、过梁、挑梁、墙板、屋面压型钢板、轻质墙、砌体自承重墙及自承重的混凝土墙板等。

(2)建筑功能配件

建筑功能配件包括屋面系统、门窗、地下防水、防护设施等。

①屋面系统:包括防水、排水及保温隔热构造层和连接等。

②墙体:包括非承重围护墙体(含女儿墙)及其连接、内外面装饰等。

③门窗(含天窗部件):包括框、扇、玻璃和开启机构及其连接等。

④地下防水:包括防水层、滤水层及其保护层、抹面装饰层、伸缩缝、管道安装孔和排水管等。

⑤防护设施:包括各种隔热、保温、防腐、隔尘密封、防潮、防爆设施和安全防护板、保护栅

栏、防护吊顶和吊挂设施、走道、过桥、斜梯、爬梯、平台等。

2)围护结构系统安全性等级评定

(1)评定原则

围护结构系统的安全性等级,应按围护结构的承载功能和构造连接两个项目进行评定,并取其中较低的评定等级作为该围护结构系统的安全性等级。

(2)承载功能

围护结构承载功能等级,应根据其结构类别按第7.4节相应构件和第7.5.3节相关构件集的评级规定进行评定。

(3)构造连接

围护结构构造连接等级,可按表7.27的规定评定,并取其中最低等级作为该项目的安全性等级。表中的构造指围护系统自身的构造,如砌体围护墙的高厚比、墙板的配筋、防水层的构造等;连接指系统本身的连接及其与主体结构的连接;对主体结构安全的影响主要指围护结构是否对主体结构的安全造成不利影响或使其受力方式发生改变等。对表中的各项目进行评定时,可根据其实际完好程度评为A级或B级,根据其实际严重程度评为C级或D级。

表7.27 围护结构构造连接评定等级

项目	A级或B级	C级或D级
构造	构造合理,符合或基本符合国家现行标准规定,无变形或无损坏	构造不合理,不符合或严重不符合国家现行标准规定,有明显变形或损坏
连接	连接方式正确,连接构造符合或基本符合国家现行标准规定,无缺陷或仅有局部的表面缺陷或损伤,工作无异常	连接方式不当,不符合或严重不符合国家现行标准规定,连接构造有缺陷或有严重缺陷,已有明显变形、松动、局部脱落、裂缝或损坏
对主体结构安全的影响	构件选型及布置合理,对主体结构的安全没有或有较轻的不利影响	构件选型及布置不合理,对主体结构的安全有较大或严重的不利影响

3)围护结构系统使用性等级评定

(1)评定原则

围护结构系统的使用性等级,应根据围护结构的使用状况、围护结构系统的使用功能两个项目评定,并取两个项目中较低评定等级作为该围护结构系统的使用性等级。

(2)围护结构使用状况

围护结构使用状况的评定等级,应根据其结构类别按第7.4节相应构件和第7.5.3节有关子系统的评级规定评定。

(3)围护结构系统使用功能

围护结构系统使用功能的评定等级,宜根据表7.28中各项目对建筑物使用寿命和生产的影响程度,确定一个或两个为主要项目,其余为次要项目,然后逐项进行评定。一般情况下,宜将屋面系统确定为主要项目,将墙体及门窗、地下防水和其他防护设施确定为次要项目。表中的墙体指非承重墙体,其他防护设施指为了隔热、隔冷、隔尘、防湿、防腐、防撞、防爆和安全而设置的各种设施及爬梯、天棚吊顶等。

围护结构系统使用功能等级评定原则如下：

①一般情况下，围护结构系统的使用功能等级可取主要项目的最低等级。

②主要项目为 A 级或 B 级，次要项目一个以上为 C 级时，宜根据需要的维修量大小将使用功能等级降为 B 级或 C 级。

表 7.28 围护结构系统使用功能评定等级

项目		A 级	B 级	C 级
屋面系统	混凝土结构屋面	构造层、防水层完好，排水畅通	构造基本完好，防水层有个别老化、鼓泡、开裂或轻微损坏，排水有个别堵塞现象，但不漏水	构造层有损坏，防水层多处老化、鼓泡、开裂、腐蚀或局部损坏、穿孔，排水有局部严重堵塞或漏水现象
	金属围护结构屋面	抗风揭性能、防腐性能和防水性能均满足国家现行相关标准规定	抗风揭性能、防腐性能和防水性能至少有一项略低于国家现行相关标准规定，尚不明显影响正常使用	抗风揭性能、防腐性能和防水性能至少有一项低于国家现行相关标准规定，对正常使用有明显影响
墙体		完好，无开裂、变形或渗水现象	轻微开裂、变形，局部破损或轻微渗水，但不明显影响使用功能	已开裂、变形、渗水，明显影响使用功能
门窗		完好	门窗完好，连接或玻璃等轻微损坏	连接局部破坏，已影响使用功能
地下防水		完好	基本完好，虽有较大潮湿现象，但无明显渗漏	局部损坏或有渗漏现象
其他防护设施		完好	有轻微损坏，但不影响防护功能	局部损坏已影响防护功能

7.6 工业建筑物的鉴定评级

1）鉴定单元的划分

根据工业建筑物的特点和以往的工程鉴定经验，由于实际结构所处地基情况、使用荷载和使用环境等因素的不同，结构的损伤程度、影响安全和使用的因素会有所不同，存在按整体建筑物可靠性评级结果不能准确反映实际状况的情况。因此，工业建筑物鉴定根据建筑的结构类型特点、生产工艺布置及使用要求、损伤情况等，将其划分为一个或多个区段（如通常按变形缝所划分的一个或多个区段），每个区段作为一个鉴定单元，并按鉴定单元给出鉴定评级结果。这样，鉴定评级比较灵活、实用，既能评定出准确反映结构实际状况的结果，同时又不使鉴定评级的工作量过大。

2）鉴定单元安全性等级评定原则

鉴定单元的安全性等级应根据地基基础、上部承重结构和围护结构系统的安全性等级，按下列原则评定：

①当围护结构系统与地基基础和上部承重结构的安全性等级相差不大于一级时，可按地基基础和上部承重结构中的较低等级作为该鉴定单元的安全性等级。

②当围护结构系统比地基基础和上部承重结构中的较低安全性等级低两级时，可按地基基础和上部承重结构中的较低等级降一级作为该鉴定单元的安全性等级。

③当围护结构系统比地基基础和上部承重结构中的较低安全性等级低三级时，可根据实际情况按地基基础和上部承重结构中的较低等级降一级或降两级作为该鉴定单元的安全性等级。

3）鉴定单元使用性等级评定原则

鉴定单元的使用性等级可取地基基础、上部承重结构和围护结构系统使用性等级中的最低等级。

4）鉴定单元可靠性等级评定原则

鉴定单元的可靠性等级应根据地基基础、上部承重结构和围护结构系统的可靠性等级，按下列原则评定：

①当围护结构系统与地基基础和上部承重结构的可靠性等级相差不大于一级时，可按地基基础和上部承重结构中的较低等级作为该鉴定单元的可靠性等级。

②当围护结构系统比地基基础和上部承重结构中的较低可靠性等级低两级时，可按地基基础和上部承重结构中的较低等级降一级作为该鉴定单元的可靠性等级。

③当围护结构系统比地基基础和上部承重结构中的较低可靠性等级低三级时，如果围护结构为承重结构，则鉴定单元的可靠性等级按地基基础和上部承重结构中的较低等级降两级评定；如果为非承重的围护结构，则鉴定单元的可靠性等级按地基基础和上部承重结构中的较低等级降一级评定。

7.7 工业构筑物的鉴定评级

► 7.7.1 一般规定

工业构筑物是工业建筑的重要组成部分，主要包括烟囱、烟道、贮仓、水池、冷却塔、观测塔、井塔、通廊、栈桥、架空索道、地道、管道支架、井架、装卸平台、锅炉钢结构、除尘器结构等，构筑物的可靠性同样对保证工业生产的顺利进行具有重要意义。

1）鉴定层次划分

工业构筑物通常是执行某项辅助生产功能的一个独立系统，基于系统完备性考虑，一般应当将整个构筑物定义为一个鉴定单元，其结构系统一般应根据构筑物结构组成划分为地基基础、支承结构系统、构筑物特种结构系统和附属设施四部分。工业构筑物应根据其结构布置及组成按构件、结构系统、鉴定单元，分层次进行可靠性等级评定。构筑物附属设施不参与鉴定单元的可靠性评级，但可根据其实际状况给出附属设施自身的可靠性等级，且在鉴定报告中应包括其检查评定结果及处理意见及建议。

在某些具体情况下,也可以根据鉴定目的或业主要求仅对构筑物的部分功能系统进行鉴定,如支承结构系统、转运站仓体结构、烟囱内衬等,此时的鉴定对象即为指定的结构系统。

2)鉴定单元可靠性等级评定原则

①当按主要结构系统评级时,以主要结构系统的最低评定等级确定。

②当有次要结构系统参与评级时,主要结构系统与次要结构系统的等级相差不大于一级时,应以主要结构系统的最低评定等级确定;当次要结构系统的最低评定等级低于主要结构系统的最低评定等级两级及以上时,应以主要结构系统的最低评定等级降低一级确定。

3)结构系统可靠性、安全性和使用性等级评定

工业建筑构筑物结构系统的可靠性、安全性及使用性等级评定,可以分别参考前文第7.5节结构系统的评定原则和方法进行评定。

4)结构构件安全性和使用性等级评定

工业建筑构筑物结构构件的安全性及使用性等级评定,可以分别参考前文第7.4节工业建筑物结构构件的评定原则和方法进行评定。

5)附属设施等级评定

工业构筑物附属设施,应根据其结构的材料类别、功能要求按表7.29的规定评定等级。

表7.29　构筑物附属设施评定等级

评定等级	评定标准
A	完好:无损坏,工作性能良好
B	适合工作:轻微损坏,但不影响使用
C	部分适合工作:损坏较严重,影响使用
D	不适合工作:损坏严重,不能继续使用

▶　7.7.2　烟囱

1)评定原则

烟囱的可靠性鉴定分为地基基础、筒壁及支承结构、隔热层和内衬三个主要结构系统进行评定,其可靠性等级应按上述三个系统中可靠性等级的最低等级确定。

2)地基基础

地基基础的安全性等级及使用性等级应按第7.5.2节有关规定进行评定,其可靠性等级可按安全性等级和使用性等级中的较低等级确定。

3)筒壁及支承结构

筒壁及支承结构的安全性等级应按承载能力项目的评定等级确定;使用性等级应按损伤、裂缝和倾斜三个项目的最低评定等级确定;可靠性等级可按安全性等级和使用性等级中的较低等级确定。

(1)承载能力

烟囱筒壁及支承结构承载能力项目应根据结构类型按第 7.4.2—7.4.4 节规定的重要结构构件的分级标准评定等级,并应符合下列规定:

①烟囱筒壁承载能力验算应执行《烟囱设计规范》(GB 50051)有关规定,作用效应计算时应考虑烟囱筒身实际倾斜所产生的附加弯矩;结构抗力计算时,应考虑截面损伤对承载能力的影响。

②当砖烟囱筒身出现环向水平裂缝或斜裂缝时,意味着烟囱遭受了严重损伤,且在结构抗力计算中尚无合适的反映模型,应根据其严重程度直接评定为 c 级或 d 级。

(2)损伤

烟囱筒壁损伤项目应按以下规定评定等级:

a 级:筒壁结构对大气环境及烟气耐受性良好,或者筒壁结构防护层性能和状况良好,无明显腐蚀现象,受热温度在结构材料允许范围内。

b 级:除 a 级、c 级之外的情况。

c 级:在目标使用年限内可能因腐蚀、温度作用影响结构安全使用。

(3)裂缝

钢筋混凝土烟囱及砖烟囱筒壁的最大裂缝宽度项目应按表 7.30 评定等级。

表 7.30　钢筋混凝土及砖烟囱筒壁裂缝宽度评定等级

<table>
<tr><td rowspan="2">烟囱分类</td><td rowspan="2" colspan="2">高度分区</td><td colspan="3">裂缝宽度/mm</td></tr>
<tr><td>a</td><td>b</td><td>c</td></tr>
<tr><td>砖烟囱</td><td colspan="2">全高</td><td>无明显裂缝</td><td>≤1.0</td><td>>1.0</td></tr>
<tr><td rowspan="4">钢筋混凝土烟囱(单管)</td><td colspan="2">顶端 20 m 内</td><td>≤0.15</td><td rowspan="4">≤0.5</td><td rowspan="4">>0.5</td></tr>
<tr><td rowspan="3">顶端 20 m 以下</td><td>Ⅰ—B 环境</td><td>≤0.30</td></tr>
<tr><td>Ⅰ—C 环境</td><td>≤0.20</td></tr>
<tr><td>Ⅲ、Ⅳ类环境</td><td>≤0.20</td></tr>
</table>

(4)倾斜

倾斜是指烟囱顶部侧移变位与高度的比值。烟囱筒身及支承结构倾斜项目应按表 7.31 评定等级,其中侧移变位为实测值,目标使用年限内的为预估值。

表 7.31　烟囱筒身及支承结构倾斜评定等级

高度/m	评定标准		
	a	b	c
≤20	≤0.003 3	倾斜变形稳定,或者目标使用年限内倾斜发展不会大于 0.008	倾斜有继续发展趋势,且目标使用年限内倾斜发展将大于 0.008
>20,≤50	≤0. 001 7	倾斜变形稳定,或者目标使用年限内倾斜发展不会大于 0.006	倾斜有继续发展趋势,且目标使用年限内倾斜发展将大于 0.006

续表

高度/m	评定标准		
	a	b	c
>50,≤100	≤0.001 2	倾斜变形稳定,或者目标使用年限内倾斜发展不会大于0.005	倾斜有继续发展趋势,且目标使用年限内倾斜发展将大于0.005
>100,≤150	≤0.001 0	倾斜变形稳定,或者目标使用年限内倾斜发展不会大于0.004	倾斜有继续发展趋势,且目标使用年限内倾斜发展将大于0.004
>150,≤200	≤0.000 9	倾斜变形稳定,或者目标使用年限内倾斜发展不会大于0.003	倾斜有继续发展趋势,且目标使用年限内倾斜发展将大于0.003

4)隔热层和内衬

烟囱隔热层和内衬的安全性等级应按第7.5.4节结构围护系统安全性等级中构造连接项目评定;其使用性等级应按第7.5.4节结构围护系统使用性等级中使用功能项目的其他防护设施的规定评定;可靠性等级可按安全性等级和使用性等级中的较低等级确定。在此,隔热层和内衬应包括烟囱筒壁(身)之外所有构造层,如多管烟囱的烟管结构、隔热层、衬砌结构层、抗烟气冲刷耐磨层、腐蚀防护层等。实际工作中,也可按照隔热层及内衬的完损状况和筒壁结构对烟气的耐受表现,以及对使用和结构安全的影响程度进行评定。

5)附属设施

烟囱附属设施应包括囱帽、烟道口、爬梯、信号平台、避雷装置、航空标志等。

▶ 7.7.3 水池

1)评定原则

水池的可靠性鉴定,应分为地基基础、池体两个主要结构系统进行评定,其可靠性鉴定评级应按其中可靠性等级的较低等级确定。

对于高架水池(非落地水池),鉴定单元尚应包括支承结构系统,此时可参照贮仓结构的有关规定,对支承结构进行等级评定。对于储存具有腐蚀性液体的池(槽)结构,除符合本节规定外,还应检查评定腐蚀防护层的完整性和有效性,或者检查评定池(槽)结构对储液的耐受性。

2)地基基础

地基基础的安全性等级及使用性等级应按第7.5.2节有关规定进行评定,其可靠性等级可按安全性等级和使用性等级中的较低等级确定。

3)池体

(1)安全性等级评定

池体结构的安全性等级应按承载能力项目的评定等级确定,而结构承载能力项目应根据结构类型按第7.4.2—7.4.4节规定的重要结构构件的分级标准评定等级。

(2)使用性等级评定

池体结构的使用性等级应按损漏项目的评定等级确定,而损漏项目应对浸水与不浸水部分分别评定等级,池体损漏等级按浸水和不浸水部分评定等级中的较低等级确定,并应符合下列规定:

①对于浸水部分池体结构,应按表7.32对渗漏损坏评定等级。对于地下或半地下水池,当渗漏可能对结构或正常使用产生不可忽略影响时,应进行试水检验。

②对于池盖及其他不浸水部分池体结构,应根据结构材料类别按第7.4.2—7.4.4节对变形、裂缝、缺陷和损伤、腐蚀等有关规定评定等级。

表7.32 水池池体结构的渗漏损坏评定等级

结构分类	评定标准		
	a	b	c
砌体结构	无裂损,无渗漏痕迹	表面或表面粉刷层有风化,表面有老化裂损现象,但无渗漏现象	有渗漏现象或有新近渗漏痕迹
钢筋混凝土结构	无裂损,无渗漏痕迹	表面或表面粉刷层有老化,表面有开裂现象,但无渗漏现象	有渗漏现象或有新近渗漏痕迹
钢结构	腐蚀防护层完好或无腐蚀现象,无渗漏痕迹	腐蚀防护层损坏且伴有一定程度腐蚀,但无渗漏现象	严重腐蚀或局部有渗漏

(3)可靠性性等级评定

池体结构的可靠性等级可按安全性等级和使用性等级中的较低等级确定。

4)附属设施

水池附属设施应包括水位指示装置、管道接口、爬梯、操作平台等。

7.8 典型案例

1)案例概况

图7.4 倒塌现场

某建材厂房内建有多排圆形钢筒群仓,其36个圆形粉料仓按6排×6列整齐排列,下部采用钢框架支承于400 mm厚钢筋混凝土筏板基础上,钢框架柱脚位置设置预埋钢板。2018年8月19日粉料仓现场安装完毕后开始试运行,2018年8月27日粉料仓在运行过程中突然发生整体倒塌,并导致厂房及其他部分设备受损(图7.4)。为查明筒仓倒塌原因,需对其进行鉴定(委托单位仅提供部分设计图纸)。

2)案例分析

(1)检测鉴定内容

经过现场初步调查后,与委托单位协商确定如下检测鉴定内容:①结构布置及构件截面尺寸;②构造与连接(包括焊缝质量);③钢材力学性能;④基础变形、柱脚垫板的相对标高;⑤粉料仓装载量;⑥筒仓及支撑钢结构承载能力;⑦筒仓倒塌原因分析。

(2)主要检测结果(在以下检测结果中,无明显问题的从略)

①结构布置。部分支承结构中的横梁设计为上下两层的叠合槽钢,截面总高度为440 mm,而实际结构采用单层的左右拼合槽钢,截面高度为220 mm。此外,粉料仓的结构布置(图7.5、图7.6)及构件截面尺寸与委托单位提供的粉料仓设计图总体相符。

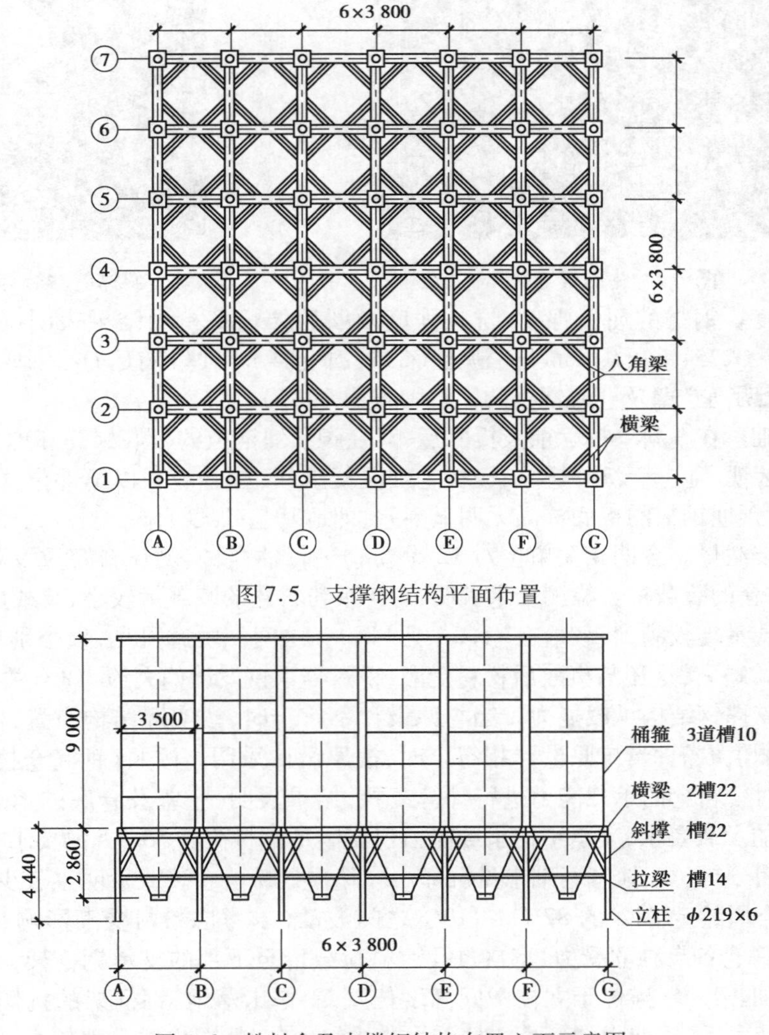

图7.5 支撑钢结构平面布置

图7.6 粉料仓及支撑钢结构布置立面示意图

②构造与连接。

a. 部分构造与连接不当,如八角梁采用角焊缝连接于横梁侧面,引起横梁受扭;横梁采用双槽钢断续焊组合形成箱型截面,未施焊处槽钢未形成计算模型的箱型截面。现场检测发现大量的横梁构件扭转变形及组合焊缝开裂现象,这与上述构造不当存在内在因果关系。

b. 柱脚采用连接刚度较弱的平板柱脚角焊缝连接,降低了立柱及整体结构的承载力,而相关单位不能提供按此受力模型的承载力验算证据。

c.焊缝质量问题主要如下:焊脚尺寸不规则;连接处塞入钢筋后进行焊接;焊缝外观质量差,普遍存在未焊满、未焊透、根部收缩等外观质量缺陷。倒塌现场多处可见牛腿端部贴焊钢板与仓体间焊缝(图7.7)、立柱与斜撑或横梁间连接焊缝(图7.8)、横梁双槽钢的组合焊缝等不同部位的焊缝破坏现象。

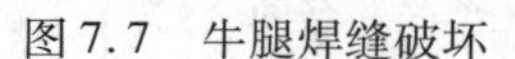
图7.7　牛腿焊缝破坏

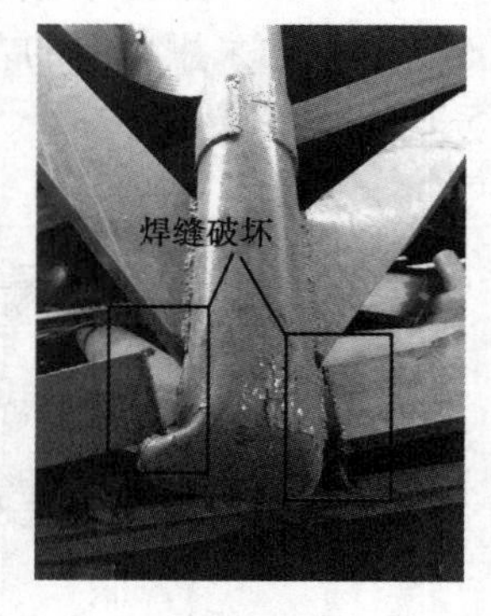

图7.8　斜撑(拉梁)焊缝破坏

③钢材强度。钢材的屈服强度、抗拉强度及断后伸长率检测结果表明:立柱圆管满足Q275、槽钢满足Q275、钢板(3 mm厚)满足Q235、钢板(4 mm厚)满足Q235牌号钢材性能指标要求(设计仅明确仓壁及仓底钢板的钢材牌号为Q235)。

④地基基础。在粉料仓拆除前及拆除后,对柱脚预埋钢板的板底标高和地基基础进行检测。检测结果表明,地基无沉降迹象;筏板基础混凝土(含柱脚底板以下部位)无开裂或其他破坏现象;柱脚预埋钢板的板底标高无明显高差,即地基基础无沉降。

⑤粉料仓装载量。会同相关单位对12个粉仓进行抽样,实测粉料容重及粉料仓装载体积,然后计算各仓的装载量。检测结果表明:有4个粉料仓的装载量较小,装载量小于21.4 t,其余粉料仓装载量均较满,装载量在71.2 t到90.1 t之间。由此可见,仅个别单仓装载量较合同约定的82 t略大,这还与事故后粉料受潮,粉料容重较设计偏大约7%有关。

⑥筒仓及支撑钢结构承载能力。当与原设计不符合时,按实际结构布置、构件截面尺寸及材性强度实测值取值;当与原设计相符合时,按原设计采用。按照《钢筒仓技术规范》(GB 50884—2013)对粉料仓的承载能力进行计算复核,结果表明:仓壁及仓底的承载能力满足贮料荷载为82 t的承载要求,支承结构承载能力仅能满足贮料荷载56.7 t的要求。

⑦倒塌原因分析。a.地基基础未见沉降。b.除少数粉料仓装载量明显较少外,其余粉料仓的装载率在合同约定82 t的87% ~110%之间波动(未考虑粉料受潮影响),未见明显超载。c.36个粉料仓各自独立受力,将自重及贮料荷载传至下部的支承钢框架,钢框架为整体受力。其中,钢框架的斜撑位于立柱中间高度位置,斜撑未落地,钢框架的抗侧刚度较弱;支承钢框架整体受力后,框架中的各个立柱受力非均匀分布,外围立柱受力较小,中间立柱受力较大,部分中间立柱的受力大于单个筒仓的总竖向力(自重+贮料荷载)。按照《钢筒仓技术规范》(GB 50884—2013)对粉料仓结构体系的承载能力进行复核,粉料仓支承框架的设计承载能力仅能满足单仓贮料荷载56.7 t,承载能力严重不满足合同约定装料量82 t的要求。d.支承框架的连接构造不当、焊接质量差进一步显著降低了结构的承载能力,导致实体结构粉料仓下部支承框架的承载能力更加不足,粉料仓装载后立柱发生整体失稳破坏引起全面倒塌。

(3)鉴定结论

粉料仓下部框架支承结构设计承载能力严重不足、连接构造不合理、焊缝施工质量差等因素导致粉料仓装载后下部支承框架立柱发生整体失稳破坏,引起倒塌。

需说明的是,本案例是按照设计规范进行承载力验算的,其承载力包含规范要求的可靠度。在实际工程进行事故原因分析时应结合具体情况,当条件具备时,可同时采用材料强度和荷载平均值进行验算。

习 题

7.1 《工标》适用范围是什么?哪些情况下应进行工业建筑可靠性鉴定?

7.2 简述工业建筑鉴定单元、结构系统、构件是如何划分的。

7.3 工业建筑可靠性鉴定评级的等级划分以及工作步骤和内容是什么?

7.4 工业建筑可靠性鉴定中结构子系统和特殊功能系统的含义是什么?

7.5 在工业建筑可靠性鉴定中,结构构件材料强度如何取值?

7.6 混凝土结构构件可靠性鉴定现场检测项目通常包括哪些?

7.7 缺陷和损伤有何不同?举例说明钢结构构件的主要缺陷和损伤。

7.8 如何评定地基基础的安全性等级?

7.9 如何评定多层厂房上部承重结构系统的安全性等级?

7.10 厂房的围护结构系统包含哪些部分?

7.11 简述如何评定围护结构系统使用性等级。

7.12 简述如何评定烟囱的安全性等级。

思考题

7.1 简述工业建筑与民用建筑可靠性鉴定有何相同点和不同点。

7.2 《工标》中各类构件承载能力等级是如何与我国现行设计规范可靠度水准相关联的?

7.3 《工标》是概率极限状态鉴定法吗?

7.4 简述《工标》与《民标》的鉴定评级标准有何不同。

7.5 举例说明工业建筑结构上的作用与民用建筑有何不同。结构上作用的标准值如何确定?

7.6 除专门说明外,无论民用建筑还是工业建筑的可靠性鉴定,在结构构件分析与校核中均采用国家现行设计规范,为什么?

7.7 当结构分析条件不充分、需要通过载荷试验验证其承载性能和使用性能时,应注意什么?

7.8 块材的风化和砂浆的粉化有何不同?

8 危险房屋鉴定

【本章基本内容】

本章以既有房屋为对象,以《危险房屋鉴定标准》(JGJ 125—2016)为主要依据,系统介绍了两阶段三层次的房屋危险性评定方法。主要内容包括:房屋危险性鉴定程序,地基危险性鉴定、构件危险性鉴定和房屋危险性鉴定的原则和评定方法。

【学习目标】

(1)**了解**:房屋危险性鉴定的程序。

(2)**熟悉**:单个构件的划分原则,各类材料构件危险性鉴定时应重点检查的内容、部位以及可能出现的破坏特征。

(3)**掌握**:地基、构件、上部结构各楼层(含地下室)和房屋危险性鉴定的原则和评定方法。

图 8.1　某砌体结构危房

危险房屋(简称危房)是指结构已严重损坏或承重构件已属于危险构件,随时可能丧失稳定和承载力,不能保证居住和使用安全的房屋。如图 8.1 所示为某砌体结构危房。开展房屋危险性鉴定可以准确判断房屋结构的危险程度,以便及时处理危险房屋,进而确保房屋结构的安全,达到有效利用既有房屋的目的。第 6 章和第 7 章的房屋可靠性鉴定虽然均涉及房屋安全性的评定,但与危险房屋鉴定有明显区别,危险性鉴定对安全性的要求总体明显低于可靠性鉴定,如:危房鉴定承载力验算时,对于 2002 年及之前建造的房屋,结构构件抗力与效应之比均乘以一个放大系数,导致可靠度水准明显降低;危险房屋鉴定无须满足抗震设计要求等。目前,危险房屋鉴定主要是针对 20 世纪 80 年代、90 年代以前建造的老旧房屋,房屋管理部门在其日常管理或出现险情时开展排危鉴定工作。

本章将依据《危险房屋鉴定标准》(JGJ 125—2016,以下简称《危标》),对危险房屋的评定方法进行介绍。

8.1 危险房屋的鉴定程序

▶ 8.1.1 国家标准《危险房屋鉴定标准》(JGJ 125—2016)

1)基本概念

根据《危标》,危险房屋是指房屋结构体系中存在承重构件被评定为危险构件,导致局部或整体不能满足安全使用要求的房屋;危险构件是指承载能力、连接构造等性能及裂缝、变形、腐蚀或蛀蚀等损伤指标不能满足安全使用要求的结构构件。

2)适用范围

《危标》适用于建成两年以上且已投入使用的既有房屋,房屋高度不超过 100 m,结构构件类型包括砌体结构、混凝土结构、钢结构和木结构构件。

▶ 8.1.2 鉴定程序

危险房屋的鉴定程序可参考第 2.2.4 节图 2.8 的通用流程框图,其具体内容可参见第 6 章和第 7 章,房屋危险性等级评定应在对调查、查勘、检测、验算的数据资料进行全面分析的基础上进行综合评定。

▶ 8.1.3 鉴定方法

《危标》在房屋危险性鉴定中采用两阶段三层次评定方法,具体如下:

1)两阶段划分

①第一阶段:地基危险性鉴定,评定房屋地基的危险性状态。

②第二阶段:基础及上部结构危险性鉴定,综合评定房屋危险性等级。

值得注意的是,当第一阶段鉴定结果为地基处于危险状态时,即可直接判定房屋为危险房屋,不需进行第二阶段的评定。

2)三层次划分

在进行第二阶段的基础及上部结构危险性鉴定时,应按下列三个层次进行。

①第一层次:构件危险性鉴定,其等级评定为危险构件和非危险构件两类。

②第二层次:楼层危险性鉴定,其等级评定为 A_u、B_u、C_u、D_u 四个等级。

③第三层次:房屋危险性鉴定,其等级评定为 A、B、C、D 四个等级。

8.2 地基危险性鉴定

▶ 8.2.1 地基危险性鉴定的内容

地基危险性鉴定是危险房屋鉴定的第一阶段,其鉴定结果关系到危险房屋的判定以及是否需要进行第二阶段鉴定,应引起足够重视。地基危险性的鉴定包括地基承载能力、地基沉降和土体位移等内容。值得注意的是,房屋建筑(尤其是建造于软土地基的房屋)在建成一定时间以后,其地基承载能力相对于原设计时会有一定程度的提高,因此在地基承载能力计算时宜参照《建筑抗震鉴定标准》考虑地基承载能力提高系数。

▶ 8.2.2 地基的危险性评定方法

1)一般规定

地基危险性状态鉴定可通过分析房屋近期沉降、倾斜观测资料和其上部结构因不均匀沉降引起的反应的检查结果进行判定。必要时,宜通过地质勘察报告等资料对地基的状态进行分析和判断,缺乏地质勘察资料时,宜补充地质勘察。

2)评定方法

在实际工程中,在进行地基危险性鉴定时应将多层房屋和高层房屋区分进行。这是因为高层房屋一般采用地下室箱形基础,且多设有桩基,在整体沉降和倾斜控制方面比普通多层房屋更可靠。而另一方面,高层房屋自身高宽比较大,且整体刚度较大,发生倾覆的可能性比多层房屋大。因此,本节将对多层和高层房屋地基危险性的评定方法分别介绍。多层房屋是指层数不超过6层或建筑总高度不大于24 m的房屋;高层房屋是指层数超过6层或建筑总高度大于24 m,但不大于100 m的房屋。

(1)单层或多层房屋

当单层或多层房屋地基出现下列现象之一时,应评定为危险状态:

①当房屋处于自然状态时,地基沉降速率连续两个月大于4 mm/月,且短期内无收敛趋势;当房屋处于相邻地下工程施工影响时,地基沉降速率大于2 mm/天,且短期内无收敛趋势。

②因地基变形引起砌体结构房屋承重墙体产生单条宽度大于10 mm的沉降裂缝,或产生最大裂缝宽度大于5 mm的多条平行沉降裂缝,且房屋整体倾斜率大于1%。

③因地基变形引起混凝土结构房屋框架梁、柱出现开裂,且房屋整体倾斜率大于1%。

④两层及两层以下房屋整体倾斜率超过3%,三层及三层以上房屋整体倾斜率超过2%。

⑤地基不稳定产生滑移,水平位移量大于10 mm,且仍有继续滑动迹象。

(2)高层房屋

当高层房屋地基出现下列现象之一时,应评定为危险状态:

①不利于房屋整体稳定性的倾斜率增速连续两个月大于0.05%/月,且短期内无收敛

趋势。

②上部承重结构构件及连接节点因沉降变形产生裂缝，并且房屋的开裂损坏趋势仍在继续发展。

③房屋整体倾斜率超过表 8.1 规定的限值（其整体倾斜率宜按倾斜测点单一方向倾斜率的平均值取值）。

表 8.1　高层房屋整体倾斜率限值

房屋高度/m	$24 < H_g \leqslant 60$	$60 < H_g \leqslant 100$
倾斜率限值	0.7%	0.5%

注：H_g 为自室外地面起算的建筑物高度，m。

8.3　构件危险性鉴定

► 8.3.1　构件划分及承载力验算

1）构件划分

构件是组成房屋整体结构的基本单元，一般是指承受各种作用的单个结构构件，也可以是由若干杆件或构件组成的组合构件。与《民标》和《工标》类似，根据构件失效产生的影响，《危标》将构件区分为一般构件和主要构件。

危险房屋鉴定时的单个构件，应按下列不同类型进行划分：

①基础：a. 独立基础以一个基础为一个构件；b. 柱下条形基础以一个柱间的一轴线为一个构件；c. 墙下条形基础以一个自然间的一轴线为一个构件；d. 带壁柱墙下条形基础以按计算单元的划分确定；e. 单桩以一根为一个构件；f. 群桩以一个承台及其所含的基桩为一个构件；g. 筏形基础和箱形基础以一个计算单元为一个构件。

②墙体：a. 砌筑的横墙以一层高、一自然间的一轴线为一个构件；b. 砌筑的纵墙（不带壁柱）以一层高、一自然间的一轴线为一个构件；c. 带壁柱的墙按计算单元的划分确定；d. 剪力墙按计算单元的划分确定。

③柱：a. 整截面柱以一层、一根为一个构件；b. 组合柱以层、整根（即含所有柱肢和缀板）为一个构件。

④梁式构件：以一跨、一根为一个构件；若为连续梁时，可取一整根为一个构件。

⑤杆（包括支撑）：以仅承受拉力或压力的一根杆为一个构件。

⑥板：a. 现浇板按计算单元的划分确定；b. 预制板以梁、墙、屋架等主要构件围合的一个区域为一个构件；c. 木板以一个开间为一个构件。

⑦桁架、拱架：以一榀为一个构件。

⑧网架、折板、壳：以一个计算单元为一个构件。

⑨柔性构件：以两个节点间仅承受拉力的一根连续的索、杆等为一个构件。

2)承载力验算

我国建筑结构规范先后经历了1954版、1958版、1974版、1989版、2001版及2010版六个阶段,而每一期规范的结构可靠度均较前一期有不同程度的提高。由于不同时期所采用的标准规范不同,当初建造的房屋在结构形式、建造材料、施工工艺等各方面均可能无法达到现行规范的要求。现行的各种设计规范均明确其应用范围为新建建筑的设计,使得当某幢房屋在完全满足当初设计规范的情况下,采用现行设计规范验算后可能会出现大量构件承载力不足的现象,这从危险房屋鉴定的角度看不甚合理。由此可见,使用现行设计规范评定当初建造的既有建筑,特别是在房屋危险性鉴定中,会造成大量原本满足当初设计规范的构件被“算”出来是危险的。

基于“满足当初建造时的设计规范要求即为安全”的原则,《危标》在构件承载力验算时,对1989年以前、1989—2002年及2002年以后三个时期建造房屋结构抗力与作用效应之比按表8.2进行了调整。在此,承载力验算按现行设计规范的计算方法进行,可不计入地震作用,但应考虑环境对材料、构件和结构性能的影响,以及结构累积损伤影响。

表8.2 结构构件抗力与效应之比调整系数(ϕ)

房屋类型 \ 构件类型	砌体构件	混凝土构件	木构件	钢构件
Ⅰ	1.15(1.10)	1.20(1.10)	1.15(1.10)	1.00
Ⅱ	1.05(1.00)	1.10(1.05)	1.05(1.00)	1.00
Ⅲ	1.00	1.00	1.00	1.00

注:①房屋类型按建造年代进行分类,Ⅰ类房屋指1989年以前建造的房屋,Ⅱ类房屋指1989—2002年建造的房屋,Ⅲ类房屋是指2002年以后建造的房屋;

②对楼面活荷载标准值在历次《建筑结构荷载规范》(GB 50009)修订中未调高的试验室、阅览室、会议室、食堂、餐厅等民用建筑及工业建筑,采用括号内数值。

▶ 8.3.2 基础构件

1)鉴定内容

基础构件的危险性鉴定应包括基础构件的承载能力、构造与连接、裂缝和变形等内容。由于基础埋置于地下,通常情况下较难进行全面的直接观测和检测,因此在实际鉴定时,可通过分析房屋近期沉降,根据倾斜观测资料和其因不均匀沉降引起上部结构反应的检查结果进行间接判定。判定时,应重点检查基础与承重砖墙连接处的水平、竖向和斜向阶梯形裂缝状况,基础与框架柱根部连接处的水平裂缝状况,房屋的倾斜位移状况,地基滑坡、稳定、特殊土质变形和开裂等状况,房屋外墙根部和四周室外地坪的裂缝、建筑物内部伸入地下土体内的管道设备的变形情况等。

必要时,宜结合开挖方式对基础构件进行检测,通过验算承载力进行判定。

2)危险点评定方法

房屋基础构件有下列现象之一者,应评定为危险点:

①基础构件承载能力与其作用效应的比值不满足式(8.1)的要求:

$$\frac{R}{\gamma_0 S} \geqslant 0.90 \tag{8.1}$$

式中:R 为结构构件抗力;S 为结构构件作用效应;γ_0 为结构构件重要性系数。

②因基础老化、腐蚀、酥碎、折断导致上部结构出现明显倾斜、位移、裂缝、扭曲等,或基础与上部结构承重构件连接处产生水平、竖向或阶梯形裂缝,且最大裂缝宽度大于 10 mm。

③基础已有滑动,水平位移速度连续两个月大于 2 mm/月,且在短期内无收敛趋势。

▶ 8.3.3 砌体结构构件

1)鉴定内容

砌体结构构件的危险性鉴定包括承载能力、构造与连接、裂缝和变形等内容。应重点检查不同类型构件的构造连接部位,纵横墙交接处的斜向或竖向裂缝状况,承重墙体的变形、裂缝和拆改状况,拱脚裂缝和位移状况,以及圈梁和构造柱的完损情况等。检查时应注意其裂缝宽度、长度、深度、走向、数量及分布,并观测裂缝的发展趋势。其中,不同构件的构造连接部位为结构体系的薄弱部位,往往会出现比构件本身更为严重的开裂或变形等损坏,从而对整个结构体系的稳定性造成巨大的威胁,应引起足够重视。

2)危险点评定方法

砌体结构构件有下列现象之一者,应评定为危险点:

①砌体构件承载力与其作用效应的比值,主要构件不满足式(8.2)的要求,一般构件不满足式(8.3)的要求:

$$\phi \frac{R}{\gamma_0 S} \geqslant 0.90 \tag{8.2}$$

$$\phi \frac{R}{\gamma_0 S} \geqslant 0.85 \tag{8.3}$$

②承重墙或柱因受压产生缝宽大于 1.0 mm、缝长超过层高 1/2 的竖向裂缝,或产生缝长超过层高 1/3 的多条竖向裂缝。

③承重墙或柱表面风化、剥落,砂浆粉化等,有效截面削弱达 15% 以上。

④支承梁或屋架端部的墙体或柱截面因局部受压产生多条竖向裂缝,或裂缝宽度已超过 1.0 mm。

⑤墙或柱因偏心受压产生水平裂缝。

⑥单片墙或柱产生相对于房屋整体的局部倾斜变形大于 7‰,或相邻构件连接处断裂成通缝。

⑦墙或柱出现因刚度不足引起的挠曲鼓闪等侧弯变形现象,侧弯变形矢高大于 $h/150$(h 为墙或柱计算高度),或在挠曲部位出现水平或交叉裂缝。

⑧砖过梁中部产生明显竖向裂缝,或端部产生明显斜裂缝,或产生明显的弯曲、下挠变形,或支承过梁的墙体产生受力裂缝。

⑨砖筒拱、扁壳、波形筒拱的拱顶沿母线产生裂缝,或拱曲面明显变形,或拱脚明显位移,或拱体拉杆锈蚀严重,或拉杆体系失效。

⑩墙体高厚比超过《砌体结构设计规范》(GB 50003—2011)允许高厚比的1.2倍。

对于斜向裂缝,应分别计算其在竖向和水平方向上的投影长度,然后进行判别。

▶ 8.3.4 混凝土结构构件

1)鉴定内容

混凝土结构构件的危险性鉴定应包括承载能力、构造与连接、裂缝和变形等内容。应重点检查墙、柱、梁、板及屋架的受力裂缝和钢筋锈蚀状况,柱根和柱顶的裂缝,屋架倾斜以及支撑系统的稳定性情况。需注意的是,源于钢筋混凝土自身的材料力学特性,混凝土结构构件常会出现带裂缝正常工作的情况,应注意判别受力裂缝和非受力裂缝、有害裂缝和无害裂缝。

2)危险点评定方法

混凝土结构构件有下列现象之一者,应评定为危险点:

①混凝土结构构件承载力与其作用效应的比值,对于主要构件不满足(8.4)的要求,对于一般构件不满足式(8.5)的要求:

$$\phi \frac{R}{\gamma_0 S} \geqslant 0.90 \tag{8.4}$$

$$\phi \frac{R}{\gamma_0 S} \geqslant 0.85 \tag{8.5}$$

②梁、板产生超过 $l_0/150$(l_0 为梁、板计算跨度)的挠度,且受拉区的裂缝宽度大于1.0 mm;或梁、板受力主筋处产生横向水平裂缝或斜裂缝,缝宽大于0.5 mm,板产生宽度大于1.0 mm的受拉裂缝。

③简支梁、连续梁跨中或中间支座受拉区产生竖向裂缝,其一侧向上或向下延伸达梁高的2/3以上,且缝宽大于1.0 mm,或在支座附近出现剪切斜裂缝。

④梁、板主筋的钢筋截面锈损率超过15%,或混凝土保护层因钢筋锈蚀而严重脱落、露筋。

⑤预应力梁、板产生竖向通长裂缝,或端部混凝土松散露筋,或预制板底部出现横向断裂缝或明显下挠变形。

⑥现浇板面周边产生裂缝,或板底产生交叉裂缝。

⑦压弯构件保护层剥落,主筋多处外露锈蚀;端节点连接松动,且伴有明显的裂缝;柱因受压产生竖向裂缝,保护层剥落,主筋外露锈蚀;或一侧产生水平裂缝,缝宽大于1.0 mm,另一侧混凝土被压碎,主筋外露锈蚀。

⑧柱或墙产生相对于房屋整体的倾斜、位移,其倾斜率超过10‰,或其侧向位移量大于h/300。

⑨构件混凝土有效截面削弱达15%以上,或受力主筋截断超过10%;柱、墙因主筋锈蚀已导致混凝土保护层严重脱落,或受压区混凝土出现压碎迹象。

⑩钢筋混凝土墙中部产生斜裂缝。

⑪屋架产生大于 $l_0/200$ 的挠度,且下弦产生横断裂缝,缝宽大于1.0 mm。

⑫屋架的支撑系统失效导致倾斜,其倾斜率大于20‰。

⑬梁、板有效搁置长度小于国家现行相关标准规定值的70%。

⑭悬挑构件受拉区的裂缝宽度大于0.5 mm。

▶ 8.3.5 木结构构件

1)鉴定内容

木结构构件的危险性鉴定应包括承载能力、构造与连接、裂缝和变形等内容。应重点检查腐朽、虫蛀、木材缺陷、节点连接、构造缺陷、下挠变形、偏心失稳,以及木屋架端节点受剪面裂缝状况,屋架的平面外变形及屋盖支撑系统稳定性情况。其中,节点连接、构造缺陷、下挠变形、偏心失稳等易被忽视,应予以重视。

2)危险点评定方法

木结构构件有下列现象之一者,应评定为危险点:

①木结构构件承载力与其作用效应的比值,对于主要构件不满足式(8.6)的要求,对于一般构件不满足式(8.7)的要求:

$$\phi \frac{R}{\gamma_0 S} \geqslant 0.90 \tag{8.6}$$

$$\phi \frac{R}{\gamma_0 S} \geqslant 0.85 \tag{8.7}$$

②连接方式不当,构造有严重缺陷,已导致节点松动变形、滑移、沿剪切面开裂、剪坏或铁件严重锈蚀、松动致使连接失效等损坏。

③主梁产生大于 $l_0/150$ 的挠度,或受拉区伴有较严重的材质缺陷。

④屋架产生大于 $l_0/120$ 的挠度,或平面外倾斜量超过屋架高度的1/120,或顶部、端部节点产生腐朽或劈裂。

⑤檩条、搁栅产生大于 $l_0/100$ 的挠度,或入墙木质部位腐朽、虫蛀。

⑥木柱侧弯变形,其矢高大于 $h/150$(h 为柱计算高度),或柱顶劈裂、柱身断裂、柱脚腐朽等受损面积大于原截面20%以上。

⑦对受拉、受弯、偏心受压和轴心受压构件,其斜纹理或斜裂缝的斜率 ρ 分别大于7%、10%、15%和20%。

⑧存在心腐缺陷的木质构件。

⑨受压或受弯木构件干缩裂缝深度超过构件直径的1/2,且裂缝长度超过构件长度的2/3。

▶ 8.3.6 钢结构构件

1)鉴定内容

钢结构构件的危险性鉴定应包括承载能力、构造和连接、变形等内容。应重点检查各连接节点的焊缝、螺栓、铆钉状况;应注意钢柱与梁的连接形式以及支撑杆件、柱脚与基础连接部位的损坏情况,钢屋架杆件弯曲、截面扭曲、节点板弯折状况和钢屋架挠度、侧向倾斜等偏差状况。

2)危险点评定方法

钢结构构件有下列现象之一者,应评定为危险点:

①钢结构构件承载力与其作用效应的比值，对于主要构件不满足式(8.8)的要求，对于一般构件不满足式(8.9)的要求：

$$\phi \frac{R}{\gamma_0 S} \geqslant 0.90 \tag{8.8}$$

$$\phi \frac{R}{\gamma_0 S} \geqslant 0.85 \tag{8.9}$$

②构件或连接件有裂缝或锐角切口；焊缝、螺栓或铆接有拉开、变形、滑移、松动、剪坏等严重损坏。

③连接方式不当，构造有严重缺陷。

④受力构件因锈蚀导致截面锈损量大于原截面的10%。

⑤梁、板等构件挠度大于$l_0/250$，或大于45 mm。

⑥实腹梁侧弯矢高大于$l_0/600$，且有发展迹象。

⑦受压构件的长细比大于现行《钢结构设计标准》(GB 50017—2017)中规定值的1.2倍。

⑧钢柱顶位移，平面内大于$h/150$，平面外大于$h/500$，或大于40 mm。

⑨屋架产生大于$l_0/250$或大于40 mm的挠度；屋架支撑系统松动失稳，导致屋架倾斜，倾斜量超过$h/150$。

▶ 8.3.7 围护结构承重构件

1)围护结构承重构件定义

围护结构承重构件主要包括围护系统中的砌体自承重墙、承担水平荷载的填充墙、门窗洞口过梁、挑梁、雨篷板及女儿墙等。

2)鉴定内容

围护结构承重构件的危险性鉴定应包括承载能力、构造和连接、变形等内容。

3)危险点评定方法

围护结构承重构件的危险性鉴定，应将其作为一般构件，根据其构件类型按第8.3.3—8.3.6节的相关条款进行评定。

8.4 房屋危险性鉴定

▶ 8.4.1 一般规定

1)基本原则

房屋危险性鉴定应以幢为鉴定单位，根据被鉴定房屋的结构形式和构造特点，按其危险程度和影响范围进行鉴定。需要说明的是，此处的“幢”是日常工作中通俗的说法，实际上，当房屋上部结构设有结构缝时，应对传力体系独立的各结构单体分别进行鉴定后作出鉴定结论，这与《民标》和《工标》众鉴定单元的含义是一致的。

2)基础及楼层危险性等级划分

①A_u 级:无危险点。

②B_u 级:有危险点。

③C_u 级:局部危险。

④D_u 级:整体危险。

3)房屋危险性等级划分

房屋危险性鉴定,应根据房屋的危险程度按下列等级划分:

①A 级:无危险构件,房屋结构能满足安全使用要求。

②B 级:个别结构构件评定为危险构件,但不影响主体结构安全,基本能满足安全使用要求。

③C 级:部分承重结构不能满足安全使用要求,房屋局部处于危险状态,构成局部危房。

④D 级:承重结构已不能满足安全使用要求,房屋整体处于危险状态,构成整幢危房。

▶ 8.4.2　综合评定原则

1)房屋危险性影响因素

在进行房屋危险性鉴定时,应以房屋的地基、基础及上部结构构件的危险性程度判定为基础,结合下列因素进行全面分析和综合判断:

①各危险构件的损伤程度。

②危险构件在整幢房屋中的重要性、数量和比例。

③危险构件相互间的关联作用及对房屋整体稳定性的影响。

④周围环境、使用情况和人为因素对房屋结构整体的影响。

⑤房屋结构的可修复性。

在地基危险状态及基础和上部结构构件危险性判定时,应综合分析构件的关联影响。对有关联的危险构件,应防止漏判;对无关联的危险构件,应避免误判。

2)房屋危险性评定

①在第一阶段地基危险性鉴定中,当地基评定为危险状态时,应将房屋评定为 D 级。

②当地基评定为非危险状态时,应在第二阶段鉴定中,综合评定房屋基础及上部结构(含地下室)的状况后作出判断。

3)简单结构评定方法

对传力体系简单的两层及两层以下房屋,可根据危险构件影响范围直接评定其危险性等级。首先确定鉴定房屋的危险构件,分析每个危险构件的直接影响面积并求和,然后计算总危险面积与鉴定房屋面积的比值,以该比值作为评定的依据。建议比值为零时可评为结构安全(A 级),比值大于零且小于或等于 5% 时可评定为危险点房屋(B 级),比值大于 5% 但小于或等于 25% 时可评定为局部危房(C 级),大于 25% 时可评定为整幢危房(D 级)。

8.4.3 综合评定方法

1)基础层危险性等级判定

(1)基础危险构件综合比例 R_f

基础危险构件综合比例 R_f 按下式进行计算:

$$R_f = n_{df}/n_f \tag{8.10}$$

式中:n_{df} 为基础危险构件数量;n_f 为基础构件数量。

(2)基础层危险性等级判定准则

基础层危险性等级可根据基础危险构件综合比例 R_f 进行判定:

①当 $R_f = 0$ 时,基础层危险性等级评定为 A_u 级;

②当 $0 < R_f < 5\%$ 时,基础层危险性等级评定为 B_u 级;

③当 $5\% \leqslant R_f < 25\%$ 时,基础层危险性等级评定为 C_u 级;

④当 $R_f \geqslant 25\%$ 时,基础层危险性等级评定为 D_u 级。

2)上部结构(含地下室)楼层危险性等级判定

(1)楼层危险构件综合比例 R_{si}

上部结构(含地下室)各楼层的危险构件综合比例 R_{si} 按式(8.11)进行计算。考虑到连续破坏效应,当本层下任一楼层中竖向承重构件(含基础)评定为危险构件时,本层与该危险构件上下对应位置的竖向构件,不论其是否评定为危险构件,均应计入危险构件数量。

$$R_{si} = (3.5n_{dpci} + 2.7n_{dsci} + 1.8n_{dcci} + 2.7n_{dwi} + 1.9n_{drti} + 1.9n_{dpmbi} + 1.4n_{dsmbi} + n_{dsbi} + n_{dsi} + n_{dsmi})/(3.5n_{pci} + 2.7n_{sci} + 1.8n_{cci} + 2.7n_{wi} + 1.9n_{rti} + 1.9n_{pmbi} + 1.4n_{smbi} + n_{sbi} + n_{si} + n_{smi}) \tag{8.11}$$

式中:n_{dpci}、n_{dsci}、n_{dcci}、n_{dwi}——第 i 层中柱、边柱、角柱及墙体危险构件数量;

n_{pci}、n_{sci}、n_{cci}、n_{wi}——第 i 层中柱、边柱、角柱及墙体构件数量;

n_{drti}、n_{dpmbi}、n_{dsmbi}——第 i 层屋架、中梁、边梁危险构件数量;

n_{rti}、n_{pmbi}、n_{smbi}——第 i 层屋架、中梁、边梁构件数量;

n_{dsbi}、n_{dsi}——第 i 层次梁、楼屋面板危险构件数量;

n_{sbi}、n_{si}——第 i 层次梁、楼屋面板构件数量;

n_{dsmi}——第 i 层围护结构危险构件数量;

n_{smi}——第 i 层围护结构构件数量。

由于不同类型构件在结构体系中的重要程度不同,其构件失效造成的危害也存在显著差异。鉴于前文主要构件和一般构件的划分相对粗略,公式(8.11)根据各类构件重要性程度的不同进行细分,并分别乘以相应权重系数后叠加计算各楼层的危险构件综合比例 R_{si},更为科学合理。

在分层计算时,地下室按结构层分层,但架空层不作为一层;对于局部地下室或局部出屋面楼层,可合并归入相邻楼层计算危险构件百分比,不单独作为一层计算。

(2)上部结构(含地下室)楼层危险性等级判定准则

楼层危险性等级可根据该楼层(含地下室)的危险构件综合比例 R_{si} 按如下准则判定:

①当 $R_{si}=0$ 时,楼层危险性等级评定为 A_u 级。

②当 $0<R_{si}<5\%$ 时,楼层危险性等级评定为 B_u 级。

③当 $5\%\leqslant R_{si}<25\%$ 时,楼层危险性等级评定为 C_u 级。

④当 $R_{si}\geqslant 25\%$ 时,楼层危险性等级评定为 D_u 级。

3)房屋危险性等级判定

(1)房屋整体结构(含地下室)危险构件综合比例 R

房屋整体结构(含地下室)危险构件综合比例 R 按下式进行计算:

$$R=(3.5n_{df}+3.5\sum_{i=1}^{F+B}n_{dpci}+2.7\sum_{i=1}^{F+B}n_{dsci}+1.8\sum_{i=1}^{F+B}n_{dcci}+2.7\sum_{i=1}^{F+B}n_{dwi}+1.9\sum_{i=1}^{F+B}n_{drti}+1.9\sum_{i=1}^{F+B}n_{dpmbi}+1.4\sum_{i=1}^{F+B}n_{dsmbi}+\sum_{i=1}^{F+B}n_{dsbi}+\sum_{i=1}^{F+B}n_{dsi}+\sum_{i=1}^{F+B}n_{dsmi})/(3.5n_f+3.5\sum_{i=1}^{F+B}n_{pci}+2.7\sum_{i=1}^{F+B}n_{sci}+1.8\sum_{i=1}^{F+B}n_{cci}+2.7\sum_{i=1}^{F+B}n_{wi}+1.9\sum_{i=1}^{F+B}n_{rti}+1.9\sum_{i=1}^{F+B}n_{pmbi}+1.4\sum_{i=1}^{F+B}n_{smbi}+\sum_{i=1}^{F+B}n_{sbi}+\sum_{i=1}^{F+B}n_{si}+\sum_{i=1}^{F+B}n_{smi}) \tag{8.12}$$

式中:F——上部结构层数;

B——地下室结构层数。

(2)房屋危险性等级判定准则

判定房屋危险性等级应采用房屋整体结构(含地下室)危险构件综合比例 R 结合基础、楼层(含地下室)危险性等级两个参数进行综合判定。其中,房屋整体结构(含地下室)危险构件综合比例 R 是一个宏观指标,但不能反映危险构件的分布情况,特别是当危险构件集中出现在某层或集中出现在各层的同一部位时,整体结构(含地下室)危险构件综合比例所代表的计算结果可能导致其危险程度降低。增加楼层危险性等级判定后,可有效避免这类情况的出现。房屋危险性等级判定准则为:

①当 $R=0$,评定为 A 级。

②当 $0<R<5\%$ 时,若基础及上部结构各楼层(含地下室)危险性等级不含 D_u 级时,评定为 B 级,否则为 C 级。

③当 $5\%\leqslant R<25\%$ 时,若基础及上部结构各楼层(含地下室)危险性等级中 D_u 级的层数不超过 $(F+B+f)/3$ 时,评定为 C 级,否则为 D 级。

④当 $R\geqslant 25\%$ 时,评定为 D 级。

【例题 8.1】某 6 层框架结构办公楼(无地下室),每层结构布置相同,如图 8.2 所示。经检测鉴定,地基评定为非危险状态;基础和围护结构构件均没有危险点,上部结构也仅在在第 6 层(顶层)发现危险点,其中在第 6 层中有 3 根中柱、2 根边柱、2 根角柱、6 根中梁和 4 根边梁发现危险点,试判断该办公楼的基础层危险性等级和上部结构各楼层危险性等级(围护结构构件数量为 72 个)。

【解】(1)基础层危险性等级判定

由于基础危险构件数量 n_{df} 为 0,由公式(8.10)可得基础层危险构件综合比例 R_f 为 0。根据《危标》基础层危险性等级判定准则,基础层危险性等级评定为 A_u 级。

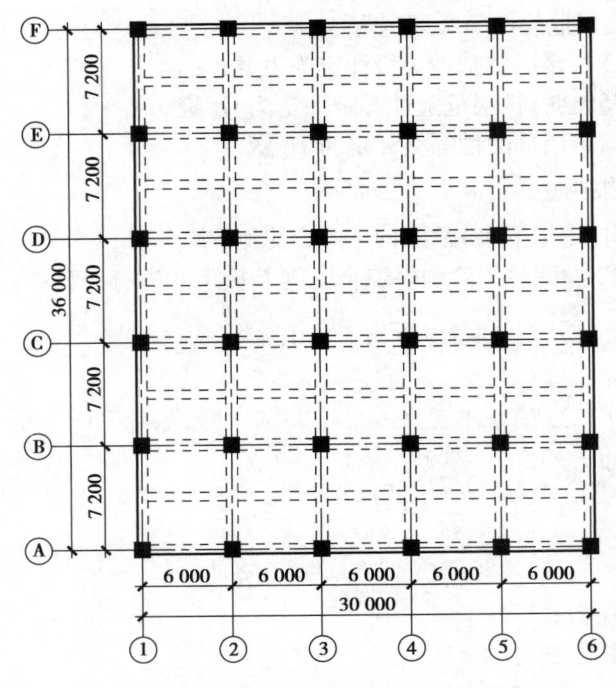

图 8.2　1—6 层结构平面布置图

(2)上部结构各楼层危险性等级判定

①除第 6 层外,其他楼层未见危险构件,故 1—5 层楼层危险性等级评定为 A_u 级。

②根据已知条件,第 6 层中柱、边柱和角柱危险构件数量 n_{dpc6}、n_{dsc6}、n_{dcc6} 分别为 3 根、2 根和 2 根,中梁和边梁危险构件数量 n_{dpmb6}、n_{dsmb6} 分别为 6 根和 4 根。

经统计,在第 6 层中:中柱、边柱和角柱的数量 n_{pc6}、n_{sc6} 和 n_{cc6} 分别为 16 根,16 根和 4 根;中梁和边梁的数量 n_{pmb6} 和 n_{smb6} 分别为 36 根和 24 根;第 6 层次梁和楼面板数量 n_{sb6} 和 n_{s6} 分别为 25 根和 50 块;围护结构构件数量 n_{sm6} 为 72 个。根据公式(8.11),第 6 层危险构件综合比例 R_{s6} 可按下式计算:

$$R_{s6} = (3.5n_{dpc6} + 2.7n_{dsc6} + 1.8n_{dcc6} + 1.9n_{dpmb6} + 1.4n_{dsmb6})/(3.5n_{pc6} + 2.7n_{sc6} + 1.8n_{cc6} + 1.9n_{pmb6} + 1.4n_{smb6} + n_{sb6} + n_{s6} + n_{sm6}) = 10.27\%$$

$5\% \leqslant R_{s6} < 25\%$,根据《危标》上部结构(含地下室)楼层危险性等级判定准则,第 6 层楼层危险性等级评定为 C_u 级。

习　题

8.1　何为“两阶段三层次”的房屋危险性鉴定方法?

8.2　混凝土结构构件的危险性鉴定包括哪些内容?

8.3　简述危险房屋的概念及《危标》的适用范围。

8.4　若本章例题 8.1 中所有危险点均仅出现在第 3 层(危险构件类型、数量及其余条件均保持不变)，试评定该房屋的危险性等级。

思考题

8.1　《危标》对构件危险点的评定与《民标》对构件安全性评定有何异同？

8.2　在进行地基危险性鉴定时，为何要将多层房屋和高层房屋进行区分？

8.3　如何理解《危标》中构件的划分？

附录 A
混凝土结构及砌体结构现场检测相关规范表格

► 附录 A.1　非水平状态检测混凝土强度时的回弹值修正值

将回弹仪置于非水平状态去弹击混凝土浇筑侧面时，应根据如附图 A.1 所示的回弹仪检测角度，自附表 A.1 中查得相应检测角度的回弹修正值，与所测得的测区平均回弹值相加，作为修正后的测区平均回弹值。

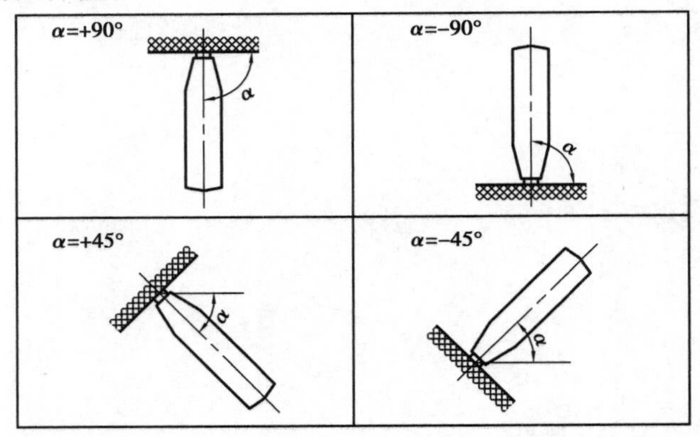

附图 A.1　倾斜使用时的回弹仪检测角度

附表 A.1　非水平状态检测时的回弹值修正值

$R_{m\alpha}$	检测角度/(°)							
	向　上				向　下			
	90	60	45	30	-30	-45	-60	-90
20	-6.0	-5.0	-4.0	-3.0	2.5	3.0	3.5	4.0

续表

$R_{m\alpha}$	检测角度/(°)							
	向　上				向　下			
	90	60	45	30	-30	-45	-60	-90
21	-5.9	-4.9	-4.0	-3.0	2.5	3.0	3.5	4.0
22	-5.8	-4.8	-3.9	-2.9	2.4	2.9	3.4	3.9
23	-5.7	-4.7	-3.9	-2.9	2.4	2.9	3.4	3.9
24	-5.6	-4.6	-3.8	-2.8	2.3	2.8	3.3	3.8
25	-5.5	-4.5	-3.8	-2.8	2.3	2.8	3.3	3.8
26	-5.4	-4.4	-3.7	-2.7	2.2	2.7	3.2	3.7
27	-5.3	-4.3	-3.7	-2.7	2.2	2.7	3.2	3.7
28	-5.2	-4.2	-3.6	-2.6	2.1	2.6	3.1	3.6
29	-5.1	-4.1	-3.6	-2.6	2.1	2.6	3.1	3.6
30	-5.0	-4.0	-3.5	-2.5	2.0	2.5	3.0	3.5
31	-4.9	-4.0	-3.5	-2.5	2.0	2.5	3.0	3.5
32	-4.8	-3.9	-3.4	-2.4	1.9	2.4	2.9	3.4
33	-4.7	-3.9	-3.4	-2.4	1.9	2.4	2.9	3.4
34	-4.6	-3.8	-3.3	-2.3	1.8	2.3	2.8	3.3
35	-4.5	-3.8	-3.3	-2.3	1.8	2.3	2.8	3.3
36	-4.4	-3.7	-3.2	-2.2	1.7	2.2	2.7	3.2
37	-4.3	-3.7	-3.2	-2.2	1.7	2.2	2.7	3.2
38	-4.2	-3.6	-3.1	-2.1	1.6	2.1	2.6	3.1
39	-4.1	-3.6	-3.1	-2.1	1.6	2.1	2.6	3.1
40	-4.0	-3.5	-3.0	-2.0	1.5	2.0	2.5	3.0
41	-4.0	-3.5	-3.0	-2.0	1.5	2.0	2.5	3.0
42	-3.9	-3.4	-2.9	-1.9	1.4	1.9	2.4	2.9
43	-3.9	-3.4	-2.9	-1.9	1.4	1.9	2.4	2.9
44	-3.8	-3.3	-2.8	-1.8	1.3	1.8	2.3	2.8
45	-3.8	-3.3	-2.8	-1.8	1.3	1.8	2.3	2.8
46	-3.7	-3.2	-2.7	-1.7	1.2	1.7	2.2	2.7
47	-3.7	-3.2	-2.7	-1.7	1.2	1.7	2.2	2.7
48	-3.6	-3.1	-2.6	-1.6	1.1	1.6	2.1	2.6
49	-3.6	-3.1	-2.6	-1.6	1.1	1.6	2.1	2.6
50	-3.5	-3.0	-2.5	-1.5	1.0	1.5	2.0	2.5

注:1. $R_{m\alpha}$小于20或大于50时,均分别按20或50查表;

2. 表中未列入的相应于$R_{m\alpha}$的修正值$R_{m\alpha}$,可用内插法求得,精确至0.1。

▶ 附录 A.2 非浇筑侧面检测混凝土强度时的回弹值修正值

将回弹仪置于水平状态去弹击混凝土浇筑顶面或底面时,应自附表 A.2 中查得相应检测面的回弹修正值,与所测得的测区平均回弹值相加,作为修正后的测区平均回弹值。

附表 A.2 非浇筑侧面的回弹值修正值

R_m^t 或 R_m^b	表面修正值(R_a^t)	底面修正值(R_a^b)
20.0	2.5	-3.0
21.0	2.4	-2.9
22.0	2.3	-2.8
23.0	2.2	-2.7
24.0	2.1	-2.6
25.0	2.0	-2.5
26.0	1.9	-2.4
27.0	1.8	-2.3
28.0	1.7	-2.2
29.0	1.6	-2.1
30.0	1.5	-2.0
31.0	1.4	-1.9
32.0	1.3	-1.8
33.0	1.2	-1.7
34.0	1.1	-1.6
35.0	1.0	-1.5
36.0	0.9	-1.4
37.0	0.8	-1.3
38.0	0.7	-1.2
39.0	0.6	-1.1
40.0	0.5	-1.0
41.0	0.4	-0.9
42.0	0.3	-0.8
43.0	0.2	-0.7
44.0	0.1	-0.6
45.0	0.0	-0.5
46.0	0.0	-0.4

续表

R_m^t 或 R_m^b	表面修正值(R_a^t)	底面修正值(R_a^b)
47.0	0.0	-0.3
48.0	0.0	-0.2
49.0	0.0	-0.1
50.0	0.0	0.0

注:1. R_m^t 或 R_m^b 小于20或大于50时,均分别按20或50查表;

2. 表中有关混凝土浇筑表面的修正系数,是指一般原浆抹面的修正值;

3. 表中有关混凝土浇筑底面的修正系数,是指构件底面与侧面采用同一类模板在正常浇筑情况下的修正值;

4. 表中未列入的相应于 R_m^t 或 R_m^b 的 R_a^t 和 R_a^b 值,可用内插法求得,精确至0.1。

▶ 附录 A.3　非泵送混凝土测区强度换算表

附表 A.3　非泵送混凝土测区强度换算表

平均回弹值 R_m	测区混凝土强度换算值 $f_{cu,i}^c$/MPa												
	平均碳化深度值 d_m/mm												
	0.0	0.5	1.0	1.5	2.0	2.5	3.0	3.5	4.0	4.5	5.0	5.5	≥6.0
20.0	10.3	10.1											
20.2	10.5	10.3	10.0										
20.4	10.7	10.5	10.2										
20.6	11.0	10.8	10.4	10.1									
20.8	11.2	11.0	10.6	10.3									
21.0	11.4	11.2	10.8	10.5	10.0								
21.2	11.6	11.4	11.0	10.7	10.2								
21.4	11.8	11.6	11.2	10.9	10.4	10.0							
21.6	12.0	11.8	11.4	11.0	10.6	10.2							
21.8	12.3	12.1	11.7	11.3	10.8	10.5	10.1						
22.0	12.5	12.2	11.9	11.5	11.0	10.6	10.2						
22.2	12.7	12.4	12.1	11.7	11.2	10.8	10.4	10.0					
22.4	13.0	12.7	12.4	12.0	11.4	11.0	10.7	10.3	10.0				
22.6	13.2	12.9	12.5	12.1	11.6	11.2	10.8	10.4	10.2				
22.8	13.4	13.1	12.7	12.3	11.8	11.4	11.0	10.6	10.3				
23.0	13.7	13.4	13.0	12.6	12.1	11.6	11.2	10.8	10.5	10.1			
23.2	13.9	13.6	13.2	12.8	12.2	11.8	11.4	11.0	10.7	10.3	10.0		

续表

平均回弹值 R_m	测区混凝土强度换算值 $f^c_{cu,i}$/MPa												
	平均碳化深度值 d_m/mm												
	0.0	0.5	1.0	1.5	2.0	2.5	3.0	3.5	4.0	4.5	5.0	5.5	≥6.0
23.4	14.1	13.8	13.4	13.0	12.4	12.0	11.6	11.2	10.9	10.4	10.2		
23.6	14.4	14.1	13.7	13.2	12.7	12.2	11.8	11.4	11.1	10.7	10.4	10.1	
23.8	14.6	14.3	13.9	13.4	12.8	12.4	12.0	11.5	11.2	10.8	10.5	10.2	
24.0	14.9	14.6	14.2	13.7	13.1	12.7	12.2	11.8	11.5	11.0	10.7	10.4	10.1
24.2	15.1	14.8	14.3	13.9	13.3	12.8	12.4	11.9	11.6	11.2	10.9	10.6	10.3
24.4	15.4	15.1	14.6	14.2	13.6	13.1	12.6	12.2	11.9	11.4	11.1	10.8	10.4
24.6	15.6	15.3	14.8	14.4	13.7	13.3	12.8	12.3	12.0	11.5	11.2	10.9	10.6
24.8	15.9	15.6	15.1	14.6	14.0	13.5	13.0	12.6	12.2	11.8	11.4	11.1	10.7
25.0	16.2	15.9	15.4	14.9	14.3	13.8	13.3	12.8	12.5	12.0	11.7	11.3	10.9
25.2	16.4	16.1	15.6	15.1	14.4	13.9	13.4	13.0	12.6	12.1	11.8	11.5	11.0
25.4	16.7	16.4	15.9	15.4	14.7	14.2	13.7	13.2	12.9	12.4	12.0	11.7	11.2
25.6	16.9	16.6	16.1	15.7	14.9	14.4	13.9	13.4	13.0	12.5	12.2	11.8	11.3
25.8	17.2	16.9	16.3	15.8	15.1	14.6	14.1	13.6	13.2	12.7	12.4	12.0	11.5
26.0	17.5	17.2	16.6	16.1	15.4	14.9	14.4	13.8	13.5	13.0	12.6	12.2	11.6
26.2	17.8	17.4	16.9	16.4	15.7	15.1	14.6	14.0	13.7	13.2	12.8	12.4	11.8
26.4	18.0	17.6	17.1	16.6	15.8	15.3	14.8	14.2	13.9	13.3	13.0	12.6	12.0
26.6	18.3	17.9	17.4	16.8	16.1	15.6	15.0	14.4	14.1	13.5	13.2	12.8	12.1
26.8	18.6	18.2	17.7	17.1	16.4	15.8	15.3	14.6	14.3	13.8	13.4	12.9	12.3
27.0	18.9	18.5	18.0	17.4	16.6	16.1	15.5	14.8	14.6	14.0	13.6	13.1	12.4
27.2	19.1	18.7	18.1	17.6	16.8	16.2	15.7	15.0	14.7	14.1	13.8	13.3	12.6
27.4	19.4	19.0	18.4	17.8	17.0	16.4	15.9	15.2	14.9	14.3	14.0	13.4	12.7
27.6	19.7	19.3	18.7	18.0	17.2	16.6	16.1	15.4	15.1	14.5	14.1	13.6	12.9
27.8	20.0	19.6	19.0	18.2	17.4	16.8	16.3	15.6	15.3	14.7	14.2	13.7	13.0
28.0	20.3	19.7	19.2	18.4	17.6	17.0	16.5	15.8	15.4	14.8	14.4	13.9	13.2
28.2	20.6	20.0	19.5	18.6	17.8	17.2	16.7	16.0	15.6	15.0	14.6	14.0	13.3
28.4	20.9	20.3	19.7	18.8	18.0	17.4	16.9	16.2	15.8	15.2	14.8	14.2	13.5
28.6	21.2	20.6	20.0	19.1	18.2	17.6	17.1	16.4	16.0	15.4	15.0	14.3	13.6
28.8	21.5	20.9	20.2	19.4	18.5	17.8	17.3	16.6	16.2	15.6	15.2	14.5	13.8
29.0	21.8	21.1	20.5	19.6	18.7	18.1	17.5	16.8	16.4	15.8	15.4	14.6	13.9

续表

平均回弹值 R_m	测区混凝土强度换算值 $f^c_{cu,i}$/MPa												
	平均碳化深度值 d_m/mm												
	0.0	0.5	1.0	1.5	2.0	2.5	3.0	3.5	4.0	4.5	5.0	5.5	≥6.0
29.2	22.1	21.4	20.8	19.9	19.0	18.3	17.7	17.0	16.6	16.0	15.6	14.8	14.1
29.4	22.4	21.7	21.1	20.2	19.3	18.6	17.9	17.2	16.8	16.2	15.8	15.0	14.2
29.6	22.7	22.0	21.3	20.4	19.5	18.8	18.2	17.5	17.0	16.4	16.0	15.1	14.4
29.8	23.0	22.3	21.6	20.7	19.8	19.1	18.4	17.7	17.2	16.6	16.2	15.3	14.5
30.0	23.3	22.6	21.9	21.0	20.0	19.3	18.6	17.9	17.4	16.8	16.4	15.4	14.7
30.2	23.6	22.9	22.2	21.2	20.3	19.6	18.9	18.2	17.6	17.0	16.6	15.6	14.9
30.4	23.9	23.2	22.5	21.5	20.6	19.8	19.1	18.4	17.8	17.2	16.8	15.8	15.1
30.6	24.3	23.6	22.8	21.9	20.9	20.2	19.4	18.7	18.0	17.5	17.0	16.0	15.2
30.8	24.6	23.9	23.1	22.1	21.2	20.4	19.7	18.9	18.2	17.7	17.2	16.2	15.4
31.0	24.9	24.2	23.4	22.4	21.4	20.7	19.9	19.2	18.4	17.9	17.4	16.4	15.5
31.2	25.2	24.4	23.7	22.7	21.7	20.9	20.2	19.4	18.6	18.1	17.6	16.6	15.7
31.4	25.6	24.8	24.1	23.0	22.0	21.2	20.5	19.7	18.9	18.4	17.8	16.9	15.8
31.6	25.9	25.1	24.3	23.3	22.3	21.5	20.7	19.9	19.2	18.6	18.0	17.1	16.0
31.8	26.2	25.4	24.6	23.6	22.5	21.7	21.0	20.2	19.4	18.9	18.2	17.3	16.2
32.0	26.5	25.7	24.9	23.9	22.8	22.0	21.2	20.4	19.6	19.1	18.4	17.5	16.4
32.2	26.9	26.1	25.3	24.2	23.1	22.3	21.5	20.7	19.9	19.4	18.6	17.7	16.6
32.4	27.2	26.4	25.6	24.5	23.4	22.6	21.8	20.9	20.1	19.6	18.8	17.9	16.8
32.6	27.6	26.8	25.9	24.8	23.7	22.9	22.1	21.3	20.4	19.9	19.0	18.1	17.0
32.8	27.9	27.1	26.2	25.1	24.0	23.2	22.3	21.5	20.6	20.1	19.2	18.3	17.2
33.0	28.2	27.4	26.5	25.4	24.3	23.4	22.6	21.7	20.9	20.3	19.4	18.5	17.4
33.2	28.6	27.7	26.8	25.7	24.6	23.7	22.9	22.0	21.2	20.5	19.6	18.7	17.6
33.4	28.9	28.0	27.1	26.0	24.9	24.0	23.1	22.3	21.4	20.7	19.8	18.9	17.8
33.6	29.3	28.4	27.4	26.4	25.2	24.2	23.3	22.6	21.7	20.9	20.0	19.1	18.0
33.8	29.6	28.7	27.7	26.6	25.4	24.4	23.5	22.8	21.9	21.1	20.2	19.3	18.2
34.0	30.0	29.1	28.0	26.8	25.6	24.6	23.7	23.0	22.1	21.3	20.4	19.5	18.3
34.2	30.3	29.4	28.3	27.0	25.8	24.8	23.9	23.2	22.3	21.5	20.6	19.7	18.4
34.4	30.7	29.8	28.6	27.2	26.0	25.0	24.1	23.4	22.5	21.7	20.8	19.8	18.6
34.6	31.1	30.2	28.9	27.4	26.2	25.2	24.3	23.6	22.7	21.9	21.0	20.0	18.8
34.8	31.4	30.5	29.2	27.6	26.4	25.4	24.5	23.8	22.9	22.1	21.2	20.2	19.0

续表

平均回弹值 R_m	测区混凝土强度换算值 $f_{cu,i}^{c}$/MPa												
	平均碳化深度值 d_m/mm												
	0.0	0.5	1.0	1.5	2.0	2.5	3.0	3.5	4.0	4.5	5.0	5.5	≥6.0
35.0	31.8	30.8	29.6	28.0	26.7	25.8	24.8	24.0	23.2	22.3	21.4	20.4	19.2
35.2	32.1	31.1	29.9	28.2	27.0	26.0	25.0	24.2	23.4	22.5	21.6	20.6	19.4
35.4	32.5	31.5	30.2	28.6	27.3	26.3	25.4	24.4	23.7	22.8	21.8	20.8	19.6
35.6	32.9	31.9	30.6	29.0	27.6	26.6	25.7	24.7	24.0	23.0	22.0	21.0	19.8
35.8	33.3	32.3	31.0	29.3	28.0	27.0	26.0	25.0	24.3	23.3	22.2	21.2	20.0
36.0	33.6	32.6	31.2	29.6	28.2	27.2	26.2	25.2	24.5	23.5	22.4	21.4	20.2
36.2	34.0	33.0	31.6	29.9	28.6	27.5	26.5	25.5	24.8	23.8	22.6	21.6	20.4
36.4	34.4	33.4	32.0	30.3	28.9	27.9	26.8	25.8	25.1	24.1	22.8	21.8	20.6
36.6	34.8	33.8	32.4	30.6	29.2	28.2	27.1	26.1	25.4	24.4	23.0	22.0	20.9
36.8	35.2	34.1	32.7	31.0	29.6	28.5	27.5	26.4	25.7	24.6	23.2	22.2	21.1
37.0	35.5	34.4	33.0	31.2	29.8	28.8	27.7	26.6	25.9	24.8	23.4	22.4	21.3
37.2	35.9	34.8	33.4	31.6	30.2	29.1	28.0	26.9	26.2	25.1	23.7	22.6	21.5
37.4	36.3	35.2	33.8	31.9	30.5	29.4	28.3	27.2	26.5	25.4	24.0	22.9	21.8
37.6	36.7	35.6	34.1	32.3	30.8	29.7	28.6	27.5	26.8	25.7	24.2	23.1	22.0
37.8	37.1	36.0	34.5	32.6	31.2	30.0	28.9	27.8	27.1	26.0	24.5	23.4	22.3
38.0	37.5	36.4	34.9	33.0	31.5	30.3	29.2	28.1	27.4	26.2	24.8	23.6	22.5
38.2	37.9	36.8	35.2	33.4	31.8	30.6	29.5	28.4	27.7	26.5	25.0	23.9	22.7
38.4	38.3	37.2	35.6	33.7	32.1	30.9	29.8	28.7	28.0	26.8	25.3	24.1	23.0
38.6	38.7	37.5	36.0	34.1	32.4	31.2	30.1	29.0	28.3	27.0	25.5	24.4	23.2
38.8	39.1	37.9	36.4	34.4	32.7	31.5	30.4	29.3	28.5	27.2	25.8	24.6	23.5
39.0	39.5	38.2	36.7	34.7	33.0	31.8	30.6	29.6	28.8	27.4	26.0	24.8	23.7
39.2	39.9	38.5	37.0	35.0	33.3	32.1	30.8	29.8	29.0	27.6	26.2	25.0	24.0
39.4	40.3	38.8	37.3	35.3	33.6	32.4	31.0	30.0	29.2	27.8	26.4	25.2	24.2
39.6	40.7	39.1	37.6	35.6	33.9	32.7	31.2	30.2	29.4	28.0	26.6	25.4	24.4
39.8	41.2	39.6	38.0	35.9	34.2	33.0	31.4	30.5	29.7	28.2	26.8	25.6	24.7
40.0	41.6	39.9	38.3	36.2	34.5	33.3	31.7	30.8	30.0	28.4	27.0	25.8	25.0
40.2	42.0	40.3	38.6	36.5	34.8	33.6	32.0	31.1	30.2	28.6	27.3	26.0	25.2
40.4	42.4	40.7	39.0	36.9	35.1	33.9	32.3	31.4	30.5	28.8	27.6	26.2	25.4
40.6	42.8	41.1	39.4	37.2	35.4	34.2	32.6	31.7	30.8	29.1	27.8	26.5	25.7

续表

平均回弹值 R_m	测区混凝土强度换算值 $f^c_{cu,i}$/MPa												
	平均碳化深度值 d_m/mm												
	0.0	0.5	1.0	1.5	2.0	2.5	3.0	3.5	4.0	4.5	5.0	5.5	≥6.0
40.8	43.3	41.6	39.8	37.7	35.7	34.5	32.9	32.0	31.2	29.4	28.1	26.8	26.0
41.0	43.7	42.0	40.2	38.0	36.0	34.8	33.2	32.3	31.5	29.7	28.4	27.1	26.2
41.2	44.1	42.3	40.6	38.4	36.3	35.1	33.5	32.6	31.8	30.0	28.7	27.3	26.5
41.4	44.5	42.7	40.9	38.7	36.6	35.4	33.8	32.9	32.0	30.3	28.9	27.6	26.7
41.6	45.0	43.2	41.4	39.2	36.9	35.7	34.2	33.3	32.4	30.6	29.2	27.9	27.0
41.8	45.4	43.6	41.8	39.5	37.2	36.0	34.5	33.6	32.7	30.9	29.5	28.1	27.2
42.0	45.9	44.1	42.2	39.9	37.6	36.3	34.9	34.0	33.0	31.2	29.8	28.5	27.5
42.2	46.3	44.4	42.6	40.3	38.0	36.6	35.2	34.3	33.3	31.5	30.1	28.7	27.8
42.4	46.7	44.8	43.0	40.6	38.3	36.9	35.5	34.6	33.6	31.8	30.4	29.0	28.0
42.6	47.2	45.3	43.4	41.1	38.7	37.3	35.9	34.9	34.0	32.1	30.7	29.3	28.3
42.8	47.6	45.7	43.8	41.4	39.0	37.6	36.2	35.2	34.3	32.4	30.9	29.5	28.6
43.0	48.1	46.2	44.2	41.8	39.4	38.0	36.6	35.6	34.6	32.7	31.3	29.8	28.9
43.2	48.5	46.6	44.6	42.2	39.8	38.3	36.9	35.9	34.9	33.0	31.5	30.1	29.1
43.4	49.0	47.0	45.1	42.6	40.2	38.7	37.2	36.3	35.3	33.3	31.8	30.4	29.4
43.6	49.4	47.4	45.4	43.0	40.5	39.0	37.5	36.6	35.6	33.6	32.1	30.6	29.6
43.8	49.9	47.9	45.9	43.4	40.9	39.4	37.9	36.9	35.9	33.9	32.4	30.9	29.9
44.0	50.4	48.4	46.4	43.8	41.3	39.8	38.3	37.3	36.3	34.3	32.8	31.2	30.2
44.2	50.8	48.8	46.7	44.2	41.7	40.1	38.6	37.6	36.6	34.5	33.0	31.5	30.5
44.4	51.3	49.2	47.2	44.6	42.1	40.5	39.0	38.0	36.9	34.9	33.3	31.8	30.8
44.6	51.7	49.6	47.6	45.0	42.4	40.8	39.3	38.3	37.2	35.2	33.6	32.1	31.0
44.8	52.2	50.1	48.0	45.4	42.8	41.2	39.7	38.6	37.6	35.5	33.9	32.4	31.3
45.0	52.7	50.6	48.5	45.8	43.2	41.6	40.1	39.0	37.9	35.8	34.3	32.7	31.6
45.2	53.2	51.1	48.9	46.3	43.6	42.0	40.4	39.4	38.3	36.2	34.6	33.0	31.9
45.4	53.6	51.5	49.4	46.6	44.0	42.3	40.7	39.7	38.6	36.4	34.8	33.2	32.2
45.6	54.1	51.9	49.8	47.1	44.4	42.7	41.1	40.0	39.0	36.8	35.2	33.5	32.5
45.8	54.6	52.4	50.2	47.5	44.8	43.1	41.5	40.4	39.3	37.1	35.5	33.9	32.8
46.0	55.0	52.8	50.6	47.9	45.2	43.5	41.9	40.8	39.7	37.5	35.8	34.2	33.1
46.2	55.5	53.3	51.1	48.3	45.5	43.8	42.2	41.1	40.0	37.7	36.1	34.4	33.3
46.4	56.0	53.8	51.5	48.7	45.9	44.2	42.6	41.4	40.3	38.1	36.4	34.7	33.6

续表

平均回弹值 R_m	测区混凝土强度换算值 $f_{cu,i}^{c}$/MPa												
	平均碳化深度值 d_m/mm												
	0.0	0.5	1.0	1.5	2.0	2.5	3.0	3.5	4.0	4.5	5.0	5.5	≥6.0
46.6	56.5	54.2	52.0	49.2	46.3	44.6	42.9	41.8	40.7	38.4	36.7	35.0	33.9
46.8	57.0	54.7	52.4	49.6	46.7	45.0	43.3	42.2	41.0	38.8	37.0	35.3	34.2
47.0	57.5	55.2	52.9	50.0	47.2	45.2	43.7	42.6	41.4	39.1	37.4	35.6	34.5
47.2	58.0	55.7	53.4	50.5	47.6	45.8	44.1	42.9	41.8	39.4	37.7	36.0	34.8
47.4	58.5	56.2	53.8	50.9	48.0	46.2	44.5	43.3	42.1	39.8	38.0	36.3	35.1
47.6	59.0	56.6	54.3	51.3	48.4	46.6	44.8	43.7	42.5	40.1	38.4	36.6	35.4
47.8	59.5	57.1	54.7	51.8	48.8	47.0	45.2	44.0	42.8	40.5	38.7	36.9	35.7
48.0	60.0	57.6	55.2	52.2	49.2	47.4	45.6	44.4	43.2	40.8	39.0	37.2	36.0
48.2		58.0	55.7	52.6	49.6	47.8	46.0	44.8	43.6	41.1	39.3	37.5	36.3
48.4		58.6	56.1	53.1	50.0	48.2	46.4	45.1	43.9	41.5	39.6	37.8	36.6
48.6		59.0	56.6	53.5	50.4	48.6	46.7	45.5	44.3	41.8	40.0	38.1	36.9
48.8		59.5	57.1	54.0	50.9	49.0	47.1	45.9	44.6	42.2	40.3	38.4	37.2
49.0		60.0	57.5	54.4	51.3	49.4	47.5	46.2	45.0	42.5	40.6	38.8	37.5
49.2			58.0	54.8	51.7	49.8	47.9	46.6	45.4	42.8	41.0	39.1	37.8
49.4			58.5	55.3	52.1	50.2	48.3	47.1	45.8	43.2	41.3	39.4	38.2
49.6			58.9	55.7	52.5	50.6	48.7	47.4	46.2	43.6	41.7	39.7	38.5
49.8			59.4	56.2	53.0	51.0	49.1	47.8	46.5	43.9	42.0	40.1	38.8
50.0			59.9	56.7	53.4	51.4	49.5	48.2	46.9	44.3	42.3	40.4	39.1
50.2			60.0	57.1	53.8	51.9	49.9	48.5	47.2	44.6	42.6	40.7	39.4
50.4				57.6	54.3	52.3	50.3	49.0	47.7	45.0	43.0	41.0	39.7
50.6				58.0	54.7	52.7	50.7	49.4	48.0	45.4	43.4	41.4	40.0
50.8				58.5	55.1	53.1	51.1	49.8	48.4	45.7	43.7	41.7	40.3
51.0				59.0	55.6	53.5	51.5	50.1	48.8	46.1	44.1	42.0	40.7
51.2				59.4	56.0	54.0	51.9	50.5	49.2	46.4	44.4	42.3	41.0
51.4				59.9	56.4	54.4	52.3	50.9	49.6	46.8	44.7	42.7	41.3
51.6				60.0	56.9	54.8	52.7	51.3	50.0	47.2	45.1	43.0	41.6
51.8					57.3	55.2	53.1	51.7	50.3	47.5	45.4	43.3	41.8
52.0					57.8	55.7	53.6	52.1	50.7	47.9	45.8	43.7	42.3
52.2					58.2	56.1	54.0	52.5	51.1	48.3	46.2	44.0	42.6

续表

平均回弹值 R_m	测区混凝土强度换算值 $f^c_{cu,i}$/MPa												
	平均碳化深度值 d_m/mm												
	0.0	0.5	1.0	1.5	2.0	2.5	3.0	3.5	4.0	4.5	5.0	5.5	≥6.0
52.4					58.7	56.5	54.4	53.0	51.5	48.7	46.5	44.4	43.0
52.6					59.1	57.0	54.8	53.4	51.9	49.0	46.9	44.7	43.3
52.8					59.6	57.4	55.2	53.8	52.3	49.4	47.3	45.1	43.6
53.0					60.0	57.8	55.6	54.2	52.7	49.8	47.6	45.4	43.9
53.2						58.3	56.1	54.6	53.1	50.2	48.0	45.8	44.3
53.4						58.7	56.5	55.0	53.5	50.5	48.3	46.1	44.6
53.6						59.2	56.9	55.4	53.9	50.9	48.7	46.4	44.9
53.8						59.6	57.3	55.8	54.3	51.3	49.0	46.8	45.3
54.0						60.0	57.8	56.3	54.7	51.7	49.4	47.1	45.6
54.2							58.2	56.7	55.1	52.1	49.8	47.5	46.0
54.4							58.6	57.1	55.6	52.5	50.2	47.9	46.3
54.6							59.1	57.5	56.0	52.9	50.5	48.2	46.6
54.8							59.5	57.9	56.4	53.2	50.9	48.5	47.0
55.0							59.9	58.4	56.8	53.6	51.3	48.9	47.3
55.2							60.0	58.8	57.2	54.0	51.6	49.3	47.7
55.4								59.2	57.6	54.4	52.0	49.6	48.0
55.6								59.7	58.0	54.8	52.4	50.0	48.4
55.8								60.0	58.5	55.2	52.8	50.3	48.7
56.0									58.9	55.6	53.2	50.7	49.1
56.2									59.3	56.0	53.5	51.1	49.4
56.4									59.7	56.4	53.9	51.4	49.8
56.6									60.0	56.8	54.3	51.8	50.1
56.8										57.2	54.7	52.2	50.5
57.0										57.6	55.1	52.5	50.8
57.2										58.0	55.5	52.9	51.2
57.4										58.4	55.9	53.3	51.6
57.6										58.9	56.3	53.7	51.9
57.8										59.3	56.7	54.0	52.3
58.0										59.7	57.0	54.4	52.7

续表

平均回弹值 R_m	测区混凝土强度换算值 $f^c_{cu,i}$/MPa												
	平均碳化深度值 d_m/mm												
	0.0	0.5	1.0	1.5	2.0	2.5	3.0	3.5	4.0	4.5	5.0	5.5	≥6.0
58.2										60.0	57.4	54.8	53.0
58.4											57.8	55.2	53.4
58.6											58.2	55.6	53.8
58.8											58.6	55.9	54.1
59.0											59.0	56.3	54.5
59.2											59.4	56.7	54.9
59.4											59.8	57.1	55.2
59.6											60.0	57.5	55.6
59.8												57.9	56.0
60.0												58.3	56.4

注:表中未注明的测区混凝土强度换算值为小于 10 MPa 或大于 60 MPa。

▶ 附录 A.4　泵送混凝土测区强度换算表

附表 A.4　泵送混凝土测区强度换算表

平均回弹值 R_m	测区混凝土强度换算值 $f^c_{cu,i}$/MPa												
	平均碳化深度值 d_m/mm												
	0.0	0.5	1.0	1.5	2.0	2.5	3.0	3.5	4.0	4.5	5.0	5.5	≥6.0
18.6	10.0												
18.8	10.2	10.0											
19.0	10.4	10.2	10.0										
19.2	10.6	10.4	10.2	10.0									
19.4	10.9	10.7	10.4	10.2	10.0								
19.6	11.1	10.9	10.6	10.4	10.2	10.0							
19.8	11.3	11.1	10.9	10.6	10.4	10.2	10.0						
20.0	11.5	11.3	11.1	10.9	10.6	10.4	10.2	10.0					
20.2	11.8	11.5	11.3	11.1	10.9	10.6	10.4	10.2	10.0				
20.4	12.0	11.7	11.5	11.3	11.1	10.8	10.6	10.4	10.2	10.0			
20.6	12.2	12.0	11.7	11.5	11.3	11.0	10.8	10.6	10.4	10.2	10.0		

续表

平均回弹值 R_m	测区混凝土强度换算值 $f^c_{cu,i}$/MPa												
	平均碳化深度值 d_m/mm												
	0.0	0.5	1.0	1.5	2.0	2.5	3.0	3.5	4.0	4.5	5.0	5.5	≥6.0
20.8	12.4	12.2	12.0	11.7	11.5	11.3	11.0	10.8	10.6	10.4	10.2	10.0	
21.0	12.7	12.4	12.2	11.9	11.7	11.5	11.2	11.0	10.8	10.6	10.4	10.2	10.0
21.2	12.9	12.7	12.4	12.2	11.9	11.7	11.5	11.2	11.0	10.8	10.6	10.4	10.2
21.4	13.1	12.9	12.6	12.4	12.1	11.9	11.7	11.4	11.2	11.0	10.8	10.6	10.3
21.6	13.4	13.1	12.9	12.6	12.4	12.1	11.9	11.6	11.4	11.2	11.0	10.7	10.5
21.8	13.6	13.4	13.1	12.8	12.6	12.3	12.1	11.9	11.6	11.4	11.2	10.9	10.7
22.0	13.9	13.6	13.3	13.1	12.8	12.6	12.3	12.1	11.8	11.6	11.4	11.1	10.9
22.2	14.1	13.8	13.6	13.3	13.0	12.8	12.5	12.3	12.0	11.8	11.6	11.3	11.1
22.4	14.4	14.1	13.8	13.5	13.3	13.0	12.7	12.5	12.2	12.0	11.8	11.5	11.3
22.6	14.6	14.3	14.0	13.8	13.5	13.2	13.0	12.7	12.5	12.2	12.0	11.7	11.5
22.8	14.9	14.6	14.3	14.0	13.7	13.5	13.2	12.9	12.7	12.4	12.2	11.9	11.7
23.0	15.1	14.8	14.5	14.2	14.0	13.7	13.4	13.1	12.9	12.6	12.4	12.1	11.9
23.2	15.4	15.1	14.8	14.5	14.2	13.9	13.6	13.4	13.1	12.8	12.6	12.3	12.1
23.4	15.6	15.3	15.0	14.7	14.4	14.1	13.9	13.6	13.3	13.1	12.8	12.6	12.3
23.6	15.9	15.6	15.3	15.0	14.7	14.4	14.1	13.8	13.5	13.3	13.0	12.8	12.5
23.8	16.2	15.8	15.5	15.2	14.9	14.6	14.3	14.1	13.8	13.5	13.2	13.0	12.7
24.0	16.4	16.1	15.8	15.5	15.2	14.9	14.6	14.3	14.0	13.7	13.5	13.2	12.9
24.2	16.7	16.4	16.0	15.7	15.4	15.1	14.8	14.5	14.2	13.9	13.7	13.4	13.1
24.4	17.0	16.6	16.3	16.0	15.7	15.3	15.0	14.7	14.5	14.2	13.9	13.6	13.3
24.6	17.2	16.9	16.5	16.2	15.9	15.6	15.3	15.0	14.7	14.4	14.1	13.8	13.6
24.8	17.5	17.1	16.8	16.5	16.2	15.8	15.5	15.2	14.9	14.6	14.3	14.1	13.8
25.0	17.8	17.4	17.1	16.7	16.4	16.1	15.8	15.5	15.2	14.9	14.6	14.3	14.0
25.2	18.0	17.7	17.3	17.0	16.7	16.3	16.0	15.7	15.4	15.1	14.8	14.5	14.2
25.4	18.3	18.0	17.6	17.3	16.9	16.6	16.3	15.9	15.6	15.3	15.0	14.7	14.4
25.6	18.6	18.2	17.9	17.5	17.2	16.8	16.5	16.2	15.9	15.6	15.2	14.9	14.7
25.8	18.9	18.5	18.2	17.8	17.4	17.1	16.8	16.4	16.1	15.8	15.5	15.2	14.9
26.0	19.2	18.8	18.4	18.1	17.7	17.4	17.0	16.7	16.3	16.0	15.7	15.4	15.1
26.2	19.5	19.1	18.7	18.3	18.0	17.6	17.3	16.9	16.6	16.3	15.9	15.6	15.3
26.4	19.8	19.4	19.0	18.6	18.2	17.9	17.5	17.2	16.8	16.5	16.2	15.9	15.6

续表

平均回弹值 R_m	测区混凝土强度换算值 $f^c_{cu,i}$/MPa												
	平均碳化深度值 d_m/mm												
	0.0	0.5	1.0	1.5	2.0	2.5	3.0	3.5	4.0	4.5	5.0	5.5	≥6.0
26.6	20.0	19.6	19.3	18.9	18.5	18.1	17.8	17.4	17.1	16.8	16.4	16.1	15.8
26.8	20.3	19.9	19.5	19.2	18.8	18.4	18.0	17.7	17.3	17.0	16.7	16.3	16.0
27.0	20.6	20.2	19.8	19.4	19.1	18.7	18.3	17.9	17.6	17.2	16.9	16.6	16.2
27.2	20.9	20.5	20.1	19.7	19.3	18.9	18.6	18.2	17.8	17.5	17.1	16.8	16.5
27.4	21.2	20.8	20.4	20.0	19.6	19.2	18.8	18.5	18.1	17.7	17.4	17.1	16.7
27.6	21.5	21.1	20.7	20.3	19.9	19.5	19.1	18.7	18.4	18.0	17.6	17.3	17.0
27.8	21.8	21.4	21.0	20.6	20.2	19.8	19.4	19.0	18.6	18.3	17.9	17.5	17.2
28.0	22.1	21.7	21.3	20.9	20.4	20.0	19.6	19.3	18.9	18.5	18.1	17.8	17.4
28.2	22.4	22.0	21.6	21.1	20.7	20.3	19.9	19.5	19.1	18.8	18.4	18.0	17.7
28.4	22.8	22.3	21.9	21.4	21.0	20.6	20.2	19.8	19.4	19.0	18.6	18.3	17.9
28.6	23.1	22.6	22.2	21.7	21.3	20.9	20.5	20.1	19.7	19.3	18.9	18.5	18.2
28.8	23.4	22.9	22.5	22.0	21.6	21.2	20.7	20.3	19.9	19.5	19.2	18.8	18.4
29.0	23.7	23.2	22.8	22.3	21.9	21.5	21.0	20.6	20.2	19.8	19.4	19.0	18.7
29.2	24.0	23.5	23.1	22.6	22.2	21.7	21.3	20.9	20.5	20.1	19.7	19.3	18.9
29.4	24.3	23.9	23.4	22.9	22.5	22.0	21.6	21.2	20.8	20.3	19.9	19.5	19.2
29.6	24.7	24.2	23.7	23.2	22.8	22.3	21.9	21.4	21.0	20.6	20.2	19.8	19.4
29.8	25.0	24.5	24.0	23.5	23.1	22.6	22.2	21.7	21.3	20.9	20.5	20.1	19.7
30.0	25.3	24.8	24.3	23.8	23.4	22.9	22.5	22.0	21.6	21.2	20.7	20.3	19.9
30.2	25.6	25.1	24.6	24.2	23.7	23.2	22.8	22.3	21.9	21.4	21.0	20.6	20.2
30.4	26.0	25.5	25.0	24.5	24.0	23.5	23.0	22.6	22.1	21.7	21.3	20.9	20.4
30.6	26.3	25.8	25.3	24.8	24.3	23.8	23.3	22.9	22.4	22.0	21.6	21.1	20.7
30.8	26.6	26.1	25.6	25.1	24.6	24.1	23.6	23.2	22.7	22.3	21.8	21.4	21.0
31.0	27.0	26.4	25.9	25.4	24.9	24.4	23.9	23.5	23.0	22.5	22.1	21.7	21.2
31.2	27.3	26.8	26.2	25.7	25.2	24.7	24.2	23.8	23.3	22.8	22.4	21.9	21.5
31.4	27.7	27.1	26.6	26.0	25.5	25.0	24.5	24.1	23.6	23.1	22.7	22.2	21.8
31.6	28.0	27.4	26.9	26.4	25.9	25.3	24.8	24.4	23.9	23.4	22.9	22.5	22.0
31.8	28.3	27.8	27.2	26.7	26.2	25.7	25.1	24.7	24.2	23.7	23.2	22.8	22.3
32.0	28.7	28.1	27.6	27.0	26.5	26.0	25.5	25.0	24.5	24.0	23.5	23.0	22.6
32.2	29.0	28.5	27.9	27.4	26.8	26.3	25.8	25.3	24.8	24.3	23.8	23.3	22.9

续表

平均回弹值 R_m	测区混凝土强度换算值 $f^c_{cu,i}$/MPa												
	平均碳化深度值 d_m/mm												
	0.0	0.5	1.0	1.5	2.0	2.5	3.0	3.5	4.0	4.5	5.0	5.5	≥6.0
32.4	29.4	28.8	28.2	27.7	27.1	26.6	26.1	25.6	25.1	24.6	24.1	23.6	23.1
32.6	29.7	29.2	28.6	28.0	27.5	26.9	26.4	25.9	25.4	24.9	24.4	23.9	23.4
32.8	30.1	29.5	28.9	28.3	27.8	27.2	26.7	26.2	25.7	25.2	24.7	24.2	23.7
33.0	30.4	29.8	29.3	28.7	28.1	27.6	27.0	26.5	26.0	25.5	25.0	24.5	24.0
33.2	30.8	30.2	29.6	29.0	28.4	27.9	27.3	26.8	26.3	25.8	25.2	24.7	24.3
33.4	31.2	30.6	30.0	29.4	28.8	28.2	27.7	27.1	26.6	26.1	25.5	25.0	24.5
33.6	31.5	30.9	30.3	29.7	29.1	28.5	28.0	27.4	26.9	26.4	25.8	25.3	24.8
33.8	31.9	31.3	30.7	30.0	29.5	28.9	28.3	27.7	27.2	26.7	26.1	25.6	25.1
34.0	32.3	31.6	31.0	30.4	29.8	29.2	28.6	28.1	27.5	27.0	26.4	25.9	25.4
34.2	32.6	32.0	31.4	30.7	30.1	29.5	29.0	28.4	27.8	27.3	26.7	26.2	25.7
34.4	33.0	32.4	31.7	31.1	30.5	29.9	29.3	28.7	28.1	27.6	27.0	26.5	26.0
34.6	33.4	32.7	32.1	31.4	30.8	30.2	29.6	29.0	28.5	27.9	27.4	26.8	26.3
34.8	33.8	33.1	32.4	31.8	31.2	30.6	30.0	29.4	28.8	28.2	27.7	27.1	26.6
35.0	34.1	33.5	32.8	32.2	31.5	30.9	30.3	29.7	29.1	28.5	28.0	27.4	26.9
35.2	34.5	33.8	33.2	32.5	31.9	31.2	30.6	30.0	29.4	28.8	28.3	27.7	27.2
35.4	34.9	34.2	33.5	32.9	32.2	31.6	31.0	30.4	29.8	29.2	28.6	28.0	27.5
35.6	35.3	34.6	33.9	33.2	32.6	31.9	31.3	30.7	30.1	29.5	28.9	28.3	27.8
35.8	35.7	35.0	34.3	33.6	32.9	32.3	31.6	31.0	30.4	29.8	29.2	28.6	28.1
36.0	36.0	35.3	34.6	34.0	33.3	32.6	32.0	31.4	30.7	30.1	29.5	29.0	28.4
36.2	36.4	35.7	35.0	34.3	33.6	33.0	32.3	31.7	31.1	30.5	29.9	29.3	28.7
36.4	36.8	36.1	35.4	34.7	34.0	33.3	32.7	32.0	31.4	30.8	30.2	29.6	29.0
36.6	37.2	36.5	35.8	35.1	34.4	33.7	33.0	32.4	31.7	31.1	30.5	29.9	29.3
36.8	37.6	36.9	36.2	35.4	34.7	34.1	33.4	32.7	32.1	31.4	30.8	30.2	29.6
37.0	38.0	37.3	36.5	35.8	35.1	34.4	33.7	33.1	32.4	31.8	31.2	30.5	29.9
37.2	38.4	37.7	36.9	36.2	35.5	34.8	34.1	33.4	32.8	32.1	31.5	30.9	30.2
37.4	38.8	38.1	37.3	36.6	35.8	35.1	34.4	33.8	33.1	32.4	31.8	31.2	30.6
37.6	39.2	38.4	37.7	36.9	36.2	35.5	34.8	34.1	33.4	32.8	32.1	31.5	30.9
37.8	39.6	38.8	38.1	37.3	36.6	35.9	35.2	34.5	33.8	33.1	32.5	31.8	31.2
38.0	40.0	39.2	38.5	37.7	37.0	36.2	35.5	34.8	34.1	33.5	32.8	32.2	31.5

续表

平均回弹值 R_m	测区混凝土强度换算值 $f^c_{cu,i}$/MPa												
	平均碳化深度值 d_m/mm												
	0.0	0.5	1.0	1.5	2.0	2.5	3.0	3.5	4.0	4.5	5.0	5.5	≥6.0
38.2	40.4	39.6	38.9	38.1	37.3	36.6	35.9	35.2	34.5	33.8	33.1	32.5	31.8
38.4	40.9	40.1	39.3	38.5	37.7	37.0	36.3	35.5	34.8	34.2	33.5	32.8	32.2
38.6	41.3	40.5	39.7	38.9	38.1	37.4	36.6	35.9	35.2	34.5	33.8	33.2	32.5
38.8	41.7	40.9	40.1	39.3	38.5	37.7	37.0	36.3	35.5	34.8	34.2	33.5	32.8
39.0	42.1	41.3	40.5	39.7	38.9	38.1	37.4	36.6	35.9	35.2	34.5	33.8	33.2
39.2	42.5	41.7	40.9	40.1	39.3	38.5	37.7	37.0	36.3	35.5	34.8	34.2	33.5
39.4	42.9	42.1	41.3	40.5	39.7	38.9	38.1	37.4	36.6	35.9	35.2	34.5	33.8
39.6	43.4	42.5	41.7	40.9	40.0	39.3	38.5	37.7	37.0	36.3	35.5	34.8	34.2
39.8	43.8	42.9	42.1	41.3	40.4	39.6	38.9	38.1	37.3	36.6	35.9	35.2	34.5
40.0	44.2	43.4	42.5	41.7	40.8	40.0	39.2	38.5	37.7	37.0	36.2	35.5	34.8
40.2	44.7	43.8	42.9	42.1	41.2	40.4	39.6	38.8	38.1	37.3	36.6	35.9	35.2
40.4	45.1	44.2	43.3	42.5	41.6	40.8	40.0	39.2	38.4	37.7	36.9	36.2	35.5
40.6	45.5	44.6	43.7	42.9	42.0	41.2	40.4	39.6	38.8	38.1	37.3	36.6	35.8
40.8	46.0	45.1	44.2	43.3	42.4	41.6	40.8	40.0	39.2	38.4	37.7	36.9	36.2
41.0	46.4	45.5	44.6	43.7	42.8	42.0	41.2	40.4	39.6	38.8	38.0	37.3	36.5
41.2	46.8	45.9	45.0	44.1	43.2	42.4	41.6	40.7	39.9	39.1	38.4	37.6	36.9
41.4	47.3	46.3	45.4	44.5	43.7	42.8	42.0	41.1	40.3	39.5	38.7	38.0	37.2
41.6	47.7	46.8	45.9	45.0	44.1	43.2	42.3	41.5	40.7	39.9	39.1	38.3	37.6
41.8	48.2	47.2	46.3	45.4	44.5	43.6	42.7	41.9	41.1	40.3	39.5	38.7	37.9
42.0	48.6	47.7	46.7	45.8	44.9	44.0	43.1	42.3	41.5	40.6	39.8	39.1	38.3
42.2	49.1	48.1	47.1	46.2	45.3	44.4	43.5	42.7	41.8	41.0	40.2	39.4	38.6
42.4	49.5	48.5	47.6	46.6	45.7	44.8	43.9	43.1	42.2	41.4	40.6	39.8	39.0
42.6	50.0	49.0	48.0	47.1	46.1	45.2	44.3	43.5	42.6	41.8	40.9	40.1	39.3
42.8	50.4	49.4	48.5	47.5	46.6	45.6	44.7	43.9	43.0	42.2	41.3	40.5	39.7
43.0	50.9	49.9	48.9	47.9	47.0	46.1	45.2	44.3	43.4	42.5	41.7	40.9	40.1
43.2	51.3	50.3	49.3	48.4	47.4	46.5	45.6	44.7	43.8	42.9	42.1	41.2	40.4
43.4	51.8	50.8	49.8	48.8	47.8	46.9	46.0	45.1	44.2	43.3	42.5	41.6	40.8
43.6	52.3	51.2	50.2	49.2	48.3	47.3	46.4	45.5	44.6	43.7	42.8	42.0	41.2
43.8	52.7	51.7	50.7	49.7	48.7	47.7	46.8	45.9	45.0	44.1	43.2	42.4	41.5

续表

平均回弹值 R_m	测区混凝土强度换算值 $f^c_{cu,i}$/MPa												
	平均碳化深度值 d_m/mm												
	0.0	0.5	1.0	1.5	2.0	2.5	3.0	3.5	4.0	4.5	5.0	5.5	≥6.0
44.0	53.2	52.2	51.1	50.1	49.1	48.2	47.2	46.3	45.4	44.5	43.6	42.7	41.9
44.2	53.7	52.6	51.6	50.6	49.6	48.6	47.6	46.7	45.8	44.9	44.0	43.1	42.3
44.4	54.1	53.1	52.0	51.0	50.0	49.0	48.0	47.1	46.2	45.3	44.4	43.5	42.6
44.6	54.6	53.5	52.5	51.5	50.4	49.4	48.5	47.5	46.6	45.7	44.8	43.9	43.0
44.8	55.1	54.0	52.9	51.9	50.9	49.9	48.9	47.9	47.0	46.1	45.1	44.3	43.4
45.0	55.6	54.5	53.4	52.4	51.3	50.3	49.3	48.3	47.4	46.5	45.5	44.6	43.8
45.2	56.1	55.0	53.9	52.8	51.8	50.7	49.7	48.8	47.8	46.9	45.9	45.0	44.1
45.4	56.5	55.4	54.3	53.3	52.2	51.2	50.2	49.2	48.2	47.3	46.3	45.4	44.5
45.6	57.0	55.9	54.8	53.7	52.7	51.6	50.6	49.6	48.6	47.7	46.7	45.8	44.9
45.8	57.5	56.4	55.3	54.2	53.1	52.1	51.0	50.0	49.0	48.1	47.1	46.2	45.3
46.0	58.0	56.9	55.7	54.6	53.6	52.5	51.5	50.5	49.5	48.5	47.5	46.6	45.7
46.2	58.5	57.3	56.2	55.1	54.0	52.9	51.9	50.9	49.9	48.9	47.9	47.0	46.1
46.4	59.0	57.8	56.7	55.6	54.5	53.4	52.3	51.3	50.3	49.3	48.3	47.4	46.4
46.6	59.5	58.3	57.2	56.0	54.9	53.8	52.8	51.7	50.7	49.7	48.7	47.8	46.8
46.8	60.0	58.8	57.6	56.5	55.4	54.3	53.2	52.2	51.1	50.1	49.1	48.2	47.2
47.0		59.3	58.1	57.0	55.8	54.7	53.7	52.6	51.6	50.5	49.5	48.6	47.6
47.2		59.8	58.6	57.4	56.3	55.2	54.1	53.0	52.0	51.0	50.0	49.0	48.0
47.4		60.0	59.1	57.9	56.8	55.6	54.5	53.5	52.4	51.4	50.4	49.4	48.4
47.6			59.6	58.4	57.2	56.1	55.0	53.9	52.8	51.8	50.8	49.8	48.8
47.8			60.0	58.9	57.7	56.6	55.4	54.4	53.3	52.2	51.2	50.2	49.2
48.0				59.3	58.2	57.0	55.9	54.8	53.7	52.7	51.6	50.6	49.6
48.2				59.8	58.6	57.5	56.3	55.2	54.1	53.1	52.0	51.0	50.0
48.4				60.0	59.1	57.9	56.8	55.7	54.6	53.5	52.5	51.4	50.4
48.6					59.6	58.4	57.3	56.1	55.0	53.9	52.9	51.8	50.8
48.8					60.0	58.9	57.7	56.6	55.5	54.4	53.3	52.2	51.2
49.0						59.3	58.2	57.0	55.9	54.8	53.7	52.7	51.6
49.2						59.8	58.6	57.5	56.3	55.2	54.1	53.1	52.0
49.4						60.0	59.1	57.9	56.8	55.7	54.6	53.5	52.4
49.6							59.6	58.4	57.2	56.1	55.0	53.9	52.9

续表

平均回弹值 R_m	测区混凝土强度换算值 $f^{c}_{cu,i}$/MPa												
	平均碳化深度值 d_m/mm												
	0.0	0.5	1.0	1.5	2.0	2.5	3.0	3.5	4.0	4.5	5.0	5.5	≥6.0
49.8							60.0	58.8	57.7	56.6	55.4	54.3	53.3
50.0								59.3	58.1	57.0	55.9	54.8	53.7
50.2								59.8	58.6	57.4	56.3	55.2	54.1
50.4								60.0	59.0	57.9	56.7	55.6	54.5
50.6									59.5	58.3	57.2	56.0	54.9
50.8									60.0	58.8	57.6	56.5	55.4
51.0										59.2	58.1	56.9	55.8
51.2										59.7	58.5	57.3	56.2
51.4										60.0	58.9	57.8	56.6
51.6											59.4	58.2	57.1
51.8											59.8	58.7	57.5
52.0											60.0	59.1	57.9
52.2												59.5	58.4
52.4												60.0	58.8
52.6													59.2
52.8													59.7

注:表中未注明的测区混凝土强度换算值为小于 10 MPa 或大于 60 MPa。

▶ 附录 A.5 现浇混凝土结构位置、尺寸允许偏差及检验方法

附表 A.5 现浇混凝土结构位置、尺寸允许偏差及检验方法

项目			允许偏差/mm	检验方法
轴线位置	整体基础		15	经纬仪及尺量
	独立基础		10	经纬仪及尺量
	柱、墙、梁		8	尺量
垂直度	柱、墙层高	≤6 m	10	经纬仪或吊线、尺量
		>6 m	12	经纬仪或吊线、尺量
	全高(H)≤300 m		H/30 000 +20	经纬仪、尺量
	全高(H) >300 m		H/10 000 且≤80	经纬仪、尺量

续表

项目		允许偏差/mm	检验方法
标高	层高	±10	水准仪或拉线、尺量
	全高	±30	水准仪或拉线、尺量
截面尺寸	基础	+15，-10	尺量
	柱、梁、板、墙	+10，-5	尺量
	楼梯相邻踏步高差	±6	尺量
电梯井洞	中心位置	10	尺量
	长、宽尺寸	+25,0	尺量
表面平整度		8	2 m靠尺和塞尺量测
预埋件中心位置	预埋板	10	尺量
	预埋螺栓	5	尺量
	预埋管	5	尺量
	其他	10	尺量
预留洞、孔中心线位置		15	尺量

注：1. 检查轴线、中心线位置时，沿纵、横两个方向测量，并取其中偏差的较大值。

2. H为全高，单位为mm。

▶ 附录A.6　预制混凝土构件尺寸的允许偏差及检验方法

附表A.6　预制混凝土构件尺寸的允许偏差及检验方法

项目			允许偏差/mm	检验方法
长度	楼板、梁、柱、桁架	<12 m	±5	尺量
		≥12 m且<18 m	±10	
		≥18 m	±20	
	墙板		±4	
宽度、高（厚）度	楼板、梁、柱、桁架		±5	尺量一端及中部，取其中偏差绝对值较大处
	墙板		±4	
表面平整度	楼板、梁、柱、墙板内表面		5	2 m靠尺和塞尺量测
	墙板外表面		3	
侧向弯曲	楼板、梁、柱		l/750且≤20	拉线、直尺量测最大侧向弯曲处
	墙板、桁架		l/1 000且≤20	
翘曲	楼板		l/750	调平尺在两端量测
	墙板		l/1 000	

续表

项目		允许偏差/mm	检验方法
对角线	楼板	10	尺量两个对角线
	墙板	5	
预留孔	中心线位置	10	尺量
	洞口尺寸、深度	±10	
预埋件	预埋板中心线位置	5	尺量
	预埋板与混凝土面平面高差	0，-5	
	预埋螺栓	2	
	预埋螺栓外露长度	+10，-5	
	预埋套筒、螺母中心线位置	2	
	预埋套筒、螺母与混凝土面平面高差	±5	
预留插筋	中心线位置	5	尺量
	外露长度	+10，-5	
键槽	中心线位置	5	尺量
	长度、宽度	±5	
	深度	±5	

注:1. l 为构件长度，单位为 mm；

2. 检查中心线、螺栓和孔道位置偏差时，沿纵、横两个方向测量，并取其中偏差较大值。

▶ 附录 A.7　贯入法砂浆抗压强度换算

附表 A.7　砂浆抗压强度换算表

贯入深度 d_i/mm	砂浆抗压强度换算值 $f^c_{2,j}$/MPa		贯入深度 d_i/mm	砂浆抗压强度换算值 $f^c_{2,j}$/MPa	
	水泥混合砂浆	水泥砂浆		水泥混合砂浆	水泥砂浆
2.90	15.6	—	3.80	8.7	10.0
3.00	14.5	—	3.90	8.2	9.4
3.10	13.5	15.5	4.00	7.8	8.9
3.20	12.6	14.5	4.10	7.3	8.4
3.30	11.8	13.5	4.20	7.0	8.0
3.40	11.1	12.7	4.30	6.6	7.6
3.50	10.4	11.9	4.40	6.3	7.2
3.60	9.8	11.2	4.50	6.0	6.9
3.70	9.2	10.5	4.60	5.7	6.6

续表

贯入深度 d_i/mm	砂浆抗压强度换算值 $f^c_{2,j}$/MPa		贯入深度 d_i/mm	砂浆抗压强度换算值 $f^c_{2,j}$/MPa	
	水泥混合砂浆	水泥砂浆		水泥混合砂浆	水泥砂浆
4.70	5.5	6.3	7.70	1.9	2.1
4.80	5.2	6.0	7.80	1.8	2.1
4.90	5.0	5.7	7.90	1.8	2.0
5.00	4.8	5.5	8.00	1.7	2.0
5.10	4.6	5.3	8.10	1.7	1.9
5.20	4.4	5.0	8.20	1.6	1.9
5.30	4.2	4.8	8.30	1.6	1.8
5.40	4.0	4.6	8.40	1.5	1.8
5.50	3.9	4.5	8.50	1.5	1.7
5.60	3.7	4.3	8.60	1.5	1.7
5.70	3.6	4.1	8.70	1.4	1.6
5.80	3.4	4.0	8.80	1.4	1.6
5.90	3.3	3.8	8.90	1.4	1.6
6.00	3.2	3.7	9.00	1.3	1.5
6.10	3.1	3.6	9.10	1.3	1.5
6.20	3.0	3.4	9.20	1.3	1.5
6.30	2.9	3.3	9.30	1.2	1.4
6.40	2.8	3.2	9.40	1.2	1.4
6.50	2.7	3.1	9.50	1.2	1.4
6.60	2.6	3.0	9.60	1.2	1.3
6.70	2.5	2.9	9.70	1.1	1.3
6.80	2.4	2.8	9.80	1.1	1.3
6.90	2.4	2.7	9.90	1.1	1.2
7.00	2.3	2.6	10.00	1.1	1.2
7.10	2.2	2.6	10.10	1.0	1.2
7.20	2.2	2.5	10.20	1.0	1.2
7.30	2.1	2.4	10.30	1.0	1.1
7.40	2.0	2.3	10.40	1.0	1.1
7.50	2.0	2.3	10.50	1.0	1.1
7.60	1.9	2.2	10.60	0.9	1.1

续表

贯入深度 d_i/mm	砂浆抗压强度换算值 $f_{2,j}^c$ MPa		贯入深度 d_i/mm	砂浆抗压强度换算值 $f_{2,j}^c$/MPa	
	水泥混合砂浆	水泥砂浆		水泥混合砂浆	水泥砂浆
10.70	0.9	1.1	13.70	0.5	0.6
10.80	0.9	1.0	13.80	0.5	0.6
10.90	0.9	1.0	13.90	0.5	0.6
11.00	0.9	1.0	14.00	0.5	0.6
11.10	0.8	1.0	14.10	0.5	0.6
11.20	0.8	1.0	14.20	0.5	0.6
11.30	0.8	0.9	14.30	0.5	0.6
11.40	0.8	0.9	14.40	0.5	0.6
11.50	0.8	0.9	14.50	0.5	0.5
11.60	0.8	0.9	14.60	0.5	0.5
11.70	0.8	0.9	14.70	0.5	0.5
11.80	0.7	0.9	14.80	0.5	0.5
11.90	0.7	0.8	14.90	0.4	0.5
12.00	0.7	0.8	15.00	0.4	0.5
12.10	0.7	0.8	15.10	0.4	0.5
12.20	0.7	0.8	15.20	0.4	0.5
12.30	0.7	0.8	15.30	0.4	0.5
12.40	0.7	0.8	15.40	0.4	0.5
12.50	0.7	0.8	15.50	0.4	0.5
12.60	0.6	0.7	15.60	0.4	0.5
12.70	0.6	0.7	15.70	0.4	0.5
12.80	0.6	0.7	15.80	0.4	0.5
12.90	0.6	0.7	15.90	0.4	0.4
13.00	0.6	0.7	16.00	0.4	0.4
13.10	0.6	0.7	16.10	0.4	0.4
13.20	0.6	0.7	16.20	0.4	0.4
13.30	0.6	0.7	16.30	0.4	0.4
13.40	0.6	0.6	16.40	0.4	0.4
13.50	0.6	0.6	16.50	0.4	0.4
13.60	0.5	0.6	16.60	0.4	0.4

续表

贯入深度 d_i/mm	砂浆抗压强度换算值 $f^c_{2,j}$/MPa		贯入深度 d_i/mm	砂浆抗压强度换算值 $f^c_{2,j}$/MPa	
	水泥混合砂浆	水泥砂浆		水泥混合砂浆	水泥砂浆
16.70	—	0.4	17.30	—	0.4
16.80	—	0.4	17.40	—	0.4
16.90	—	0.4	17.50	—	0.4
17.00	—	0.4	17.60	—	0.4
17.10	—	0.4	17.70	—	0.4
17.20	—	0.4			

注：1. 表内数据在应用时不得外推；

2. 表中未列数据，可用内插法求得，精确至 0.1 MPa。

▶ 附录 A.8　烧结砖抗压强度等级推定

附表 A.8　烧结普通砖抗压强度等级的推定

抗压强度推定等级	抗压强度平均值 $f_{1,m}$ ≥	变异系数 δ≤0.21	变异系数 δ>0.21
		抗压强度标准值 f_{1k} ≥	抗压强度的最小值 $f_{1,min}$ ≥
MU25	25.0	18.0	22.0
MU20	20.0	14.0	16.0
MU15	15.0	10.0	12.0
MU10	10.0	6.5	7.5
MU7.5	7.5	5.0	5.5

附表 A.9　烧结多孔砖抗压强度等级的推定

抗压强度推定等级	抗压强度平均值 $f_{1,m}$ ≥	变异系数 δ≤0.21	变异系数 δ>0.21
		抗压强度标准值 f_{1k} ≥	抗压强度的最小值 $f_{1,min}$ ≥
MU30	30.0	22.0	25.0
MU25	25.0	18.0	22.0
MU20	20.0	14.0	16.0
MU15	15.0	10.0	12.0
MU10	10.0	6.5	7.5

附录 B
典型检测项目的原始记录和报告格式

▶ 附录 B.1　钢筋间距检测记录

附表 B.1　钢筋间距检测记录表

第　　页,共　　页

<table>
<tr><td>工程名称</td><td colspan="7"></td><td colspan="2">构件名称</td><td colspan="2"></td></tr>
<tr><td>检测依据</td><td colspan="11"></td></tr>
<tr><td>检测仪器</td><td colspan="11"></td></tr>
<tr><td rowspan="2">序号</td><td rowspan="2">设计配筋间距/mm</td><td rowspan="2">检测部位</td><td colspan="6">钢筋间距 s_i/mm</td><td rowspan="2">验证值/mm</td><td rowspan="2" colspan="2">备注</td></tr>
<tr><td>1</td><td>2</td><td>3</td><td>4</td><td>5</td><td>6</td></tr>
<tr><td></td><td></td><td></td><td></td><td></td><td></td><td></td><td></td><td></td><td></td><td colspan="2"></td></tr>
<tr><td></td><td></td><td></td><td></td><td></td><td></td><td></td><td></td><td></td><td></td><td colspan="2"></td></tr>
<tr><td></td><td></td><td></td><td></td><td></td><td></td><td></td><td></td><td></td><td></td><td colspan="2"></td></tr>
<tr><td></td><td></td><td></td><td></td><td></td><td></td><td></td><td></td><td></td><td></td><td colspan="2"></td></tr>
<tr><td></td><td></td><td></td><td></td><td></td><td></td><td></td><td></td><td></td><td></td><td colspan="2"></td></tr>
<tr><td></td><td></td><td></td><td></td><td></td><td></td><td></td><td></td><td></td><td></td><td colspan="2"></td></tr>
<tr><td></td><td></td><td></td><td></td><td></td><td></td><td></td><td></td><td></td><td></td><td colspan="2"></td></tr>
<tr><td colspan="2">检测部位示意图</td><td colspan="10"></td></tr>
<tr><td colspan="2">备注</td><td colspan="10"></td></tr>
</table>

校对:　　　　　　　　　　　　　检测:　　　　　　　　检测日期:　　　年　月　日

▶ 附录 B.2　混凝土保护层厚度检测记录

附表 B.2　混凝土保护层厚度检测记录表

第　　页,共　　页

工程名称					构件名称			
检测依据								
检测仪器					垫块厚度 C_0/mm			
序号	钢筋保护层厚度设计值/mm	检测部位	钢筋公称直径/mm	保护层厚度检测值/mm				备注
				第 1 次检测值 C_1^t	第 2 次检测值 C_2^t	平均值	验证值	
检测部位示意图								
备注								

校对:　　　　　　　　　　检测:　　　　　　检测日期:　　　年　月　日

▶ 附录 B.3　贯入法检测砌筑砂浆抗压强度记录及报告

附表 B.3　贯入法检测砌筑砂浆抗压强度记录表

第　　页,共　　页　　　　　　单位:mm

工程名称																	
检测依据																	
检测设备																	
构件名称及部位	贯入深度测量表读数(不平度/深度)																深度平均值
	1	2	3	4	5	6	7	8	9	10	11	12	13	14	15	16	

校对:　　　　　　　　　　检测:　　　　　　检测日期:　　　年　月　日

附表 B.4　贯入法检测砌筑砂浆抗压强度报告表

工程名称					
委托单位					
检测依据					
检测设备					
构件名称及部位	测区贯入深度平均值/mm	测区抗压强度换算值/MPa	强度平均值/MPa	变异系数	检测结论及说明
备注					

批准：　　　　　　　　　　　　　审核：　　　　　　　　　　　　　检测：

▶ 附录 B.4　砌体抗压强度原位检测记录及报告

附表 B.5　砌体抗压强度原位检测原始记录

第　　页，共　　页

工程名称										
检测依据										
检测设备										
编号	测试部位	压力表读数/MPa		槽间砌体/kN		强度换算系数 ξ	折算标准砌体			
		开裂	极限	开裂	极限		开裂荷载/kN	极限荷载/kN	开裂强度/MPa	极限强度/MPa
说明										

校对：　　　　　　　　　　　　　检测：　　　　　　检测日期：　　　年　　月　　日

附表 B.6　砌体抗压强度检测报告

试结构字　　号

<table>
<tr><td colspan="3">工程名称</td><td colspan="2"></td><td>委托单位</td><td colspan="2"></td></tr>
<tr><td colspan="3">施工日期</td><td colspan="2"></td><td>检测日期</td><td colspan="2"></td></tr>
<tr><td colspan="3">砖设计强度等级</td><td colspan="2"></td><td>砂浆设计强度等级</td><td colspan="2"></td></tr>
<tr><td colspan="8">测试记录</td></tr>
<tr><td rowspan="2">取样编号</td><td colspan="2">样本所在位置</td><td rowspan="2">开裂荷载/kN</td><td rowspan="2" colspan="2">破坏荷载/MPa</td><td rowspan="2">破坏强度/MPa</td><td rowspan="2">备注</td></tr>
<tr><td>轴　线</td><td>层　数</td></tr>
<tr><td>1</td><td></td><td></td><td></td><td colspan="2"></td><td></td><td></td></tr>
<tr><td>2</td><td></td><td></td><td></td><td colspan="2"></td><td></td><td></td></tr>
<tr><td>3</td><td></td><td></td><td></td><td colspan="2"></td><td></td><td></td></tr>
<tr><td>4</td><td></td><td></td><td></td><td colspan="2"></td><td></td><td></td></tr>
<tr><td>5</td><td></td><td></td><td></td><td colspan="2"></td><td></td><td></td></tr>
<tr><td>6</td><td></td><td></td><td></td><td colspan="2"></td><td></td><td></td></tr>
<tr><td rowspan="3">实测结果</td><td colspan="2">砌体强度平均值
f_m =　　　MPa</td><td rowspan="3" colspan="5">结论：</td></tr>
<tr><td colspan="2">砌体强度标准值
f_k =　　　MPa</td></tr>
<tr><td colspan="2">砌体强度设计值
f =　　　MPa</td></tr>
</table>

批准：　　　　　　　　　　审核：　　　　　　　　　　检测：

参考文献

[1] 杨英武.结构试验检测与鉴定[M].杭州:浙江大学出版社,2013.
[2] 江苏省建设工程质量监督总站.建设工程质量检测人员培训教材(上、下册)[M].北京:中国建筑工业出版社,2006.
[3] 卢铁鹰.建设工程质量检测工作指南[M].北京:中国计量出版社,2006.
[4] 袁广林,鲁彩凤,李庆涛,等.建筑结构检测鉴定与加固技术[M].武汉:武汉大学出版社,2016.
[5] 李慧民.土木工程安全监测与鉴定[M].北京:冶金工业出版社,2014.
[6] 张心斌,罗永峰,耿树江,等.钢结构检测鉴定指南.北京:中国建筑工业出版社,2018.
[7] 卜良桃,王宏,贺亮,等.钢结构检测[M].北京:中国建筑工业出版社,2017.
[8] 中华人民共和国国务院令第279号,建设工程质量管理条例,2000.
[9] 中华人民共和国认证认可标准.检验检测机构资质认定能力评价　检验检测机构通用要求:RB/T 214—2017[S].北京:中国标准出版社,2018.
[10] 中华人民共和国国家标准.民用建筑可靠性鉴定标准:GB 50292—2015[S].北京:中国建筑工业出版社,2016.
[11] 中华人民共和国国家标准.工业建筑可靠性鉴定标准:GB 50144—2019[S].北京:中国建筑工业出版社,2019.
[12] 中华人民共和国行业标准.危险房屋鉴定标准:JGJ 125—2016[S].北京:中国建筑工业出版社,2016.
[13] 中华人民共和国国家标准.建筑抗震鉴定标准:GB 50023—2009[S].北京:中国建筑工业出版社,2009.
[14] 中华人民共和国国家标准.建(构)筑物地震破坏等级划分:GB/T 24335—2009[S].北京:中国标准出版社,2009.
[15] 中国工程建设协会标准.火灾后建筑结构鉴定标准:CECS 252:2009[S].北京:中国计划出版社,2009.
[16] 中华人民共和国国家标准.建筑结构可靠性设计统一标准:GB 500068—2018[S].

北京:中国建筑工业出版社,2019.
[17] 中华人民共和国国家标准.建筑结构荷载规范:GB 50009—2012[S].北京:中国建筑工业出版社,2012.
[18] 中华人民共和国国家标准.建筑结构检测技术标准:GB/T 50344—2019[S].北京:中国建筑工业出版社,2020.
[19] 中华人民共和国国家标准.混凝土结构现场检测技术标准:GB/T 50784—2013[S].北京:中国建筑工业出版社,2013.
[20] 中华人民共和国国家标准.砌体工程现场检测技术标准:GB/T 50315—2011[S].北京:中国建筑工业出版社,2011.
[21] 中华人民共和国国家标准.钢结构现场检测技术标准:GB/T 50621—2010[S].北京:中国建筑工业出版社,2011.
[22] 中华人民共和国国家标准.高耸与复杂钢结构检测与鉴定标准:GB 51008—2016[S].北京:中国计划出版社,2016.
[23] 中华人民共和国国家标准.建筑工程施工质量验收统一标准:GB 50300—2013[S].北京:中国建筑工业出版社,2014.
[24] 中华人民共和国国家标准.砌体结构工程施工质量验收规范:GB 50203—2011[S].北京:中国建筑工业出版社,2011.
[25] 中华人民共和国国家标准.混凝土结构工程施工质量验收规范:GB 50204—2015[S].北京:中国建筑工业出版社,2015.
[26] 中华人民共和国国家标准.钢结构工程施工质量验收标准:GB 50205—2020[S].北京:中国计划出版社,2020.
[27] 中华人民共和国国家标准.钢结构焊接规范:GB 50661—2011[S].北京:中国建筑工业出版社,2012.
[28] 中华人民共和国行业标准.钻芯法检测混凝土强度技术规程:JGJ/T 384—2016[S].北京:中国建筑工业出版社,2016.
[29] 中华人民共和国行业标准.回弹法检测混凝土抗压强度技术规程:JGJ/T 23—2011[S].北京:中国建筑工业出版社,2011.
[30] 重庆市工程建设标准.回弹法检测混凝土抗压强度技术规程:DBJ 50-057—2006[S].重庆,2006.
[31] 中华人民共和国行业标准.贯入法检测砌筑砂浆抗压强度技术规程:JGJ/T 136—2017[S].北京:中国建筑工业出版社,2017.
[32] 中华人民共和国国家标准.数据的统计处理和解释 正态样本离群值的判断和处理:GB/T 4883—2008[S].北京:中国标准出版社,2009.